李嘉诚談

Strategies of Business

做人做事做生意

全集

傳奇首富
榮休紀念版

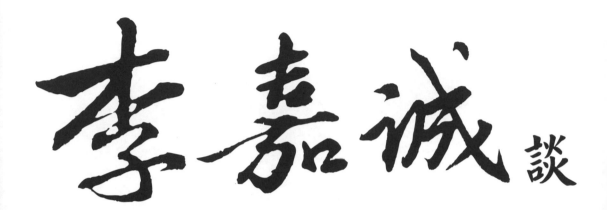

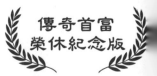

前言

「成功」是許多人終其一生所追求的最高境界。但是並不是每個人都能享受到它。很多人雄心勃勃為自己訂下了人生的目標，並且兢兢業業地努力工作，但卻事與願違。他們或許從來就沒有實現過自己的夢想、目標和渴望。這究竟是為什麼？各人有各人的原因，但其中有一點可能是共同的：沒有摸清做人、做事的門道。

成功依靠實力，這是人所共知的道理。但是，所謂「實力」並不像一般人想像的那樣，是金錢，是關係，是學歷。通常人們看待成功人士，也往往只看表面，專注於人家一時的運氣和做事業的客觀條件，卻忽略了人家賴以成就大事的內因，忽略了成功背後所付出的努力和多年的辛苦修練。

香港商界超人李嘉誠，是一位可供研究的成功典範。這位樸實厚道的中國人，從做茶樓小二起家，連小學學歷都沒有，居然能在幾十年時間裡，建立起一個龐大的財富帝國，成為香港歷史上首位「千億富翁」。如今，他的財產仍在以幾何級數增長。他在商業領域的每一個舉動，都為世人極度關注。

由於他非凡的商業成就，他被美國《時代》雜誌評為全球最具影響力的商界領袖之一。香港《資本》雜誌選舉他為香港十大最具權勢的財經人物之首。李嘉誠所創造的奇蹟，讓全世界的人仰慕、驚嘆。

走過人生第七十個年頭，李嘉誠開始總結自己的經商生涯，向世人道出了自己成功的秘密。他在多個場合發表的有關做人、做事、做生意的言論，常常令人如飲醇醪，茅塞頓開；使人如夢方醒，耳目一新。

聽其言，觀其行，研究其走上成功之路的歷程，我們可以得出以下結論：一個體面的人，一個有尊嚴的人，一個彬彬有禮的人，一個和善可親的人，到處都會受到人們的歡迎，凡是與他們交往的人，也都會覺得親切愉快。一個人一旦擁有了這種品格，那無疑為自己增添了無窮的成功機緣。這就是李嘉誠成功做人的秘密。

一個聰明機智的人，一個做事有板有眼的人，一個養成一身良好的習慣、消除了事業障礙的人，一個虛心勤奮肯於鑽研的人，一定會在人生、事業的道路上步步走高，從而擁有很好的前程。這就是李嘉誠成功做事的秘密。

一個有生意頭腦的人，一個能洞察行情的人，一個有著良好的人際關係的人，一個具有良好的經商心態的人，就會在商場上左右逢源，穩步發展，天天向上，財源廣進。這就是李嘉誠成功做生意的秘密。

老老實實做人、踏踏實實做事、實實在在做生意，這就是做人、做事、做生意的鐵定規律，是立身處世的法寶，是縱橫商場常勝不敗的奧秘。李嘉誠遵循這些規律行事，因此成為一個舉足輕重、魅力與實力並存的人物。而許多人終其一生都無視這些規律，那麼，他或許可能得意於一時，最終卻一事無成，說不定還要栽些大跟頭。

【目次】

做人

一個體面的人，一個有尊嚴的人，一個彬彬有禮的人，一個和善可親的人，到處都會受到人們的歡迎，凡是與他們交往的人，也都會覺得親切愉快。一個人一旦擁有了這種品格，那無疑為自己增添了無窮的成功的機緣。這就是李嘉誠成功做人的奧秘。

做事

一個聰明機智的人，一個做事有板有眼的人，一個養成一身良好的習慣、消除了事業障礙的人，一個虛心勤奮肯於鑽研的人，必定會在人生、事業的道路上步步走高，從而擁有很好的前程。這就是李嘉誠成功做事的奧秘。

做生意

一個有生意頭腦的人，一個能洞察行情的人，一個有著良好的人際關係的人，一個具有良好的經商心態的人，一定會在商場上左右逢源，穩步發展，財源廣進。這就是李嘉誠成功做生意的奧秘。

做人

一個體面的人，一個有尊嚴的人，
一個彬彬有禮的人，一個和善可親的人，
到處都會受到人們的歡迎，
凡是與他們交往的人，也都會覺得親切愉快。
一個人一旦擁有了這種品格，
那無疑為自己增添了無窮的成功機緣。
這就是李嘉誠成功做人的奧秘。

第一章

未學做事，先學做人

利用人生的挫折

有人說，傳統文化與商業文化大相徑庭，水火不容。成為商界鉅子的李嘉誠，卻能將這兩者很好地結合成一體。在物欲橫流的商業社會，他表現出了一個中國人應有的傳統美德。這種傳統美德是李嘉誠為人處事的基礎，並由此延展為他從商的準則。而這些都得益於他父親的早期薰陶。

一九二八年七月二十九日，李嘉誠出生於廣東省潮安縣府城（現潮州市湘橋區）面線巷一書香世家。

一九四〇年初，為逃避日軍侵略戰禍，十一歲的李嘉誠隨家人輾轉遷徙香港。「未學經商，先學做人」，這是李嘉誠經常說的一句話。李嘉誠的父親、滿腹經綸的飽學之士李雲經面對現實，攜長子李嘉誠果決地走出象牙塔。他要求李嘉誠首先「學做香港人」。

首要的交際工具是語言。香港的大眾語言是廣州話。廣州話屬粵方言，潮汕話屬閩南方言，彼此互不相通。香港的官方語言是英語，這是進入香港社會的一種重要的語言工具。

李雲經要求李嘉誠必須攻克這兩種語言。一來立足香港社會；二來可以直接從事國際交流。將來假若出人頭地，還可以身登龍門，躋身香港上流社會。

李嘉誠謹遵父旨，勤學苦練。即使後來因父親過早病故，李嘉誠輟學到茶樓、到中南鐘錶公司當學徒，每天十多個小時的辛苦工作後，他也從不間斷業餘學習廣州話和英語。

試想，如果不懂廣州話，且不說難以在商場自由交往，就是生存品質也要大打折扣，賺錢又從何談起？英語更給李嘉誠帶來了無法估量的巨大財富。長江塑膠廠創業的過程中，李嘉誠就憑一口流利的英語與外商直接接洽，從而贏得了使長江塑膠廠起飛的訂單。而李嘉誠之所以成為世界首屈一指的「塑膠花大王」，其契機就源自李嘉誠從英文版的《塑膠》雜誌獲取了可貴的資訊。至於李嘉誠後來大規模的跨國經營，就更離不開英語了。

我們可以假設，李嘉誠只會說他的潮汕話，那他的商業活動就最多只局限於潮籍人士。他即使成功，也是很有限了。

一九四三年，李雲經英年早逝。他沒有給李嘉誠留下一文錢，相反，給李嘉誠留下一副家庭的重擔。但李雲經卻給李嘉誠留下了終生受益的豐厚遺產，那就是如何做人的道理。

李雲經臨終前，哽咽著對李嘉誠說了兩句話：「阿誠，這個家從此靠你了，你要把它維持下去啊！」、「阿誠，阿爸對不起你……」。

正是因為對父親的承諾和對家庭的責任，年僅十四歲的李嘉誠謝絕了舅父繼續供他上中學的好意，毅然決然地輟學求職。他要掙錢，他要掙好多好多的錢。十四歲的他只有一個信念，就是要養活母親和弟妹。殘酷的生計，迫使李嘉誠別無選擇地走上從商之路。

李嘉誠的理想是當一個教育家，而不是商人，如果不是迫於無奈，他是不會去從商的。李嘉誠後來回憶說，就是立業之初，他的理想依然是「賺一大筆錢，然後再去從事教育」。

由此可見，李嘉誠從商實在是身不由己、逼上梁山。這也許就是時勢造英雄。別無選擇使李嘉誠義無反顧，商海搏擊之後，他終於成為香港首富、世界華人首富。我們在這裡可以看到人生遭遇的反作用力是多麼巨大，因此可以得到啟迪：我們應該正視並且利用人生的挫折，甚至應該自加壓力，以此激發出自身的巨大潛能。

此外，父親還教給李嘉誠豐富而珍貴的做人道理。比如「貧窮志不移」、「做人需有骨氣」、「求人不如求己」、「吃得苦中苦，方為人上人」、「不義富且貴，於我如浮雲」、「失意不灰心，得意莫忘形」、「窮則獨善其身，達則兼善天下」等等。

父親的薰陶和遺訓，李嘉誠永志不忘，並延展為從商的準則。因此，李嘉誠在香港乃至國際商界樹立起良好的大家風範，並因其恪守商業道德而贏得了高度的信譽。這千金難買的信譽又回饋了李嘉誠無數的生意和財富。

經商先做人

做人是一門藝術，經商也是藝術。是藝術就要揣摩，就需加以領會和感悟。從表面上來看，做人與經商是兩回事：做人要誠實，經商則多變。但誠實中不妨有些靈活，多變中亦不可丟失本分。

在實際生活和具體工作中，人道和商道不可分割，一個是筆，一個是顏料，顏料調得好，才能畫出美麗的圖畫。

先說經商。在今天，做商人是自豪的。隨著市場經濟的發展，商人的地位越來越重要，這已是大家的共識。只有認真研究社會、經濟、人生，才能有把握做好生意。

做生意，要巧妙地運用誠實。要在適當的時候，以適當的方式，對適當的人講適當的內情。虛偽、圓滑不可養成習性。你因為講了一些圓滑的話語，即使講的是真話也無人相信；你講的總是誠實懇切的話，偶爾不慎講一次不實際的話，別人也會認為是真話。

做生意，要敢於暴露自身的弱點，不要顯得什麼都行，可以包打天下。

做生意，要不怕顯示謙卑的態度。與顧客談判時，謙卑也是起跑線。銷售是求人，求人是劣勢，劣勢就要謙卑。人們有一種傳統意識：希望你比他低、求他，他才肯說明你。如果心理上總想勝過別人，以氣勢壓人，談判就不會成功。但謙卑也不要過分，過分了會讓人感到肉麻、討厭。

做生意，要善於發現對方的特點。人們都希望你尊重他的特長，你應該在事前就儘量搜集對方的各種資訊，找出他引以為榮的特長來。然後，你就有意識地抬高他這一點，讓他高興、滿足，讓他感到你理解他、欣賞他。如果遇到知識豐富的對手，你就要調動所有知識與他溝通。

再說做人。生意場上，個人的性格魅力很重要。為什麼同時有兩個經理，別人只願與其中一個打交道，這是有原因的。商場上講信義，做人不要含糊，要豪爽。即使不豪爽，也要憨厚。處處耍小聰明，終究成不了大氣候。

做人要胸懷寬廣，目標長遠。胸懷寬廣與目標的遠大關係密切。有了寬廣的胸懷才能招賢納才，有了遠大的目標就不會被一般的瑣事干擾。

做人要寬容，要善於對待不同意見，要能夠理解上司或者部下的苦衷。任何時候，善良都是很重要的。人有時候要不怕吃虧，吃虧也許能得到大家的支持。名譽暫時受損也不要緊，要知道誰笑到最後，誰才笑得最好。

做人要興趣專一。想做成一件事，就要捨棄許多嗜好。不要因為嗜好而任自己的精力和時間隨意瀟灑。很難相信生活上處處瀟灑的人能把事業做得很成功。刻苦做事，往往會被人譏笑為「苦行僧」，但成功在自己腳下，歡樂在我們心中。當你站在山頂上的時候，自會得到別人的掌聲和敬仰。

做人要注意修養。修養有兩個方面：一是生活經驗、理論知識的累積；一是服裝穿著、風度氣質的訓練。現在經商的人，最大的缺點是讀書少，因此要見縫插針多學習，使自己的知識和視野始終跟上科技發展的步伐。知識豐富了，講話才有水準，才能與別人交流。再就是講究言談舉止、姿態修飾，如果坐在那兒腿腳亂晃，菸頭亂扔，一看就是缺少社交素養。彬彬有禮、不亢不卑，才會顯出大家風範。

人格力量，決定經商的成敗。

以樸實的本性來生活

成功是人人都渴望和追求的，但你是否知道，成功者的生活往往並不代表生活的本來面目。有許多人不了解這一點，他們往往喜歡模仿那些成功者的言行，以吸取別人的經驗，來彌補自己的不足。但是，把別人的言行和經驗照葫蘆畫瓢，全部模仿過來，恐怕是無法行得通的，也有可能由此而壞了名聲。

因此，我們每一個人都應該樹立自信心和平常心，否則就無法塑造自身的形象或是建立屬於自己的良好名聲。

美國紐約鐵路快運代理公司的副總經理金賽・N・莫里特先生，曾說過：「二十多年來，我接觸過且和他們談過話的人成千上萬！但是，每一次我都以自己的本來面目和他們談話，我絕不模仿任何人。因此，我才能獲得成功，而且當時我們說的話也最具有說服力。」

不知你是否發現，你周圍絕大多數成功的人，都是本著自己樸實的本性生活著，他們在自己的人生舞臺上，所表演的完全是他們自己的舉止，絕不刻意去模仿他人或假扮成別人。他們始終埋首工作，虛懷若谷，非但不炫耀自己，擺出一副大人物的架子，反而像普通人一樣誠實上進、虛心好學。最重要的一點是，他們從不自以為是這個世界上的一個驕子。他們只需要一個最適合自己工作的場所，然後努力使自己成為令人尊敬的人。

如果你長期以來就在工商界活動，一定接觸過許多公司的領導層。在這些人中間，有些人自以為像萬能的上帝一樣，具有高度的支配力。但是，我們最終會發現，他們多半是不可靠的、不足信賴的、或是不負責任的人。現在有些年輕人，事業上稍有了一點小成就，就自以為不得了，指手劃腳，這個也看不起，那個也看不慣。其實他們也只不過是有那麼一點小成就罷了，還沒有甚至無法達到宏偉的目標。紐約有名的銷售及管理方面的顧問威特・福斯先生曾說過：「能夠親切地和別人說話，便可以從中獲得不可思議的樂趣。」

各位是否知道，凡是有所成就的人，他們所謹守的法則是什麼嗎？現將這些法則簡述如下：

1. **態度自然：**絕不玩弄過分勉強的技巧。
2. **言而有信：**沒有根據的話絕對不說。
3. **說話簡明扼要：**只說自己想說的話，絕不添油加醋，故弄玄虛。

4. **處事公平：**即使對方的意見和自己不一致，也應認真地傾聽。

5. **運用機智：**沒有一件事不能以合乎禮儀的態度說出來。當然，更沒有不以無禮的態度就不能說出來的事。

因此，必須因時因地選擇適當的語言。這樣一來，尊敬你的人定會與日俱增。

李嘉誠．金言

保留一點值得自己驕傲的地方，
人生才會活得更加有意義。

勤勞與創新是成功的基本素質

推銷是一門十分複雜而且不容易學會的工作。直到如今，在商界仍然有很多人認為一個優秀的推銷員是天生的，而不是學成的。不可否認，推銷的確是一門需要極具耐心、細心，又必須時刻有創意的工作。它要求從事這項工作的人，必須學會從容自得地進行交際；它要求你必須做到能夠讓人們信賴你，並微笑著將自己掙的錢放進你的口袋裡。

掌握所有關於推銷的技能，對於生性靦腆、常常在陌生人面前顯得較為拘謹、內向的李嘉誠來說，不是一件簡單輕鬆的事情。但是，他卻能做得很好。當有人問他成功的奧秘時，李嘉誠堅持認為，從事推銷工作，至為關鍵的有兩點：一是勤勞；二是創新。

最初，李嘉誠每次出門向客戶推銷產品之前，心情都十分緊張。所以總是在出門前或者在路上把要說的話想好，準備充足，並且練了又練。

漸漸地，李嘉誠發現自己不僅適合推銷，而且大有潛力。他天生有一種十分有利於當推銷員的性格，那就是他與生俱來的敏銳的觀察能力和分析能力。他總是能夠憑著他的直覺第一眼就能看出自己面對的客戶是什麼類型的人物，並且能夠馬上了解客戶的心理、性格。這樣，李嘉誠可以說具備了一套適合他自己的獨特且出色的推銷術。

李嘉誠認為，在從事推銷工作的時候，自己必須要充滿自信，且又十分熟悉所推銷的產品，盡最大的努力，設法讓客戶感到你的產品是廉價而且優秀的。尤其最重要的是，要時刻注意客戶的心理變化，時刻使他們有興趣聽自己講述，而不認為是在浪費他們的時間。

實際上，只有十七歲的李嘉誠，仍長著一張讓成年人無法信賴的孩子臉。但聰明的李嘉誠，總會預先告訴客戶他的年齡，當然是經過加工之後的年齡。再加上他那讓人信賴的誠實的目光，更使李嘉誠無往而不勝。很快地，最年輕的李嘉誠的推銷成績，成為全公司遙遙領先的佼佼者。

天天努力做新人

即使是最成功、最有影響的人物，也一樣有不如別人的地方；同樣即使再平常的人，也有自己的優點或長處。

不論是容貌、財富、能力、經驗，或是嗜好、家庭、朋友、師長，至少你要能找出自己比別人強的四點理由。

找到這四項長處，把它一項項寫下來，大聲念給自己聽。現在你該知道，要從什麼地方去展現你的魅力了吧！

肯定自己、欣賞自己、喜歡自己，這是自我發現、做新人的第一步。

先找到自己的優點，並學會肯定它；看出自己與別人的不同，並試著欣賞它，這樣在芸芸眾生當中，你突然間又發現了一個可愛的人，那就是你自己。

喜歡自己，不是一件容易的事。絕大多數人容易喜歡別人、欣賞偶像、肯定大人物，和他們相比較，自己彷彿一無是處。即使是身邊最普通的朋友，有時也讓我們心生羨慕，自嘆不如。

有的人有許多的優點，卻自認是一個不漂亮、沒有魅力、不討人喜歡的人物。其間最大的障礙，就在於他從來不曾真正欣賞過自己所擁有的一切。

任何一個有魅力的成功人士，都懂得欣賞自己、肯定自己、喜歡自己。

在這個世界上，本來已經充滿了阻擋我們前進的重重障礙。人們要生存就必須具備披荊斬棘的勇氣，並不停地和所有惡劣的環境搏鬥。

而所有看來具有魅力的人物，莫不是在生活的重重煎熬中，不休不止地與自己鬥爭，與他人抗爭。這樣的對抗已經萬分艱難，在艱難之餘，還能夠流露出自在的魅力，不免使我們好奇，他們的力量來自何處？答案很簡單，除了別人的認可，自己給予自己的支持最為重要。如果連自己都不支持自己，那麼還有誰會推動你走下去呢？

我們的內心都有等待開發的優點，即使那優點微不足道，但是小樹也有長成大木的一天。一點點的優點，只要能得到充分發揮，說不定正是成為偉大人物的起點。

找出你的優點，認清自己與別人不同的地方。肯定自己的個性、方向及堅持，在困境中仍然不忘欣賞自己，支持自己走下去。

悄悄地為他人做點好事

許多人在為他人做好事、行方便的時候，總會順便告訴對方自己對別人也很好，心裡悄悄地企盼著對方對自己有所肯定。

我們要求自己健全人格，希望自己成為某種有思想的人，所以我們加強自身修養，經常做些好事，對別人施以仁愛。這樣做可以提高自我意識，認識到自己善良的品質，並肯定自我價值。

我們為他人做好事的行為本質上是很好的，但是要記住：我們只是為了透過自己善良的行動為他人創造美好生活，而不是為了讓別人知道「我有恩於你」。實際上，你做好事的同時，你善良的本性已經使你感覺愉快——你仁愛的意義即在於此，所以千萬別圖回報。

既然要付出，就單純地付出，不要圖回報，這就是為什麼要提倡「悄悄地為他人做點好事」。別人的感激與表揚並不是你最需要的，你真正得到的有意義的回報是你無私奉獻的熱情——只要你有了這種熱情，你的生活就會更加美好、更加愜意起來。所以，下次你為別人做好事的時候，請不要聲張——你的心情坦然了，你就能體會到奉獻的樂趣。這是一種跟你的生活密切相關的處事方式，它不僅會帶給你快樂，而且做起來也是輕而易舉。

然而在日常的生活中，無論我們是有意或是無意的，我們總是想從別人那裡得到點什麼，尤其是當我們為別人做了點什麼的時候。比方說常常有這樣的情況：住在同一間寢室的人常說「既然我打掃了洗手間，那麼她就應該將廚房清理一下」；或是鄰居之間「我上周幫他們家照顧了一下午孩子，這次總該他們幫我了吧」。之所以出現這種情況，其原因是——我們都認為我們所付出的已遠遠超過所得到的回報。

實際上，一個真正有智慧、內心充滿平和寧靜的人，每當他為別人提供方便的時候，他往往只想到要去做，而做了之後他就會感到靈魂中的快樂。正如同適當地作一些運動可以使人身心都得到放鬆一樣，你所作的這些愛心行動也可以使你在情感上得到同等程度的愉悅，你感覺上的回報就是你意識到你做了這些「小小的」好事。

如果你感到替別人做了什麼而得不到任何回報，那麼導致你心理不平衡的根本原因是隱藏在你內心的互惠主義，它干擾你內心的平靜，它使你老是在想：「我想要什麼，我需要什麼，我應當去索取什麼。」如果行善事而有所圖，也許好事會變成壞事。有一位美國青年，曾從深井中救出一個小女孩，得到女孩父母的深深感激和眾人的欽佩。不幸的是，從此以後，他無論走到哪裡都希望人們知道他的這一善行。隨著歲月流逝，人們漸漸淡忘了，他卻念念不忘，並越來越無法忍受人們如此對待他這樣一個救人英雄，以致最後不得不選擇了自殺。維吾爾族傳說中最聰明的人阿凡提曾經說過：人家對你做的好事，你要永遠記住；你對人家做的好事，你要立即忘記。這位美國青年若能領會到阿凡提的名言，那麼這個悲劇或許就能避免。

在你的生活中試著真心真意地去幫助別人，而且當這一切完全發自你的意願時，你一定可以體會到幫助他人而不在乎你所幫的人會給你什麼樣的報答將是件很快樂的事情。如果你真的這麼做了，你就會感到這一切對於你心靈的回報——一種和平、寧靜、溫暖的感覺。

試著給人一個驚喜

生活大多數時候是平淡的，正因為如此，如果你能在平淡的生活中給人一個驚喜，別人將會十分感激你。也正因為生活平淡。所以只要你用心，驚喜還是很容易找到的。

驚喜能使生活變得豐富多彩、情趣盎然。給朋友一個驚喜能使朋友深刻地感受到你的情義；給愛人一個驚喜會讓她感受到似已疏遠的愛情；給孩子一個驚喜則能令他乖上幾天；當然給別人一個驚喜也能讓自己感到自豪和興奮。

當一個和你只見過一面的朋友，三個月以後站在你面前，你卻微笑著清楚地喊出了他的名字，這份驚喜定能讓他真切地感受到你對他的重視。這麼一個良好的印象可能會影響你們以後的所有交往。當你不經意地說你兒子特別喜歡收集橡皮擦，兒童節那天，你朋友捧了一包多姿多彩的橡皮擦來到你家，不光你兒子會高興得很，相信你也能感受到朋友的這份特殊的關心。其實每個人都渴望得到別人的特殊關照，而給人驚喜是讓人感受特殊的最好辦法。

不要武斷地認為給人驚喜是多麼的難，只要你不認為只有送人戒指、洋房才能給人驚喜，那麼問題就好辦得多。首先，我們可以在電視電影中學點招數。電影、電視都是一些思想豐富、喜歡浪漫、善於幻想的人編出來的，但其中的許多做法卻能讓生活中的我們感到驚喜。節日給女朋友送朵花；朋友過生日了，給他點首歌，如此等等。只要你不認為生活本該如此平淡，只要你想讓生活豐富多彩，電影、電視，以及別人的做法都會讓你有無數靈感。

平時對朋友、家人多加留心，相信會有很多讓他們驚喜的機會。不是他告訴你，而是你自覺地記住了他的生日。記住朋友家人的生日，記住朋友的結婚紀念日。如果能記住朋友和他夫人的初次約會日，那就更好了。平時準備個本子，記下一些他人的資料，相信你能成為驚喜的創造者。朋友有邊辦公邊聽音樂的習慣，有一天你朋友的MP3突然壞了，你悄悄地把一個新的借給了他，這自然會讓他驚喜萬分。當然，改變一下自己的性格，改掉一些自己的缺點，改變一下自己原以為想當然的規矩，也會給他人帶來驚喜。戀人一直討厭你抽菸，哪一天你真的不抽了，這份驚喜能讓戀人感受到你對她的重視。古板的父親一直不讓女兒週末出去玩，認為這樣危險，有一天父親突然對女兒說：「寶貝，為什麼不出去和同學一起過週末？」女兒會認為她爸爸是世界上最開明的。

只要你喜歡驚喜，它就會經常出現！

跨出自己的社交圈

什麼樣的人就會有什麼樣的朋友；希望成為什麼樣的人，就要跟什麼樣的人在一起。人之所以會成功，是因為有朋友幫助；人之所以會成長，是因為他吸收了別人的成功經驗。如果你接觸的是同一群人，你的成長是有限的；如果你能夠擴大你的生活圈，你的層次就會大幅度提升；如果你能夠嘗試新的事情，你就能夠突破內心種種的困難和障礙。

你必須跨出自己的社交圈，必須接觸不同類型的人，因為不同類型的人會帶給你不同的刺激，不同的刺激會帶給你不同的創意，不同的創意可以讓你想出新的點子，能夠使你在市場上占更大的優勢，這樣的話，你成功的機會就大幅度地提升。

不妨從今天開始，想想看，你決定要參與什麼樣的組織、加入什麼樣的團體，要跟什麼樣的朋友在一起，那就請立刻行動吧！去找到這些人。成功者都是主動出擊的，被動不會有收穫。

尊重別人，為別人著想的人，自然能與人相處融洽。一個成功的人，也許會有許多相識，然而卻只會有少數朋友。

有人說過：「所謂朋友是了解你和愛你的人。」當你快樂時，他們真正為你快樂；當你遭遇困難時，他們始終不離棄你。我們在生活中不時會受到打擊，這時，唯一使我們能活下去的，便是知道有人關心我們。

友誼不是自動來的，它是我們把自己給予所愛的人的結果。沒有比這種投資報酬率更大的投資。同樣地，你努力追求到的名與利，若沒有人與你分享，便是毫無價值的。因此建立自尊，要從培養友誼著手。

李嘉誠．金言

我生平最高興的，就是我答應幫助人家去做的事，自己不僅是完成了，而且比他們要求的做得更好，當完成這些信諾時，那種興奮的感覺難以形容……

做人要「貨真價實」

學識與修養是人內在的精華，是精神的完美表現，是人格魅力的真正源泉。它難以用固定的模式加以討論，也不是能完全描述出來的東西。它往往是以「潤物細無聲」的方式影響人的心靈，而且它更多的是靠我們的體會、領悟。

學識是社會交往中的基礎。它不僅僅只通過正規的學校教育所取得的理論知識，還包括豐富的人生體驗。學識是一個系統，由若干層次的知識組成。具有淵博學識的人，不一定都經歷過正規教育，但他們的學識和體驗早已豐富了他們的心靈，使他們在社會交往中散發出智慧的光芒。俄國文學家高爾基，因家貧過早輟學，四處謀生卻一直堅持學習，終於成為一代文豪。豐富的社會閱歷和獨特的人生體驗，促成了高爾基深邃的思想與淵博的學識，他在社會交往中非常出色，影響了幾代年輕人。所有與他接觸過的人都說，他的談話深入淺出，飽含生活熱情，卻絲毫不矯揉造作，能徹底征服人們的心。

如今，在知識經濟浪潮中，人們早已對「學習」有了嶄新的認識。今天的學習已經不再是我們的頭腦裡記住了多少東西，不是看我們能背誦多少唐詩宋詞、數學公式，而是看一個人有沒有學習的能力，能不能判斷他該學習什麼、怎麼學習、何時進行學習。因此，學識在很大程度上已不再是從前的概念，而是一種能力的表現，它包括對已有知識的靈活應用、不斷向新領域進軍、時刻注意更新和完善已有的知識等等。此時，學識是充滿活力的表現，富有學識的人可能是一個具有高超判斷力、頑強學習能力、創新思維能力的人，而肯定不是一個「書呆子」或死氣沉沉的人。

修養是一種內在的精神境界，它融合了性格、禮儀、態度和學識，以內在氣質整體地凸顯於人們面前。在社會交往中，真正影響別人的正是這種綜合素質，而它卻往往從微不足道的小事中表現出來。

我們常常在社會生活中聽到這樣的評論，說某人很有風度和品位，是很有味道的人，就像一口取之不盡的甘泉，滋潤人們的心靈；而某人卻是華而不實，初結交時很有意思，再深入時則發現其內心沒有什麼東西。

其實，這兩者的區別就在於誰才是貨真價實的，誰才是在學識和修養上更高一籌的。

做生意是無信不立

談到做生意的秘訣，李嘉誠最看重的就是一個「信」字。他在對兒子們進行教育時也反復強調這一點。對於李嘉誠這位三十歲就憑自己的努力成為富豪的人來說，商人最重要的素質是「信」。

其實，李嘉誠對事業上的「信」與他對人的「誠」是分不開的，誠信相合，即為「義」。從對子女的教育上最能看出一個人的為人和心中的想法。李嘉誠坦言：「以往百分之九十九是教孩子做人的道理，現在有時會談論生意，約三分之一談生意，三分之二教他們做人的道理。因為世情才是大學問。世界上每一個人都精明，要令人家信服並喜歡和你交往，那才最重要。」

「我經常教導他們，對人要守信用，對朋友要有義氣，今日而言，也許很多人未必相信，但我覺得『義』字，實在是終身用得著的。」李嘉誠一直都在磨練李澤鉅、李澤楷兩兄弟。

有句話說，「沙地裡長出的樹再怎麼扶也扶不起來。」對於經商者來說，如果從小沒有養成遵守信用的習慣，那麼就不可能取得別人的信任，生意也很難得到發展。李嘉誠曾戲稱自己不是「做生意的料」，因為他覺得自己不會騙人，不符合中國人所說的無商不奸的標準，但其實正是因為他有信而無奸，所以才做出了全亞洲獨一無二的大生意。

保持正直的品格

如果一個青年在剛踏入社會的時候，便決心把建立自己的品格作為以後事業的資本，那麼做任何事情，都無悖於養成完美人格的要求，即使他無法獲得盛名與巨大利益，但終不至於太失敗。而那些人格墮落、喪失操守的人，卻永遠不能成就真正偉大的事業。

人格操守是事業上最可靠的資本，多數青年對於這一點缺乏認識。這些年輕人過分地注重技巧、權謀和詭計，卻忽視對正直品格的培養。為什麼有許多公司情願以非常昂貴的代價，去用已死數十年或數百年的人的名字來做公司的名稱呢？因為在那些已逝者的名字裡面含有正直的品格，代表著信用，使消費者感到可靠。

有一些青年人明明知道這樣的事實，但是他們仍然不將事業的基礎建立在正直的品格上，反而建立在技巧、詭計和欺騙上，這難道不令人感到奇怪嗎？但也有相當多的年輕人並不把事業建立在不可靠和不誠實的基礎上，而是建立在堅如磐石的正直品格上，這樣，他們的成功才是真正的成功，才有真正的價值和意義。

公道、正直與誠實是成功所包含的要素。每一個人應該感到，在自己的體內有一種富貴不能淫、威武不能屈的力量。這極其寶貴的力量就是一個人的品格，應不惜以生命來保持自己正直的品格。大凡歷史上真正偉大的人物，其人格是高貴的，他們不會因金錢、權勢、地位等種種誘惑而出賣人格。林肯當律師時，有人找林肯為訴訟中明顯理虧的一方做辯護，林肯回答說：「我不能做。如果我這樣做了，那麼出庭陳詞時，我將不知不覺地高聲說：『林肯，你是個說謊者，你是個說謊者。』」

林肯的美好名聲為什麼不隨著歲月的流逝而消失，反倒與日俱增、婦孺皆知呢？因為林肯的一生都保持著正直的品格，從來沒有作踐過自己的人格，從來不曾糟蹋自己名譽的緣故。

當一個人過著一種虛偽的生活，戴著假面具，做著不正當的事情時，他將受到自己內心的嘲笑，甚至會鄙棄自己。他的良心將不斷地拷問他的靈魂：「你是一個欺騙者，你不是一個正直的人。」這就會敗壞人的品格，削弱人的力量，直至徹底葬送人的自尊和自信。

無論有多大的利益、多麼難以抵制的引誘，千萬不可出賣自己的人格。如果一個人過分地追逐名利，將會敗壞他的才能，毀滅他的品格，使他作出違背良心的事情來。

無論你從事何種職業，你不但要在自己的職業中作出成績來，還要在自己的做事過程中建立自己高尚的品格。在你做一個律師、一名醫生、一個商人、一個職員、一個農夫、一個議員，或者一個政治家時，你都不要忘記：你是在做一個「人」，在做一個具有正直品格的人。這樣，你的職業生涯和生活才會有意義。

培養一個完美的個性

個性有瑕疵的人並非一無可取、不可救藥，許多事例驗證了這一點。有些卓越不凡、幽默風趣的人，原來也可能是個孤僻、難以相處的人。他們透過靈活運用自己的長處，同時克服了自己個性中的缺點而獲得成就。要想克服個性中的缺點，先要分析自己的個性，同時了解優良個性的特徵，以便朝那個方向努力。

一般說來，優良的個性具有如下特徵：

1. **誠意：**誠意一般是指由熱情、熱心和興奮等糅合而成的感情狀態。一個對工作、學習和他人抱有誠意的人，往往能彌補個性上的一些缺點。

2. **理智：**這就要開動人的思維機器，要多看、多聽、多思，凡事都能以明確而理智的行為來進行。在處理事情的過程中，不隨意埋怨、輕視別人，即使面對即將發生的重大事件，也能冷靜理性地應變，最終渡過難關。

3. **友情：**友情可以使你交友廣闊，從而建立充滿善意和體貼的良好的人際關係。但切記勿把友情與親情混為一談。友情是一種互助的關係，它能激發朋友之間相互尊重。

4. **英俊、瀟灑、魅力：**這和個人風采有關。清潔、整齊、英俊、瀟灑的風采，能使男性保持自然可親的個性，再加上良好的教養，確能助人事業成功。

魅力是一種無形的美。

每個人都可能有獨特的魅力，但是只有當我們與人交往時，魅力才會被感受到。魅力的神秘感表現在言語未到之時，它也許是一個眼神，是手輕輕地一觸，或僅僅是一種感覺；它是一種內在吸引力，是教養、舉止以及氣質的綜合。如女性容顏的美醜，那是由先天條件決定的，人力沒有改變的可能，但是魅力卻可以經由後天的努力去加以培養營造。心理學家提供的幾種培養魅力的方法值得我們參考：

1. 注重禮貌儀態。在任何場合中，謹記以禮待人、舉止文雅。

2. 態度開朗，和藹可親，特別是應該具有接受批評的雅量和自嘲的勇氣。

3. 對別人顯示濃厚的興趣和關心。大多數人都喜歡談自己，因此在與人交際時應該懂得如何引發對方表露自己。

4. 與人交往時，經常和他們的目光相接觸，使對方產生知己之感。

5. 博覽群書，使自己不致言談無味。

6. 慷慨大度，這樣才能獲得別人的欣賞。

其實，改善自我個性沒有任何秘訣，最重要的是要有堅定的意志，憑藉一定的規則和計畫來自我完善。

每天只要花三十分鐘的時間，認真學習，並提出問題，那麼你的個性就會隨著你的知識增長而得到改進。

充實自我，若能由淺入深、由簡而繁，在無意中持續下去，你就會發現其中樂趣，並樂此不疲，你個性上的缺點就會得到很好的彌補與調整。

無所不在的教養

無論是開會、赴約，還是做客，有教養的人從不遲到。他懂得，即使是無意識地遲到，對準時到場的人來說也是不尊重的表現。如果萬一由於某種原因開會遲到了，那麼他就會盡可能悄悄地走進會場，力求不因為自己的到來而影響別人。他會坐在緊靠門口的椅子上，而不是在屋裡來回走動，到處去找座位。

有教養的人從不打斷別人的講話。他首先要聽完對方的發言，然後再去反駁或者補充對方的意見。在這種情況下，急躁和慌亂不僅不能加速解決事情的進程，反而會引起神經過敏和思維紊亂，以致延誤問題的徹底解決。

有教養的人在同別人談話的時候，總是看著對方的眼睛，而不是翻閱文件，來回挪動什麼東西，或者擺弄鉛筆、鋼筆等，因為這些動作只會反映出其不耐煩的情緒，使來訪者發窘，以至於打斷人家的思路。其結果只會占去談話雙方更多的時間。

在古希臘時代人們就發現：文明的人不高聲講話。高聲講話令人厭煩，會影響周圍的人，甚至使人惱怒。

有教養的人從不生硬地、斷斷續續地回答別人的問題。明確簡練和簡單生硬毫無共同之處。

有教養的人尊重別人的觀點，即使他不同意，也從不喊叫什麼「瞎說」「廢話」「胡說八道」，而是陳述、說明不同意的理由。無論是工作還是休息，有教養的人在與人交往時，從不強調自己的職位，從不表現出自己的優越感。

有教養的人遵守諾言，即使遇到困難也從不食言。對他來說，自己說出來的話，就是應當遵守的法規。

有教養的人，在任何情況之下，對婦女尤其是上了年紀的婦女，總要表示關心並且給予照顧。

有教養的人，從不忘記向親人、熟人、同事祝賀生日和節日。特別是由於某種原因而無須特別慶祝某一紀念日的時候，表示關懷尤為重要。

有教養的人善於分清主次，權衡利弊，不會因為一點小的衝擊或難言的心事而和朋友斷絕友好關係。

有教養的人，不會當眾指責別人的缺點。對別人的興趣、嗜好和習慣從不會表現出否定態度。

有教養的人，在別人痛苦或遇到不幸時絕不袖手旁觀，而是盡自己力量和可能給予同情。如果是很親近的人，他就要全力以赴作出需要的一切。如果是同事、熟人或鄰居，他也要表示同情，打電話問候，或者抽時間前去看望。

有教養的人，在街上發現孩子們的越軌表現和淘氣行為就會前去制止，並認為這樣做是自己的責任。

夾著尾巴做商人

如何才能做好生意，這是許多人向李嘉誠請教的一個問題。對於這種問題李嘉誠的回答是保持低調。所謂保持低調其實就是通常人們所說的夾著尾巴做人。

什麼是夾著尾巴做人呢？就是要以一種謙虛和合作的態度去與人打交道，談生意也是一樣。正如李嘉誠自己公布的生意秘訣一樣：「最簡單地講，人要去求生意就比較難，生意跑來找你，你就容易做。一個人最要緊的是，要有中國人的勤勞、節儉的美德。最要緊的是節省你自己，對人卻要慷慨，這是我的想法。顧信用，夠朋友，這麼多年來，差不多到今天為止，任何一個國家的人，任何一個不同省份的中國人，跟我做夥伴的，合作之後都能成為好朋友，從來沒有一件事鬧過不開心，這一點是我引以為榮的事。」

不僅在做人方面保持低調，李嘉誠在教育孩子方面同樣也是諄諄告誡。李嘉誠是個寬厚且開明的父親，雖然他看不順眼兒子的打扮，但他不強求兒子。他希望的是兒子有出息，能夠做大事業，至於個人的生活品味和作風，只要不太出格就行了。李澤楷獨立門戶創辦盈科，李嘉誠贈予他的一句箴言是：「樹大招風，保持低調。」顯然李澤楷以後的行為，完全有悖於這句箴言。李嘉誠是否批評過兒子呢？就李嘉誠接受傳媒專訪時對兒子的評價來看，他並沒有指責李澤楷這一點。

成名以後，李嘉誠的經商謀略、行為方式，成為人們評價和模仿的對象。但這種低調的處世哲學卻不太被人們接受，這是十分奇怪的。不管怎樣，李嘉誠仍然保持了他的一貫低調作風，例如當年李宅辦理李澤鉅的婚事時，在李澤鉅去接新娘之際，李宅門口聚滿採訪的記者。李嘉誠破例邀請記者參觀李宅花園。李宅高三層，李嘉誠本人住三樓，李澤鉅與王富信則在二樓構築愛巢。李嘉誠站在草坪上說：「一層才兩千平方英尺，不算大呀……長實集團公司起碼有一百個職員，他們住的地方不比這裡差……你們（記者）去過多少富豪家宅，好多都靚過我這裡。」

對於傳媒有關李家深水灣大宅大肆裝修的報導，李嘉誠矢口否認，強調只用了約三個月，「這裡二十多年都沒有認真裝修過，即使裝修一番，也要好好裝修呀，是嗎？」其實，公家娶媳，本是大出風頭之日，李嘉誠卻一如往昔處事小心，如果沒有十分強烈的自我約束意識這是做不到的。

第二章
最適合做生意的人

商人成功的三個條件

以企業家和商人的標準來看李嘉誠，他無疑是成功的。關於他成功的奧秘，有許多人作過專門的研究，但無論如何，以下三個重要的條件是不容忽視的。

1. **好手腕：**所謂手腕包括商業競爭的方法和與社會溝通的方法兩個方面。有人將其歸納為李嘉誠「高超的外交手腕」。其實，熟悉李嘉誠的人都知道，言行較為拘謹的李嘉誠，絕不像一位談鋒犀利、能言善道的外交家。他像一位從書齋裡出來的中年學者，而不像那種巧舌如簧、精明善變的商場老手。但在這樣一個隨意而平常的外表後面，你不難發現，李嘉誠具有善變的商業謀略和靈活的溝通技巧。概括李嘉誠所具有的商

業謀略，可以歸納為耐心等待，捕捉機遇，有智有謀，從長計議。李嘉誠正是這樣不斷地通過官地拍賣與私地收購，為地產發展提供了源源不斷的土地資源。

2. **好口才**：關於李嘉誠的好口才，許多人都有同感，李嘉誠的語言第一是誠實，第二是幽默。有關誠實大家已司空見慣，而其所具有的幽默則別具一格。例如，有記者採訪李嘉誠，問：「都說您是拍賣場上『擎天一指』，志在必得，出師必勝，可您有時為何還是中途退出？」李嘉誠幽默地說道：「這已經超過我心定的價。你們沒看到我想舉右手，就用左手用勁捉住；想舉左手，就用右手捉住。」

3. **好素質**：有人常說，李嘉誠的成功是由於幸運。其實，誰都了解，幸運成全不了股市常勝將軍，李嘉誠之所以能成為股市強人，靠的還是他的良好素質。因為，他每一次股災之中，都能夠安然渡過，而不至於翻船落水。

一位跟隨李嘉誠多年的高級經理人在會見知名《財富》記者時說：「李嘉誠是一位最純粹的投資家，是一位買進東西最終是要把它賣出去的投資家。」這位經理人的話，揭示了李嘉誠在股市角色的優勢。這種優勢或許很多人都明白，但由於急功近利心理的驅使，許多人都不願做這種角色，而寧可做投機家。

投資家與投機家的區別在於：投資家看好有潛質的股票，作為長線投資，既可趁高拋出，又可坐享常年紅利，股息雖不會高，但持久穩定；投機家熱衷短線投資，借暴漲暴跌之勢，炒股牟暴利，自然會有人一夜暴富，也更有人一朝破產。香港股壇上赫赫有名的香大師香植球、金牌莊家詹培忠，都曾股海翻船，數載心血幾乎化為烏有。可見，人算不如天算——再聰明的人，都有失算之時，而李嘉誠依靠的是自己良好的心理素質和考慮周全的智囊謀略，故而李嘉誠大進大出，都是一有良機，急速抛出，無形之中減少了自己的風險。

李嘉誠・金言

在看蘇東坡的故事後，就知道什麼叫無故受傷害。蘇東坡沒有野心，但就是給人陷害，他弟弟說得對：「我哥哥錯在出名，錯在出高調。」這個真是很無奈的過失。

有耐心和毅力的人

人生的道路是曲折迂回的，有時候是平坦的康莊大道，有時候是崎嶇的羊腸山徑。越是曲折的人生越有意義，因此困難險阻正是考驗人生的利器。

經濟高度發展的今天是「事求人」的時代，因此只要學有專長就不怕沒有作為，一家公司做厭了立刻可以在別的公司找到新工作；這一行做膩了很容易轉到另一行。於是許多人想要自立做生意，然而那種易於「變節」的個性卻已經變成了薪水階級的第二天性。改不掉這種性格而想去做生意就會招致橫衝直撞、一事無成的後果。

本來人的性格有先天遺傳而來的，有後天環境造成的。在這兩種力量交互影響下，就造成種種不同的個性。有喜新厭舊的人；有好死不如賴活的人；有橫衝直撞的人；有一遇困難就退縮不前的人；有見風使舵的人……所謂一樣米養百種人。因此有上班沒幾天就開始到別家公司找工作的人；有每次在同學會碰見就遞上一張不同公司不同職務的名片的人。這種人還是別做生意。什麼事情一著手做就討厭，一碰到麻煩就趕緊躲開，這樣的人去做生意也一定不會成功的。

下棋也好、打球也好、交誼性的比賽也好，中途認輸，從頭再來，那是可以的。但是戰爭的話，一輸了就死路一條，是沒有辦法從頭再來的。做生意就是戰爭，商場就是戰場。

在商場上經營不利，可以認輸，宣佈倒閉，重新開業。但是本錢輸完了，生意怎麼做下去呢？輸了一次又一次，最後連一台貨車都輸掉了，誰批貨給你？你的信用喪失殆盡，到處碰壁，豈不是只有死路一條嗎？

因此，做生意一定要有不論碰到什麼困境，都要有咬緊牙關、堅守崗位、衝破難關的勇氣和毅力。擱置赤字，重新設立公司，這是合法的，也是合理的，但是沒有信用。任何人都會想：「這一次恐怕又要倒閉了吧。」這樣生意就難做了。做生意多多少少也要有種與商店共存亡的決心。所謂百年老店就是憑著這種「死守」的決心才能延續下來。而薪水階級最缺乏這種決心。

當然，不是說做生意不能轉向，生意的特點就在於其轉向靈活上，但轉向的良好時機是在賺錢的時候。在這個時機上轉業、移店，那麼原來的信用都可以運用，如果錯失了這個良機，那麼輕言轉業、移店，就會弄得一敗塗地。

識時務的人

商場有金言：但知勝而不知敗者，將一敗塗地。

一生事業都一帆風順，到壽終正寢沒有嘗過失敗的滋味，實在太好了。無奈這種事情只有夢裡才有。人生不如意事常八九，可以大膽地斷言，每一位成功者或多或少都嘗過或大或小的失敗。所謂禍福相倚，成功與失敗，幾乎是一體之兩面，不可分割。

但是，失敗並不是上帝的安排，而是有原因的。失敗或者由於對經營原理無知，犯下了錯誤；或者由於時運不濟，整個國家、整個城市、整條商店街的經濟情勢改變，無法逃避，因此陷於衰落。

前者或許是可以補救的，但是後者就像洪水、地震、火山，幾乎無法避免。

遇到像後者那樣的「天災」，該採取什麼態度呢？以不變應萬變，堅守崗位，死守城池，死而無悔嗎？

這樣的節操的確感人。但是做生意並不需要這種英雄氣概，不需要美麗的讚辭。死守城池的做法，與其說是英雄，不如說是莽漢。

當你明知戰況極度不利，危機四伏，四面楚歌，將損兵折將，死傷慘重，試問你要與生意共生死呢，還是三十六計走為上策？君子不能吃眼前虧，識時務者為俊傑，還要以停業為上。

雖說商場如戰場，但是做生意是為了利，為了全家人的生活而奮戰，絕沒有與商店共存亡的道理。看情勢不對，就應該棄守這沒希望的生意，另謀發展。在戰場上可以為了國家而犧牲個人生命，為了全軍的存亡而死守崗位；在球場上也有為了隊友得分更多地做出犧牲的。但是在商場上，撇開企業間互相支援的特例不說，開店就是為了生活，一失敗就全家餓肚，誰也得不到利益。

勝敗乃兵家常事，但是敗軍之將不言勇，只有在一敗塗地之前，轉移陣地，另起爐灶，才能表現出兵家的智慧。因此，只有進而不知退，只知安而不知危的人是危險的。只有居安思危，以退為進的人才是真正的常勝將軍。

拿破崙不是曾豪言他的字典裡沒有「難」字嗎？然而滑鐵盧一戰不是一敗塗地嗎？這真是應了先賢的那句話：「但知勝而不知敗者，將一敗塗地。」

就像開車一樣，隨時要注意交通信號，注意路面安全，隨時準備剎車。開店應隨時檢查營業，甚至隨時準備關門大吉。總之，隨時應變，趨吉避凶。

嗅覺敏銳的人

李嘉誠指出，精明的商人只有嗅覺敏銳才能將商業情報作用發揮到極致，那種感覺遲鈍、閉門自鎖的公司老闆常常會無所作為。

李嘉誠認為，預謀制勝兵法在今天的人們使用起來應該更為容易和方便，因為現代科技使得資訊的傳達非常迅速，人們能夠很快地掌握最新的事件和新聞，所以，採取預謀制勝把握更大。在商業競爭中，日本人正是憑著嗅覺敏銳的長處，以預謀制勝之術而成為商業強國的。

二十世紀八十年代初，美國大地捲起了一股可怕的「黑旋風」——愛滋病！任何藥物都阻止不了性接觸後可能帶來的恐怖後果——死神的光臨。既想保持開放的性觀念又怕見上帝的美國人後來發現，有一種小玩意能夠有效地抵擋死神的進襲，那就是——保險套。

而當時，由於美國國內曾長期沒有大量生產保險套，現在市場需求突然猛增，數量有限的保險套一時無法滿足市場需求。遠在東半球的這一邊，兩位嗅覺敏銳的日本商人立即發現了那座「金山」，立即在最短的時間內，開動本公司的機器，加班趕工生產成箱成箱的橡膠避孕套，並火速送進了美國市場。一時之間，美國眾多的代銷店門庭若市，熙熙攘攘，兩億多隻避孕套很快銷售一空。

二十世紀五〇年代初，李嘉誠在銷售過程中特別注重黃金般的資訊回饋，他從各種管道得知，歐洲人最喜歡塑膠花。在北歐、南歐，人們喜歡用它裝飾庭院和房間，在美洲，連汽車上或工作場所也往往擺上一束塑膠花，而在前蘇聯，掃墓時用它獻給亡者，表示生命早已結束，但留下的思想和精神是長青的。於是，從五〇年代末起，李嘉誠生產的塑膠花便大量地銷往歐美市場，獲得海外廠商一片讚譽，一時間大批訂單從四面八方飛來，年利潤也從三五萬上升到一千多萬港元，直至一九六四年，塑膠花市場一直旺盛不衰。從此，李嘉誠得出一個重要的投資秘訣：不論做什麼生意，必先了解市場的需求預謀制勝，只有不斷充實自己，才能追上瞬息萬變的社會。他之所以獲得巨大的成功，這一重要謀略功不可沒。

有敬業精神的人

伊索寓言裡有一則家喻戶曉的故事，就是龜兔賽跑。誰都知道兔子是腳步很快的飛毛腿，再怎麼樣烏龜都不可能是牠的對手。因此兔子非常輕敵，想要一耍烏龜，便說：「睡一覺再說吧。」就在路旁的樹下睡著了。它想：睡一覺起來還可以趕上烏龜的。不料兔子睡熟了，終於被烏龜遠遠地拋在後面，兔子竟然陰溝裡翻船，輸了！

做生意不能像兔子一樣，一暴十寒，只想賺大錢，看到小錢就不想賺，睡大覺去了。如此這樣，能力再怎麼強都不可以成功的。既然做生意了，不管店面多小，都是生意，不要自卑，只要抱著一心一意為顧客服務的精神，必定可以贏得顧客的歡心，生意蒸蒸日上。

兔子因為沒把烏龜當對手所以才會輕敵，去睡大覺，如果把烏龜當作對手，比賽全力以赴，不是早就刷新紀錄了？屆時再來睡大覺也不遲呀。有兔子的能力，如果再加上烏龜的敬業精神，相信無論做什麼生意都可以創新紀錄的。

當然，人生是個漫長的賽程，沒有起點也沒有終點，你什麼時候起步，那便是起點，什麼時候倒下來，那便是終點。人生也沒有勝，沒有負，誰能克服自卑感，誰能培養出敬業精神，誰便是勝利者。

面帶喜相的人

你有沒有留意到，在這個緊張異常的商業社會裡，人們習慣於緊張，終日在緊張中生活，他們的臉孔，在不知不覺中抽緊了，顯得死板板的，毫無生氣！臉孔是心情的鏡子，心情舒坦，臉孔就應該鬆弛，顯出自然的微笑！

越是成功的人物，他們越是注意微笑的連鎖反應。微笑是一種奇怪的電波，它會使別人在不知不覺中同意你，你的成功與失敗，跟微笑有很大的關係哩！

知道嗎？美國鋼鐵大王卡內基常用微笑來征服他的對手。

有一次，在盛大的宴會上，一個平日對卡內基很有偏見的鋼鐵商人，背地裡大肆抨擊卡內基，並搬出了卡內基全部的缺點，一一加以攻擊。當卡內基到達而且站在人叢中聽他高談闊論時，他還不知道，仍舊滔滔不絕地數說著。宴會的主人相當尷尬，生怕卡內基忍耐不住，當面加以指責，使這個歡樂的宴會成為舌戰的陣地！可是卡內基很安詳地站著，臉上始終掛著微笑，當那抨擊他的人發覺他站在那裡時，一下子顯得非常難堪，滿面通紅地閉上了嘴，想從人叢中溜走。卡內基臉上卻仍然堆著笑容，走上前去親熱地跟他握手，如同沒有聽到他在說自己的壞話一般。那個攻擊他的人臉上一陣紅一陣白，尷尬異常。卡內基趕忙笑容滿面地遞上一杯酒給他，使他借著喝酒掩飾他的窘態。

第二天，那個攻擊卡內基的人親自登上卡內基的家門，再三向他道歉。從此，他變成卡內基的好朋友，常常稱讚卡內基，說他是個了不起的大人物。卡內基的朋友，都覺得卡內基的笑容永遠是那麼和藹，那麼安詳！

亞德洛也是個善於微笑的人。他有這樣一個習慣：每天起床，他總是對著陽臺上的花草，張大嘴巴大打哈欠。他的嘴巴張得很大，常常張得兩邊頰骨「喀格」一聲才肯甘休。這樣，他的臉皮就顯得鬆弛，使人家覺得他永遠像微笑著似的。有一次，他在美國中部一所大學演講，這兒的學生一向以頑皮著稱，有不少學者在這兒吃過虧。當他到那所大學演講時，那些學生本來就存心跟他過不去，準備使他下不了台，但當學生們看到他臉上的笑容，心裡便有了好感，等到他演講完畢，還熱烈地為他鼓掌捧場。一位學生領著他出場時，告訴他：「亞德洛先生，你的微笑把我們征服了。不然的話，你將會像其他人一般抱頭鼠竄的。」

英國首相邱吉爾更是善於利用臉上的笑容。他的臉孔總是顯出一種自然的微笑，特別是他在吸雪茄時，那種笑容更為可掬。有人形容邱吉爾的笑容時這樣說：「邱吉爾的笑容是一種武器，使對方無法捉摸他的思想，使對手在迷茫的情況下成了他的俘虜！」

這就是微笑的作用，也可以說是微笑的連鎖反應。當然你只學會了微笑還不夠，還要研究微笑的連鎖反應。下面幾個原則，謹供你在研究微笑連鎖反應中作參考：

1. 仔細地、客觀地聽聽你的朋友對你的意見。
2. 不妨在一兩個朋友的面前試用卡內基的微笑策略，看看它的反應。
3. 不妨學學邱吉爾的榜樣，在臉上終日掛上微笑，這樣，再留心觀察一下別人的反應。

當然，這種學習是要細心去體會的。

朋友，請注意你面部的笑容。要是你面上堆著笑容，人們會覺得你容易相處，敢於對你說出心中的話，敢於對你說出新的建議，敢於批評你在生活中或工作中的過失。這樣，你才能獲得進步，才能獲得更大的財富。

能分清輕重緩急的人

很多人也許不知道，一公升的糙米碾過以後，會消耗掉百分之五的份量，剩下的才是精純的白米。

但是因為從前的碾米機比較粗糙，所以白米裡面常常會夾雜著一些碎米糠。

如果你太在乎這些碎米糠，想將它們全部挑出來的話，就一定要花掉很多很多的時間和精力，這樣的話，你就沒辦法繼續做別的工作，反而得不償失，還不如不要去管它們——把摻了很多米糠的白米賤價賣出。

其實不管你做任何一件事，都一樣會碰到這樣的問題。當你做事業的時候，必定會有像米糠一樣的瑕疵。如，收不回來的呆帳、員工的缺點、客戶的信用不好等等的問題。

其中，貨款收不到，的確會對公司的營運造成一些影響。但是，如果呆帳的數目很少，卻要動用全公司的員工去追討，這樣反而是得不償失的。

因為，員工們可能會害怕呆帳一再發生，就變得格外小心，不敢積極去推銷貨品。而這時候，老闆也會把所有的心思放在怎樣去解決這筆呆帳的問題上，就沒有多餘的精力再把其他更重要的事情做好了。核對帳目也是這樣。如果總公司發現分公司的發票中有一二十元的誤差，結果就花了好幾天的時間打長途電話核對，到最後不但把兩邊的員工都搞得暈頭轉向，而且花的長途電話費也一定不止一二十元。浪費這些人力、時間和電話費，不是很不值得嗎？這一二十元不就像碎米糠一樣嗎？幹嘛去管它呢？

人常常就是這樣，會因為太拘泥於小事，而壞了大局。像核對帳目有小誤差的時候，用一個適當的科目去把它沖掉不就好了嗎？把時間花在其他更重要的工作上才是聰明人的做法。

還有，雇用員工也是同樣的道理。其實每個人都有缺點，只要缺點不大，不會帶給公司不良的影響，應該都是可以容忍的。如果太在意這些小毛病，不但會顯得自己的度量很狹小，而且無法培育出有潛力的人才，員工也不會積極為你賣力工作，這樣的損失就太大了。

從前有一位名人在接受記者訪問的時候說：「治國的要領，就像你用圓形的勺子，在方形的盒子裡挖豆花一樣。」

有人就反問：「這樣不就沒有辦法把角落裡的豆花挖乾淨了嗎？」

他說：「對，沒錯，但是你治理一個大國的時候，就必須要犧牲一些東西，否則，如果你每一樣事都想把它做到盡善盡美，到最後反而什麼事都做不好！」

所以，如果你想成為一位大人物，就得不在乎米糠，把精力放在最重要的事情上才會有成就。

能管住自己嘴巴的人

提起「精工」手錶，可以說無人不知、無人不曉。本田精工差不多獨占了日本手錶零配件的供應市場，但是「本田精工」的總經理本田秀即使在今天接受採訪時，仍是小心翼翼，劈頭就說：「千萬別這麼講，做我們這一行，嘴巴守緊一點兒，比什麼都重要。」「不輕露口風」在商場上是極重要的大事。本田秀曾斬釘截鐵的說過以下一番話：「我們的工廠一向不給人看。一方面，只要是專家，看了馬上就會知道廠中訣竅；另一方面，保密也是我們能提供給買主的一個銷售特點。」因此，向「本田精工」採購零件的買主，都不必擔心會在零件採購單上洩露了他們自己正在製造什麼新產品的秘密。這就是本田秀做生意成功的訣竅——「言多語失」「不輕露口風」。

生意人在外面跟人談生意，最忌諱的就是說話時嘴邊沒有把門的，什麼都說。中國古代早就有「逢人只說三分話，未可全拋一片心」。戰國時期的著名思想家韓非子更是在《說難》一文中指出：「周澤未濟，而語之極，如此者身危。」

很多人總覺得只要自己光明磊落，便凡事無不可對人言，但假如對方是個根本不可以言盡的小人時，你的三分話已經顯得太多了。在生意場上如果彼此間的關係一般，你卻跟人家談得很深，這就顯示你自己沒有知人之明。若是你的話題涉及對方本人，但他與你根本就不熟悉，你卻硬跟別人說一些純屬私人的事情，就顯得唐突冒昧。再說，如果談話本身涉及商業機密，因為你一時的「暢所欲言」，便將自己的底牌一股腦地兜售給對方，豈不是太過愚蠢了嗎？實際上，在生意場上，與一般的客戶交談，三分話已經是太多了。

另外，任何人都有自己不願讓人知道的隱私，因此在談話時千萬不要追根問底、探聽別人的隱私，這是生意人最忌諱的事。雖說好奇心人皆有之，但此時最好還是將你的好奇心收斂一下。

生意人在與客戶談判時必須注意，即使是一個很好的話題，說時也要適可而止，不可拖延下去，否則會令人疲倦。說完一個話題之後，若不能讓對方發言，而必須仍由你支持局面時，就要另找新鮮話題，如此才能把對方的興趣維持下去。在談話當中，對方的發言機會為你所操縱，你必須時常找機會誘導對方說話，像說到某一件事時可徵求他對該事的看法，或在某種情形時請他講述自己的經驗等，務必使對方不致呆聽，才不失為一個善於說話的人。話題轉了兩三次，而對方仍無將發言機會接過去的意思，或沒有作主動發言的表示時，你應該設法把這個談話結束。即使你精神還好，也應讓別人休息休息了。

因此，與生意夥伴交往應酬時，假如人家根本就沒有談興，你一定要知趣地及時剎車。即使在所談的三分話裡，也要注意回避自己的商業機密，最好只談一些風花雪月、天候氣象及時事政治之類的一般性話題，雖然言之無物，卻不妨談得趣味橫生、逗樂多多，既消磨了時間，又加深了感情，何樂而不為呢？

李嘉誠．金言

精明的商家可以將商業意識滲透到生活的每一件事中去，甚至是一舉手一投足。充滿商業細胞的商人，賺錢可以是無處不在、無時不在。

不輕易張揚個性的人

年輕人可能都認為個性很重要。他們最喜歡談的就是張揚個性。他們最喜歡引用的格言是：走自己的路，讓別人去說吧！

時下的種種媒體如圖書、雜誌、電視等也都在宣揚個性的重要性。我們可以看到許多名人都有非常突出的個性。不管他是一個科學家，還是一個藝術家或者軍事家。愛因斯坦在日常生活中非常不拘小節，巴頓將軍性格極其粗野，畫家凡．高是一個缺少理性、充滿了藝術妄想的人。

名人因為有突出的成就，所以他們許多怪異的行為往往被社會廣為宣傳，有些人甚至產生這樣的錯覺：怪異的行為正是名人和天才人物的標誌，是其成功的秘訣。我們只要分析一下，就會發現這種想法是十分荒謬的。

名人確實有突出的個性，但他們的這種個性往往表現在創造性的才華和能力之中。正是他們的成就和才華，使他們的特殊個性得到了社會的肯定。如果是一般的人，一個沒有多少本領的人，他們的那些特殊的行為可能只會得到別人的嘲笑。年輕人為什麼那麼喜歡談個性，那麼喜歡張揚個性呢？我們先探討一下年輕人所張揚的個性的具體內容是什麼。

他們張揚的個性相當一部分是一種習氣，是一種希望自己能任性而為所欲為的願望。年輕人有許多情緒，他們希望暢快地發洩自己的情緒。他們不希望把自己的行為束縛在複雜的條條框框中，所以年輕人喜歡張揚個性。

張揚個性肯定要比壓抑個性舒服。但是如果張揚個性僅僅是一種任性，僅僅是一種意氣用事，甚至是對自己的缺陷和陋習的一種放縱的話，那麼，這樣的張揚個性對你的前途肯定是沒有好處的。

年輕人非常喜歡引用但丁的一句名言：「走自己的路，讓別人去說吧！」但作為一個社會中的人，我們真的能這麼「灑脫」嗎？比如你走在公路上，如果僅僅走自己的路而不注意交通規則的話，警察就會來干涉你，會罰你的款。如果你走路不注意安全，橫衝直撞的話，還有可能出車禍。所以「走自己的路，讓別人去說吧」這種態度在現實生活中是不大行得通的。

社會是一個由無數個體組成的人群，我們每個人的生存空間並不很大。所以當你想伸展四肢舒服一下的時候，必須注意不要碰到別人。當我們張揚個性的時候，必須考慮到我們張揚的是什麼，必須注意到別人的接受程度。如果你的這種個性是一種非常明顯的缺點，你最好的選擇還是把它改掉，而不是去張揚它。

我們必須注意：不要使張揚個性成為我們縱容自己缺點的一種漂亮的藉口。社會需要我們創造價值，社會首先關注的是我們的工作品質是否有利於創造價值。個性也不例外，只有當你的個性有利於創造價值，是一種生產型的個性，你的個性才能被社會接受。

巴頓將軍性格粗暴，他之所以能被周圍的人接受，原因是他是一個優秀的將軍，他能打仗，否則他也會因為性格的粗暴而遭到社會的排斥。所以我們應該明白：社會需要的是生產型的個性，只有你的個性能融合到創造性的才華和能力之中，你的個性才能夠被社會接受，如果你的個性沒有表現為一種才能，僅僅表現為一種脾氣，它往往只能給你帶來不好的結果。

你要想成就一番事業，應該把個性表現在創造性的才能中，盡可能與周圍的人協調一些，這是一種成熟、明智的選擇。

有頭腦但不依賴創意的人

經商需要點子，但生意場絕對不是創意者的天下。發家致富的生意人靠的往往也不是創意。在生意場上，點子猶如一把雙刃劍，它的正面，也許能促使你在生意場上光芒四射，飛黃騰達，這樣的例子比比皆是；而它的負面，則不但不能助你在商道中開闢出一條光明大道，相反，只能使你握劍的雙手鮮血直流。

為什麼這樣，道理很簡單：點子不等於生意。點子產生於人腦中，主觀性較強；而商道則產生於現實中，客觀性較強。這樣，它們之間不免會產生矛盾。

生意人要精確計算的商業元素，其中十分重要的一項，是時機。時機過了，最好的東西、最具創意的東西，也是廢品，除非，時機會重來。創意，如果能夠納入商業元素或增強商業元素，便一拍即合。否則，生意人便摒諸門外，不會多看一眼。

看來，生意人不是不需要創意，而是因為時機的欠缺。生意人與其說在尋找最佳創意，還不如說在捕捉和創造著最佳時機。這最佳時機，是由生意人確定的。他們看的，是產品的賺錢空間。既然這一代產品的賺錢空間還不少，便不必推出新一代，更不用說推出更新的一代了。生意人這樣做，會不會窒息了創意，妨礙了社會的發展呢？生意人認為，這不是他們應該考慮的問題。

機智靈活的人

在各種經營活動中，機智是一筆大資產。

一個著名的商人把機智列為自己成功的第一要素，他認為自己成功的另外三個條件是熱忱、商業常識和衣飾整潔。

由於人們缺乏機智，不能隨機應變而造成的錯誤與損失不知道有多少。有好多人因為缺少機智，糟蹋了自己的才能，或是運用自己的才能時不得其法。還有許多情況，由於缺乏機智，以致傷害了朋友的感情；由於缺乏機智，商家失去了他們的顧客；由於缺乏機智，律師減少了他們的業務；由於缺乏機智，作家得不到讀者的支持；由於缺乏機智，牧師引不起信徒的注意；由於缺乏機智，教師失去了學生的信賴；也是由於缺乏機智，政治家失卻了民眾的擁護。一個人即使才高八斗，如果他缺少足夠的機智，不能隨機應變、權衡利弊，不能在恰當的時候說恰當的話，做恰當的事，那麼他就不能最有效率地運用自己的才能。

「一個有機智的人，不但能利用他所知道的東西，並能善於利用他所不知道的東西，他還能用巧妙的方法來掩飾他無知愚拙的方面，這樣的人往往更易得到別人的信賴與欽佩。」一般人之所以缺乏機智，一則是由於他們不識時務；二則是由於思想不敏銳。有一個女子從鄉下朋友家做客回去以後，給招待她的朋友寫了一封信，對她的熱情款待表示感謝。在信中，她說回到自己家裡後感覺很好，不過在府上被蚊蟲咬時甚感痛苦，而回到自己舒適的臥室深覺愉快。這個女子想表示感激之意，但在無意中寫成了一封不客氣的信，毫無疑問，這是因為她機智不足。

機智的人善於交際，能迎合別人的心理。這種人初次與人會面，就能找出對方感興趣的話題，提出來以作為談話的資料。他們不會過多談論關於自己的事情，因為他們深知，對方最感興趣的莫過於他們自身的事情和希望。而不機智的人就不是這樣，他們只喜歡談及自己感興趣的事情，常常不顧及他人的感受。於是，這樣的人便常為朋友們所不喜歡。

機智的人即便對於不感興趣的事，也不會輕易在表面上顯露。而那些有怪癖的人，往往最容易得罪他人，這種人如果要加入一個團體，也一定不為大眾所歡迎，不是受到冷遇，便是自討沒趣。

要說種種優良品質，機智可能算得上是最緊要的。機智的人，對於一切事情都能隨機應變、處置得當，這樣的人才能利用適當的機會，發揮自身的潛能。

那麼，如何培養機智呢？一個作家曾經巧妙地寫到：

「對於人類的天生性情，比如恐懼、弱點、希望及種種傾向，都要表示同情。」

「對於任何事情，都要設身處地思考。在考慮事情的時候，要顧慮到他人的利益。」

「表示反對意見的時候，不應該傷害到他人。」

「對於事情的好壞，要有迅速的辨別力。必要之時，作必要的讓步。」

「切勿固執己見，你要記住，你的意見只是千萬種意見中的一種。」

「要有真摯仁慈的態度，這種態度，能夠化敵為友。」

「無論怎樣難堪的事，要樂意承受。」

「最重要的便是有溫和、快樂和誠懇的態度。」

生意人應具備的八種性格

身為生意人，應具備如下八種性格。

1. **熱情：**熱情是性格的情緒特徵之一。生意人要富於熱情，在業務活動中待人接物要始終保持熱烈的感情。熱情會使人感到親切、自然，從而縮短與你的感情距離，與你一起創造出良好的交流思想、情感的環境。但也不能熱情過分，過分會使人感到虛情假意，從而有所戒備，無形中就築起一道心理上的防線。

2. **開朗：**開朗是外向型性格的特徵之一，表現為坦率、爽直。具有這種性格的人，能主動積極地與他人交往，並能在交往中吸取營養，增長見識，培養友誼。

3. **溫和：**溫和是性格特徵之一，表現為不嚴厲、不粗暴。具有這種性格的人，樂意與別人商量，能接受別人的意見，使別人感到親切，容易同別人建立親近的關係，生意人需要這種性格。但是，溫和不能過分，過分則令人乏味，受人輕視，不利於交際。

4. **堅毅：**堅毅是性格的意志特徵之一。生意人的任務是複雜的，實現業務活動目標總是與克服困難相伴隨，因此生意人必須具備堅毅的性格。只有意志堅定，有毅力，才能找到克服困難的辦法，實現業務活動的預期目標。

5. **耐性：**耐性是能忍耐、不急躁的性格。生意人作為自己組織或客戶、雇主與公眾的「仲介人」，不免會遇到公眾的投訴，被投訴者當作「出氣筒」。因此，沒有耐性，就會使自己的組織或客戶、雇主與投訴的公眾之間的矛盾進一步激化，本身的工作也就無法開展。在被投訴的公眾當作「出氣筒」的時候，最好是迫使自己立即站到投訴者的立場上去。只有這樣，才能忍受「逼迫心頭的挑戰」，然後客觀地評價事態，順利地解決矛盾。生意人在日常工作中，也要有耐性。既要做一個耐心的聽者，對別人的講話表示興趣和關切；又要做一個耐心的說服者，使別人愉快地接受你的想法而沒有絲毫被強迫的感覺。

6. **寬容：**寬容是寬大、有氣量，是生意人應當具備的品格之一。在社交中，生意人要允許不同觀點的存在，如果別人無意間侵害了你的利益，也要原諒他。你諒解了別人的過失，允許別人在各個方面與你不同，別人就會感到你是個有氣度的人，從而尊敬你，願意與你交往。即退一步，進兩步。

7. **大方：**大方即舉止自然，不拘束。生意人需要代表組織與社會各界聯絡溝通，參加各類社交活動，所以一定要講究姿態和風度，做到舉止落落大方，穩重而端莊。不要縮手縮腳，扭扭捏捏；不要毛手毛腳，慌裡慌張；也不要漫不經心或咄咄逼人。坐立的姿勢要端正；行走的步伐要穩健；談話的語氣要和氣；聲調和手勢要適度。唯其如此，才能使人感到你所代表的企業可靠、成熟。

8. **幽默感：**即具備有趣或可笑而意味深長的素養。生意人應當努力使自己的言行，特別是言談風趣、幽默，能夠使人們覺得因為有了你而興奮、活潑，並能使人們從你身上得到啟發和鼓勵。

十種不受歡迎的老闆

據有關資料介紹，下列十種老闆不受歡迎。

1. **沒有成功經驗的老闆：**如果一位老闆在商場闖蕩多年，經營的企業少說也有三五家以上，但卻沒有一次成功的經驗，想必他有某些重大缺點，從而使壞運氣都落在他一個人身上。

2. **事必躬親的老闆：**這種老闆不管事情大小，都要親自過問和參加。「每件事我不經手就一定會出錯」，這是這類人經常引以為豪的一句話。事實上，無法獨立的下屬出錯的可能性更大。此外，事必躬親的老闆也無法留住真正的人才，因為有創意、有能力的人絕不對人唯唯諾諾，唯命是從。

3. **魚和熊掌都想兼得的老闆：**這種老闆不知何所取、何所捨。不懂得有所得，必有所失。抓雞又不願蝕把米，結果只能是兩手空空。知所取、知所捨是成功老闆必備的條件。

4. **朝令夕改的老闆：**這種人有積極性，但缺乏耐心，缺乏韌性。剛剛制定的方案，在實行三天之後就將之取消。更令人沮喪的是，根據他的指示而做成的計畫，也往往石沉大海，難以堅持。你會發現，企業是上上下下都在忙著收拾殘局，忙著挖東牆補西牆。

5. **喜新厭舊的老闆：**這種人不能客觀地評價員工的績效。即使你做好九十九件事，但第一百件事你搞砸了，你就很難在他面前再有翻身的機會，除非你保證，你的工作成績永遠令他滿意，否則應隨時做好被開除的心理準備。

6. **感情生活複雜的老闆：**這類人將寶貴的時間耗費在感情糾紛的處理上，當然無法冷靜地經營企業。

7. **言行不一的老闆：**這類人最常說的一句話是：「賺這麼多錢對我並沒什麼意思。」企業最主要的任務之一就是追求利潤，又何必刻意加以否認呢？

8. **喜歡甜言蜜語的老闆：**這類人通常分不清善意的批評和惡意的攻擊，更分不清真心的讚美和別有用心的諂媚。我們不能期望老闆聽到批評時能心花怒放，但若是善意的批評妨礙了員工在企業的發展，則人人會噤若寒蟬。長此下去，除非老闆能發現問題，否則企業的經營將永遠不能獲得改善。更重要的是，這種環境具有反淘汰的作用。小人當道，正直的員工不受重用，固守原則的員工則一心離去。

9. **多疑的老闆：**通常這類人都有慘痛的經驗，一朝被蛇咬，終生見繩驚。這種人疑心沉重，不相信任何人。跟隨這種老闆，心理負擔過於沉重。

10. **心胸狹窄的老闆：**如果你是一位老闆，現在正看本文，而且已經怒火中燒了，那你就屬於心胸狹窄的老闆。心胸狹窄的老闆手下難出大將之才，因為他眼中容不下才能超越自己的屬下。

李嘉誠・金言

世界上並非每一件事情都是金錢可以解決的，但是確實有很多事情需要金錢才能解決。

第三章
商界新人必備素養

管理企業要有領袖素質

從一個企業的發展可以看出企業管理者的素質高低，但有關素質並不是天生而來的，而是在實踐中學習鍛鍊而來的。李嘉誠就是在自己的創業過程中逐漸積累了管理企業的素質和經驗。

李嘉誠曾經與中文大學工商管理碩士課程學生座談，題目是領導才能。他說，要成為領袖，基本的素質一定要有，小企業每樣事情都要親身處理，所謂「力不到、不為財」；至於中型至大型企業，則一定要有組織。而最難做到的就是要建立一個良好的信譽、建立主要行政人員對公司的信任，令他們知道在公司會有更好的前途及薪水。同時，也要讓同事明白他們薪水與分紅愈多時，他們的生產能力要同時配合，這樣公司才能夠維持。

拿什麼來確定一個人是否是最優秀的呢？當然，大量的業績是很重要的，但這只是一個因素。根據對企業內涵和組織領導藝術的廣泛研究，同時輔以多年的專業經驗，我們總結出，優秀的企業領導人要符合十種定量和定性的衡量標準。

具體說來包括：

1. 有良好的長期財務業績；
2. 顯示出遠見卓識和戰略眼光；
3. 表現出戰勝挑戰的能力；
4. 具有出色的組織才能和人事交往能力；
5. 表現出正直、堅毅的品格；
6. 具有企業家精神和開拓精神；
7. 對企業或社會擁有明顯的影響力；
8. 擁有革新的記錄；
9. 堅持以顧客為中心；
10. 顯示出對多樣性和社會責任感的真正認同。

李嘉誠認為，企業領導人若想要獲得成功，必須在一定程度上完全具備這十種素質。

一位著名的領導學研究專家指出，大多數企業領導人都致力於創造一個偉大的結果，而更勝於結果本身。我們發現這個情況比我們所預想的更為確實。傳統上對於公司業績的評價、流通股數、股票價格等等可以說是公司領導人短期內的基本關注點。但是那些領導著成功企業的傑出的企業領導人，他們為了達到最終目的，每天主要關注的是：

其一，誠實與實做；

其二，發展成功戰略或「宏偉計畫」；

其三，建立強大的管理隊伍；

其四，激勵員工追求卓越；

其五，創造一個靈活、有責任心的組織；

其六，將強化管理與薪酬體系緊密結合起來。

在上面的六條必須關注的事情裡，李嘉誠自始至終都投入了較大的精力和熱情，這就使得企業越來越具有活力，而且他的前景變得越來越明朗了。

善於合作

合作是所有組合式努力的開始。一群人為了達成某一特定目標，而把他們自己聯合在一起。拿破崙・希爾把這種合作稱之為「團結努力」。

「團結努力」的過程中最重要的三項因素是：專心、合作、協調。

如果一家法律事務所只擁有一種類型的思想，那麼，它的發展將受到很大限制，即使它擁有十幾名能力高強的人才，也是一樣。錯綜複雜的法律制度，需要各種不同的才能，這不是單獨一個人所能提供的。因此，只是把人組織起來，並不足以保證一定能獲得創業的成功。一個良好的組織所包含的人才中，每一個人都要能夠提供這個團體其他成員所未擁有的才能。

幾乎在所有的商業範圍內，至少需要以下三種人才，那就是採購員、銷售員以及熟悉財務的人員。當這三種人互相協調，並進行合作之後，他們將經由合作的方式，而使他們自己獲得個人所無法擁有的力量。

許多商業之所以失敗，主要是因為這些商業擁有的是清一色的銷售人才，或是財務人才，或是採購人才。就天性來說，能力最強的銷售人員都是樂觀、熱情的；而一般來說，最有能力的財務人員則理智、深思熟慮而且保守。這兩種人是任何成功企業所不可缺少的。但這兩種人若未能彼此互相發揮影響力，對任何企業都不會產生太大的作用。即使你是「天才」，憑藉自己的想像力也許可以獲得一定的財富。但如果你懂得讓自己的想像力與他人的想像力結合，就定然會產生更大的成就。我們每個人的心智「都是一個獨立的」能量體，而我們的潛意識則是一種磁體。當你去行動時，你的磁力就產生了，並將財富吸引過來。但如果你一個人的心靈力量與更多「磁力」相同的人結合在一起，就可以形成一個強大的「磁力場」，而這個磁力場的創造力量將會是無與倫比的。

在生活中，大家也許會有這樣的機會：假如你有一個蘋果，我也有一個蘋果，兩人交換的結果每人仍然只有一個蘋果；但是，假如你有一個構想，我有一個構想，兩人交換的結果就可能是各得兩個構想了。

同理，當獨自研究一個問題時，可能思考十次，而這十次思考幾乎都是沿著同一思維模式進行。如果拿到研究中去研究，從他人的發言中，也許一次就完成了自己一人需要十次才能完成的思考，並且他人的想法還會使自己產生新的聯想。一加一大於二是個富有哲理的不等式，它表明集體的力量並不是單個人累加之和。經營者要善於激發集體的智慧和力量，而不是隨意扼殺它們。

這種集思廣益的思維方法在當代社會已被普遍應用，它能填補個人頭腦中的知識空隙，能通過互相激勵、互相誘發，產生連鎖反應，擴大和增多創造性設想。一些歐美財團採用群體思考法提出的方案數量，比單人提出的方案多七十%。

可見，一個好的創意的產生與實施，創業者光靠自身的力量和努力是不夠的，必須集思廣益，必須在自己周圍聚攏起一批專家，讓他們各顯其能，各盡其才，充分發揮他們的創造性作用。

如果沒有其他人的協助與合作，任何人都無法取得持久性的成就。當兩個或兩個以上的人在任何方面把他們自己聯合起來，建立在和諧與諒解的精神上之後，這其中的每一個人將因此倍增他們的成就能力。

這項原則表現得最為明顯的，應該是在老闆與員工之間保持完美團隊精神的工商企業。在你發現有這種團隊精神的地方，你將會發現雙方面都很友善，企業自然繁榮。

合作（Cooperation），被認為是英文中最重要的一個單字。在家庭事務中，在夫妻的關係中，在父母與子女關係中，「合作」這個詞，扮演了一個極重要的角色。由於這個合作的原則十分重要，因此，任何一位創業者如果不從領導才能中了解及運用這項原則，他將無法堅持及持久。

因為缺乏合作精神而失敗的工商企業，比因為其他原因而失敗的更多。各色各樣的工商企業因為衝突及缺乏合作原則而告失敗甚至毀滅。研究者不難發現，缺乏合作精神一直是各時代人類的一大災禍。為了更好地創業，使之走向成功和輝煌，良好的合作不可須臾或缺。

李嘉誠．金言

如果一個生意只有自己賺，而對方一點不賺，這樣的生意絕對不能做。

文化修養高

從表面上看，經商難免言商、追求盡可能高的利潤，而文化人本來恥於言利言商，二者似乎是不相容的。其實並非全部如此。

第一，文化和經濟有相通之處，比如中國儒家的思想學說。道德觀念對於現代的經濟管理和社會經濟發展也有積極影響。如今很多成功的海外華商都信奉儒學教義，具有儒商風範。他們的高明之處在於，深知做生意和做人一樣，都要講德行，富貴不淫，生活節儉；在商務交際中重信譽，守信用，以誠待人。在商業經營中，他們重視天時、地利、人和的關係，能以仁愛之心對待同事、員工，使企業內部團結一致，充滿祥和的氣氛。

第二，商人多一點書卷氣，不僅能夠在交際中多一些談話趣味，容易給人以信任感，更重要的是本人也多幾分自信和選擇，在交際中善進善退，應付自如。在現代社會中，商界也頗講究知名度。而知名度也更明顯體現出一種商業價值，在這種情況下，生意人本身的文化修養在商務交際中的意義就越來越大，成為一種看不見的財富。

其實，具有學者風範又精通經商之道的人在中國古已有之。像子貢、范蠡、司馬相如等，都可以說是中國古代的儒商。到了明清之際，中國手工業發達，商品經濟開始萌芽，儒與商的結合就更加密切了，很多儒士經商取得了很大成功，名聲大振。而在商界，做生意不忘「雅好詩書」，互相詩文酬唱，形成了中國文化中獨特的儒商傳統。

可見，具有儒商風範在商務交際中很有優勢。就是根據常理來說，誰都不喜歡毫無趣味、滿身都散發出銅臭的人。因此生意雖然是生意，但是人在做生意中總喜歡多一份別的趣味，給人生多添一種風采。

當然，要有儒商風範，就必須時時處處注意學習，提高自己的文化修養和知識水準，這是不言自明的了。

有不斷學習的能力

在這個日新月異、網路資訊技術日益升溫的今天，你如果不學習、不充電，那麼很快你就會落伍，就會被這個時代拋棄。因此，無論在何時何地，每一個現代人都不要忘記給自己充充電。尤其是在競爭激烈的工商業界，個人更必須隨時充實自己，奠定雄厚的實力，否則便難以生存下去。一個有幹勁的人，時不時地充充電，就不會被社會所淘汰。

古代著名的大教育家孔子就常常強調幹勁及學習的重要性。在孔子的眾多弟子中，並非每一位都充滿幹勁，都勤奮好學。例如，宰予雖然有一副絕好的口才，但卻怠於學習。對於宰予，連孔子也不禁搖頭嘆道：「朽木不可雕也。」一再多的責罵，這種人也是難改其性，可以說這種人是不可救藥之徒，終將被社會所淘汰。在學習的過程中，除了幹勁以外，還需要有另一種觀念，即學習充電的觀念，尤其在現在這個時代，

「學而不思則罔，思而不學則殆」，正是最好的啟示。然而書本的知識只是基礎，必須再以自己的理解力將其消化吸收才行，社會是更大的一本書，需要經常不斷地去翻閱。須知，在現代社會中，不充電就會很快沒電。

現代生活的變化迅速，節奏加快，要求我們必須抱定這樣的信念：活到老學到老。你也應該記住：一步也不放鬆的人，是最難勝過的勁敵。

我們常會有「那個人是屬於大器晚成型的」之類的話，意思是說，他現在雖然並不怎麼樣，但日後總會成功的。

同樣站在新的場所工作，有人能立刻得到要領而靈巧地掌握，這實在是很難得。但這種人往往在中途就做不下去，甚至退步變壞。

與此相反，起先摸不清情況而不順暢的人，經多方請教前輩或上司，同時自己也認真用功並繼續保持這種態度，大致都會獲得很大的成果。

人都是由許多人的幫助與指導才逐漸成長的。比如雙親、師長、朋友等的指導，在適當的時機恰當地施予，才能完成一個人的正常成長。

可是，更重要的是對這種幫助與教導要自動去學習吸收。

大多數人從學校畢業後進了社會就失去進修的心，這種人以後是不會再有什麼進步的。反之，學生時代即使不顯眼，但步入社會後仍然勤勉踏實地自覺學習應學的事，往往都會有長足的進步。

能繼續保持那種態度的人是只有進步、沒有停頓的。他一定能一步一步隨著歲月踏實地發展，經過一年就養成一年的實力，經過兩年就養成兩年的實力。進而十年、二十年、三十年，各養成與其時間相稱的實力。

這種人才是真正的「大器晚成」。工作每天都有新情況、新挑戰，你每天都要面對新事物，學習與生活相伴，生活就是學習。

對一份工作，許多人做一段時間就覺得沒意思了，想換一份工作，而換一份工作就得有條件、有實力，實力來自自身。現代社會的機會很多，你只要天天學習，你就天天有進步，就會天天有機會，你的生活就會富有生機。

假如你不想跳槽，想把現在的工作當作一生的工作，那應以何種態度應付呢？如果因為目前的工作進行得很順利就感到很放心，每天優哉遊哉地過安逸日子，那麼目前的情形就不一定能維持很久了。失敗的日子一定不遠了。

與此相反，能將這份工作當作一生的工作而埋頭苦幹，不斷進修、不斷創造新的東西，始終能「活到老學到老」，他的進步一定是無止境的。這種人就能日日以清新愉快的心，有效地做自己的工作。這樣自然就有希望，不至於失去理想，當然也不覺得疲倦了。

而這種人對自己的工作會有一股拿生命做賭注的熱忱，他把自己的使命刻在心裡，為了使命，甚至願意捨命去完成。

做有心人才能成功

有一句大家都知道的話：「成功的大門總是只向有心人敞開。」李嘉誠的成功就是這句話應驗的實證。

當年輕的李嘉誠自立門戶要生產當時走俏的塑膠花時，他所遇到的技術上的難題使其一籌莫展，無可奈何之下，他想到了親自上門向國外學習新產品技術這一招。

一九五七年春天，李嘉誠揣著強烈的希冀和求知欲，登上飛往義大利的班機去考察。他在一間小旅社安下身，就及不可待地去尋訪那家在世界上開風氣之先的塑膠公司的地址，經過兩天的奔波，李嘉誠風塵僕僕地來到該公司門口，但卻戛然卻步。

他素知廠家對新產品技術的保留與戒備。也許應該名正言順購買技術專利，然而，一來，長江廠小本經營，絕對付不起昂貴的專利費；二來，廠家絕不會輕易出賣專利，它往往要在充分占領市場，賺得荷包滿滿，直到準備淘汰這項技術時方肯出手。

情急之中，李嘉誠想到一個絕妙的辦法。這家公司的塑膠廠招募工人，他去報了名，被派往工廠做打雜的工人。李嘉誠只有旅遊簽證，按規定，持有這種簽證的人是不能夠打工的，老闆給李嘉誠的工薪不及同類工人的一半，他知道這位「亞裔勞工」非法打工，不敢控告他。

李嘉誠負責清除廢棄物，他能夠推著小車在廠區各個工段來回走動，雙眼卻恨不得把生產流程吞下去。李嘉誠十分勤勞，工頭誇他「好樣的」。他們萬萬想不到這個「下等勞工」，竟會是「國際間諜」。李嘉誠收工後，急忙趕回旅館，把觀察到的一切記錄在筆記本上。

整個生產流程都熟悉了。可是，屬於保密的技術環節還是不得而知。李嘉誠又心生一計。假日，李嘉誠邀請數位新結識的朋友到城裡的中國餐館吃飯，這些朋友都是某一流程的技術工人。李嘉誠用英語向他們請教有關技術，佯稱他打算到其他的廠應徵技術工人。

李嘉誠透過眼觀耳聽，大致悟出塑膠花製作配色的技術要領。最後，李嘉誠到市場去調查塑膠花的行銷情況，驗證了塑膠花市場的廣闊前景。

平心而論，以今天的商業準則衡量李嘉誠當年的行為，似乎不太妥當。但在那個時代，偷師和模仿是很普遍的現象，無可厚非，李嘉誠創大業的雄心勇氣和他隨機應變的精明，對我們不無啟迪。

健全的人格心理

良好的身體，不僅包含強健的體格，還包含有健康的精神。只有精神健康的人，才會不斷地戰勝自己，創造機遇，把自己的事業推向成功。

一個精神健康者，應該具有如下特徵。

1. **誠實：**他們說話做事光明磊落，從不模棱兩可或用謊言欺騙人，也從不欺騙自己。他們認為，要生活就應該做生活的強者，要麼活得轟轟烈烈，要麼活得平平淡淡，但無論什麼樣的生活，都應能顯示出一個真實來。

2. **自信：**具有健康精神的人是非常有自信的，他們不喜歡生活在別人的陰影之下，他們希望靠自己的奮鬥、自己的能力，拚搏出一塊屬於自己的天地來。因此他們不斷地學習，補充自己的能量，不斷地超越自我，奮鬥在事業的第一線。這樣的人，有良好的人際關係，但決不依賴，他們具有自己的價值觀和世界觀，也尊重別人的價值觀和世界觀。

3. **自立：**具有健康精神的人，在生活中從不處於被動地位，他們不會因為別人的鼓勵而改變思想，也不會因為別人的憎恨而停止實踐，他們會在自己的信念下，用自己的方式，堅定不移地完成自己的事業。

4. **充滿活力：**精神健康的人，休息時間似乎比別人少得多，但他們精神飽滿，富於激情，任何時間都有事可做，大部分時間都在工作中度過。他們做事從不疲倦，而且能發揮自己的能量，具有超人的毅力，也從沒因工作而累壞身體。在生活中，也總是充滿活力，永不厭倦。

5. **熱愛生活：**精神健康的人，總是以飽滿的熱情投入到生活中去，認真地完成自己的工作，正確對待現實。用愉快的心情、積極的努力來改變現實，從中獲得樂趣，享受生活。

6. **風趣、幽默：**精神健康的人，是一個心胸寬廣、樂觀活潑的人。在生活中，總是以風趣、幽默來代替呆板、乏味，從而激發人的活力，消除人與人之間的隔閡。他們會創造一種樂觀向上的生活局面，激勵人在逆境中奮進，和這樣的人生活在一起，你也會被他的活力感染，會覺得生活更快樂。

7. **善待失敗：**一個人的一生，不可能總是由成功鋪成，肯定有諸多失敗做先導，如果不能正確對待失敗，人就要走向失敗。精神健康的人，不怕失敗，認為失敗是局部的，是成功的前奏，他們善於在失敗中尋找教訓，獲得經驗，然後再征服失敗。同時他們認為，所謂的失敗，只不過是別人對你的評價而已，完全不影響自己的價值。從另一個方面來講，失敗又是人身價值的一種體現。

8. **勤勤懇懇：**精神健康的人，能正確地看待個人與他人、個人與社會的關係，能把自己放在一個正確的位置上，踏踏實實，不怕吃苦，勤勤懇懇地奮鬥，一步步地接近自己的目標，從不好大喜功、華而不實。

9. **勇於探索：**精神健康的人，始終保持著一顆年輕的心，對事情好奇、嚮往，追求真理。他們不會在乎前進中會有多少挫折，更不會被困難所嚇倒，他們憑著對真理的追求，披荊斬棘，對什麼事情，都要親自去試一試，找到答案。

10. **嚮往明天：**精神健康的人，不會悔恨過去。他們清楚地知道，過去的已經過去，過去的失敗即使再悔恨也無法成功，只有在失敗中找出教訓，才能有益於成功。

精神健康的人，也不會憂患未來。未來是一個未知數，為未來而憂慮，是毫無意義的。精神健康的人，把希望的種子播種在今天，用今天的勤勞，來孕育明天的希望。

李嘉誠・金言

一個人憑自己的經驗得出的結論當然是好，但是時間就浪費得多了，如果能夠將書本知識和實際工作結合起來，那才是最好的。

良好的溝通能力

人生活在這個世界上，要與周圍環境發生各種各樣的關係。人際關係的構成、範圍、和諧的程度，是一個商人成功的重要條件。有人曾這樣說過：一個人的成功，百分之三十靠他的知識和能力，百分之七十靠的是他的人際關係。

人際關係離不開溝通，其中包括人與人之間的溝通，組織與組織間的溝通。人與人之間溝通又包括內部人際關係的協調與外部人際關係的構建。要使溝通達到最大的效能，傳播人最好採取支持性的態度，不要採取防衛性的態度。

在一輛擁擠的公共汽車上，你不小心踩了別人一腳，正想帶著歉意的微笑說聲「對不起」時，對方卻怒目橫視地喊道：「你瞎了眼啦？」對方的態度使你只好三緘其口。在同樣的情況下，如果對方被踩了一腳後，他仍微笑著說：「沒有關係。」你是否除了道歉一聲外，還會覺得更不好意思呢？甚至下意識地告誡自己下次要小心，別再踩到了別人呢？

如果一位公司的業務主管在檢查下屬的工作成績時說：「你不知道我們老闆多麼難討好！我實在不知道要怎樣向他報告才好。」那麼這位主管的話不僅能引起下屬的焦慮不安，而且很可能會造成公司員工的士氣低落。反之，如果這位主管說：「你們確實花了很大的功夫做了，我將盡我個人的力量向老闆詳細報導你們的成績。」那麼這段話真有使員工們鬆一口氣的感覺。

有較大影響力的經理是那種有高度溝通能力的人。溝通能力並不局限於說的能力，聽、讀和寫的能力也幾乎同樣重要。可以在最短的時間內就建立起最大影響力的就是演講能力。在大眾面前說明一個構想是一種非常重要的影響力。其次就是在一小群人面前，說明一個想法、交換意見，並且能夠贏得別人贊同的能力。一位經理在講台上的表現，會直接影響到他的觀點是否被人接受。如果他說話時能夠表現出信心，別人會慎重地考慮他的構想。相反，別人就會認為不值得考慮。很多優異的構想往往只因為說話人吞吞吐吐、口齒不清，或語氣不肯定，而遭人拒絕。

不能因為強調講台上的演講，而忽略了會議桌上說和聽各占一半的說話能力。這種能力涉及到經理是否能提出適當的問題，從而促成對方參與。一位能在群體討論中妥當應付的經理，才可以發揮影響力。

經理不但要參加會議，也要主持會議。當然擔任主席的經理還必須致開會詞，有所解釋，及控制發言，但最重要的則是鼓勵大家的參與。此外，傾聽能力也非常重要。無論是在群體或是個別談話中，應做到不但能叫別人說出其觀點，而且能夠使別人同意自己的觀點。

溝通能力對於一位經理所能達到的影響力有著重要作用。然而知道何時溝通，以及溝通什麼也同樣重要。溝通能力強的經理願意交換資料、實話實說，並且知道自己對事物的感受。這些會幫助經理建立起誠實的信譽。

有效而流暢的溝通是一個企業經理成功的重要條件之一。作為經理，他不僅要有效地讓全體職工清楚地了解企業的經營觀念、經營目標、經營方針和經營計畫，還要善於聽取他人的意見，以便了解下屬的願望、痛苦和擔憂。經理若不善於傾聽下屬的批評，就容易鑄成大錯。它使經理不能和下屬搞好關係，最終導致經營上的失敗。美國著名企業家卡斯特・羅伯爾集自己一生的經驗提出，企業家必須和部屬徹底溝通，才會具有效率和創意。

企業家進行溝通，不僅表現在對企業內部上下左右關係的疏通，而且還表現為對企業與其外部關係的疏通，包括企業與顧客、供應商、代理商，以及政府機構的疏通。現代企業幾乎沒有一個不是在與外部環境相互作用的條件下生存與發展的。因此，企業與外部環境的關係如何，對企業具有決定性意義。

對於企業家來講，親自建立、協調企業與外部的關係是再適合不過的了。因為除他之外，沒有人能夠擔當此任。企業家為企業建立起良好的社會關係，實際上就是為企業創造了良好的生存環境。

多謀善斷

決策者水準的高低取決於自身的修養，為了提高決策水準，他要樹立不斷創新的思想，並克服因循守舊、墨守成規的思想，要有淵博的知識。當然，一個成功者還必須具有分析、判斷能力。

分析、判斷能力，主要在於是否能深刻認識事物間的內在關係及事物的本質屬性和發展規律，成功者掌握這種能力，有助於在紛繁複雜的各種事物中，透過現象看清本質，從而抓住主要矛盾，運用創造性思維方法進行科學的歸納、概括、判斷和分析，舉一反三，觸類旁通，找出解決問題的關鍵所在。

是否能在一大堆急於要辦的工作中，分清孰重孰輕，哪些需要自己去辦，哪些需交給下屬去辦，就能夠有助於在錯綜複雜的人際關係中，準確地判斷各個層次、各個類別的人員個體和群體的德才情況、思想態度和相互關係，然後區別情況，分別調動他們的積極性和主動性。

分析、判斷能力還有助於使領導者遵循事物的發展規律，預測到未來事物的發展變化，據此分析判斷自己所在單位、自己所做的工作在整個宏觀佈局上的位置，以及與社會潮流的關係，從而作出相應的正確決策。

一位商人分析、判斷能力的高低，直接決定他的能力素質。邱吉爾以其不凡的分析、判斷能力，力主對德作戰，其功績永載史冊。當今社會，面對瞬息萬變的資訊、捉摸不定的局勢，商人在分析、判斷能力上應該有更高的要求。

商人的日常活動中，有一項便是要經常作決策，因此領導者往往需要較強的決策能力，即商人決定採取哪一種最有效方式的決斷能力。

其一是需要有選擇最佳方案的決策能力。決策就是方案選優。不過，這個選擇不是簡單地在是非之間挑選，而往往是在一種方案不一定全優於其他方案的情況下進行。科學決策必須建立在對多種方案對比選優的基礎上，這就要求領導者具有方案對比選優的能力。

二是需要有風險決策的精神。客觀情況往往是紛繁複雜的，有一些情況是不可能讓人事先作出百分之百正確判斷的。現實生活中，商人常常遇到的是一些不確定型、風險型的決策，這就要求決策者有敢想敢幹、敢冒風險的精神，不能追求四平八穩更不能因循守舊。

三是要有當機立斷的決策魄力。「當斷不斷，反受其亂」。決策是不能一拖再拖的，他需要在有效的時間、地點內完成。否則，正確的決策一旦過了時間就會成為錯誤的方案。

當機立斷的決策魄力是商人必備的能力。商人善於當機立斷，有敏捷的思維，才能在複雜多變的情況下應付自如。艾森豪就是在緊急關頭善於當機立斷而取得成功的典範。現代社會是資訊社會，資訊瞬息萬變，機會稍縱即逝。尤其是在實行市場經濟的今天，市場形勢變化多端，就更需要現代領導人善於抓住機遇，當機立斷，取得成功。但是當機立斷不等於盲目衝動地喊打喊殺。正確的分析、判斷才是當機立斷的首要條件。

李嘉誠・金言

身處在瞬息萬變的社會中，應該求創新，加強能力，居安思危，無論你發展得多好，時刻都要做好準備。

敢冒風險

經營企業要敢於冒風險。一個成功的企業家，他經歷最多的，也就是冒險的經歷。美國著名的《商業月刊》評選出二十世紀八〇年代最有影響的五十名企業界巨頭，他們所具備的基本素質的第一條就是最富有冒險精神，敢於冒風險，不怕摔筋斗，不怕失敗。失敗了找機會再起，是現代企業家應具備的觀念。當然，冒風險不是提倡盲目瞎做，企業家的風險觀念和冒險精神是以科學根據為基礎的。

1. **鼓勵冒風險，敢於擔風險：**有風險才會有機會。風險越大機會越多，取得的成果也越大。既然是風險，就說明成功與失敗的可能性都有。如果此時有人把握時機，冒險前進，就會捷足先登。國外許多著名企業家，都是最初靠借錢起家，幾經風險，取得今天的成功的。

2. **危機能促進成功：**冒風險就免不了失敗。激烈的競爭中，誰也不能說自己永遠是勝利者。美國著名的福特汽車公司幾十年來，從頂峰到底谷，再從低谷到高峰，成功、失敗，再成功。這就是企業經營的特徵。

3. **冒風險是競爭取勝的訣竅：**在競爭中要取得勝利，靠什麼，靠經營管理，靠產品的高品質和良好的服務。這些策略，對每一個競爭對手都一視同仁，機會均等。除此之外，還要靠敢於冒風險。事實證明，誰敢於承擔風險，在競爭中誰就掌握了戰勝對手的法寶。

4. **平靜意味著更大的風險**：在激烈競爭的市場經濟中，一味地追求安穩、萬無一失，不冒一點風險，這實際上就等於失敗。「生於憂患，死於安樂」。因此，企業家即使在順境中，也要居安思危。日本日立公司的創始人小平浪平有一句座右銘：「生年不滿百，常懷千年憂。」這足以引起企業領導人的重視。

5. **有備才能無患，多思可以應變**：風險決策，並不是盲目決策。風險所帶來的成功機會，說到底，在平時就反映出來了。加強企業的調查，搞好預測工作，重視資訊的靈敏，認真總結各種經驗，這些都為承擔風險、抓住機會、避免錯誤作了充分準備。只要做到有備、多思、胸中有數，就可以冒險而取勝。

李嘉誠・金言

決定一件事時，事先都會小心謹慎研究清楚，當決定後，就勇往直前去做。

政治嗅覺很重要

一九六五年，「中共即將武力收復香港」的謠言四起，香港人心惶惶，觸發了自二戰後第一次移民潮。移民以有錢人居多，他們紛紛賤價拋售物業，司徒拔道一幢獨立花園洋房竟賤賣六十萬港元。新落成的樓宇無人問津，整個房地產市場賣多買少、有價無市。地產、建築商們焦頭爛額，一籌莫展。

擁有數個地盤、物業的李嘉誠憂心忡忡。他不時看報紙，密切關注事態發展。

香港傳媒透露的全是「不祥」消息。李嘉誠知道，香港的「五月風暴」與內地的文革有直接關係。那時，不少內地群眾組織小報通過各種管道流入香港，李嘉誠從中獲悉，內地春夏兩季的戰鬥高潮，自八月起，漸漸得到控制，趨於平息。那麼，香港的「五月風暴」也不會持續太久。作為資產者，最關注的莫過於「中共會不會以武力收復香港」。

「不可能，中共若想武力收復香港，早在一九四九年就可趁解放廣州之機一舉收復，何必等到現在？香港是大陸對外貿易的唯一通道，中共並不希望香港局勢動亂。」經過深思熟慮的李嘉誠，毅然採取驚人之舉：人棄我取，趁低吸納。

李嘉誠又一次判斷正確。內地文革結束後，一九七七年，這是李嘉誠事業上不尋常的一年。香港境外的大氣候由陰轉旺，世界性石油危機已成為歷史。中國內地已從十年文革動亂中走出來，提出四個現代化口號，顯現出改革開放的端倪。

香港經濟以十一・三％的年增長率持續高速發展。百業繁榮刺激了地產的興旺。地產的興旺，又帶動整個經濟的增長。地產成為香港的支柱產業，舉足輕重，李嘉誠以他豐富的經商經驗和敏銳的政治嗅覺，為自己的地產事業又添上了輝煌的一筆。

出色的領導才能

成功的老闆總是能夠很出色地完成自己的工作：估計商業形勢，籌畫改組，解雇員工，改革銷售代表的報酬，積聚謀求擴展的實力，解決勞資糾紛，處理複雜的人際關係等等。如此之多的工作需要老闆出色地完成，這就必須要求老闆善於工作。

所謂善於工作，就是說既要是專家，又要是通才。

專家的意思是，你要在對公司極為重要的一兩個領域內，如金融、行銷、法律、工程技術方面極其精通業務。如果你不知道哪些方面對你的公司至關重要，你要把它們找出來。如果可能的話，選擇一個你喜歡，而又是公司所需要的專業鑽進去，學深學透。「如果你不摸透一門專業，你就會在商海裡迷失方向。」一位老闆這樣說。對某些事情，盡可能多了解一些，使自己成為專家。

所謂通才，就是說，你既要了解自己的專業，又要對別的多種專業也有所了解。作為一個老闆，你每天所作的許多決定都涉及到你專業以外的事情。如果你不對其他事情都有一點了解，那麼，你連提問題都不知道怎麼提。做一個成功的老闆，你還必須在兩者之間保持平衡：一方面發揮你的通才特點；另一方面你必須在你的專業領域內表現得非常出色。

老闆的另一項重要素質是樂於領導。作為一家公司的首腦，如果你縮手縮腳不願去領導別人，後果是不言而喻的。有人對領導作用作了這樣的描述：「當需要拉車的時候，一個好的領導能使大家勁往一處使，朝著同一個方向拉。」有人說領導是天生的。還有一些人說，領導人是透過學習而形成的。不管怎麼說，反正你必須願意出來領導才行，願意走到前台來，願意像一個真正的老闆那樣承擔風險。

要做到樂於領導你必須首先做到以下三點：

1.為你的員工樹立明確的目標：老闆對發展前途要顯得心中有數，這可以給下面的人注入信心。要明確地說：「我希望（或者我不希望）你們現在做這件事。」沒有任何含糊不清的地方：什麼人？你們；什麼事？這件事；什麼時候？現在。在你的注視下，做什麼事或不做什麼事，有明確的界限，使人們找不到藉口。成功的老闆知道需要下屬做什麼。當這些目標沒有達到時，他們可以指出來。他們可以進行建設性批評，加以糾正，但不要指責和進行人身攻擊。如果傷了人家的自尊心，那會使人抬不起頭或在背後跟你對著幹。如果人家完成了預定的任務，老闆應加以表揚，這是自不待言的。聰明的領導人往往讓下屬無意中從第三者那裡聽到表揚。

2. **合適的形體語言：**老闆常常使用非語言的溝通手段。他們傳達好消息和壞消息的時候，總是保持輕鬆的笑容，一副輕鬆自在、充滿信心、穩操勝券的表情意味著：「我來領導，我希望你們跟我一起前進。我很需要各位。請相信，我牢牢控制著局面。」有能力的老闆總是保持著充滿信心的輕鬆笑容，即使笑不出來，也得裝出來，因為他知道這是發揮領導作用所必須的。一個樂於領導的人是願意動動手表示親熱的。例如：老闆拍拍下屬的肩膀或後背。領導人適當地動動手，是他可以採取的最有分量的行動。

3. **多出現，多說話：**在辦公大樓裡到處走走，同你碰到的人說說話、聊聊天。不要老是坐在自己的辦公室裡，那樣，你是發現不了公司存在的問題的。

如果你做了這些，相信你會成為一個樂於領導的老闆。

超前的用人觀

「得人者得天下」。世間一切事業成功的最重要的因素是人，人才也是企業最重要的資本。現代企業的管理，已把人才的爭奪視為戰略競爭的焦點。ＩＢＭ的創始人沃森曾說：「你可以接管我的工廠，燒掉我的廠房，但只要留下我的那些人，我就可以重建ＩＢＭ。」

可見，人是創業之本，人也是使企業起飛的動力。日本豐田公司起用大野耐一任副總經理，他創造的豐田生產方式使豐田一躍成為世界著名的汽車公司。

人還是使企業轉危為安的舵手。美國克萊斯勒汽車公司瀕臨絕境，由於李・艾科卡的力挽狂瀾，又使公司重整旗鼓，躍居前列。作為現代企業家，必須具有人才觀，應有「愛才之心，識才之眼，薦才之勇，用才之道，容才之量」。日本的企業管理學源自美國，又超過美國，其根本原因，就在於重視人的因素。

現代企業家的人才觀應樹立以下一些觀念。

1. **重視人才開發和智力投資：**人才不是隨地可撿的石子，不是上帝給予的恩賜，必須去發現，去培養。日本松下公司的創始人松下幸之助就說：「在造商品之前先造就人才。」人才是比資本和設備更重要的生產要素，不僅要開發，還要培訓。美國一家大公司規定，每年利潤的二十%作為教育培訓經費，比例之高，令人咋舌。然而，正是由於這樣的智力投資，才使企業取得成功。據經濟學家估計，員工文化水準每提高百分之一，社會生產率相應要提高百分之十四。

2. **用人不能用完人：**「人無完人，金無足赤」。再好的人才，都會有不足之處。特別是有一定能力的人，可能缺點更明顯。用人之長，容人之短，優秀人才則俯拾皆是；反之，見人之短，不見人之長，即使周圍人才濟濟，也會視而不見。揚長避短是競爭的策略，同樣也是用人的一大訣竅。

3. **不講論資排輩，有能力者先上：**某些人憑藉「資格」，長期占據著管理者的位子，使大批有能力的年輕人不能發揮作用，這是用人的一忌。年齡不是衡量水準的唯一標準。美國利維．斯特榮斯國際公司有一個信條，只啟用三十來歲的青年人負責各部門的工作。因為在他看來，只有年輕人才最有創新精神。

4. **發揮人才群體的力量：**人才是一種群體結構，一個人不可能是無所不曉的通才，但群體則可能做到。注意人才的適當搭配和巧妙組合，就能發揮更大的作用；相反，組合不當，不僅不能形成凝聚力，而且還可能相互抵消，空耗力量。

5. **競爭出人才：**競爭能推動人才的自我更新。「生於憂患，死於安樂」，再好的人才，離開了競爭的環境，也可能「江郎才盡」。要注意創造一個富於進取、敢於競爭的良好環境。這樣的環境能夠產生人才輩出、群星燦爛的效果。要特別注意發現在競爭中表現出臨危不懼的人才，這樣的人才能夠使企業從困境中轉危為安。

6. **增加人才的流動和引進：**人才要流動，流動是人才活力的體現。不准流動又不重用，只能窒息人才。「求才似渴」，必然造成人才的對流。此處不用人，自有用人處，應當提高人才的使用價值。

7. **重視人才工程：**人才的選擇、使用、訓練及培養，不是三天兩天的事情，也不是一次培養，萬世享用的事情。它像知識一樣，需要不斷更新和培養。只有建立人才的系統工程，並將其放在戰略的地位上，才可能為企業提供取之不盡、用之不竭的優秀人才，使企業永保青春。

要善於大膽使用人才

人才對於企業之重要性，身為老闆誰都清楚。但何時用人，用人做什麼，卻有水準高低、技巧優劣之分。李嘉誠的用人藝術同樣顯示了其超人之處。

在企業的發展過程中，在不同的階段，企業主所起的作用是不同的，而企業主下屬的輔佐人才，在不同階段其作用亦不相同。這是李嘉誠多年經商的經驗總結。

創業之初，忠心苦幹的左右手可以幫助企業家建功立業，但當企業發展到一定階段、一定規章、一定水準後，元老重臣可能就跟不上形勢。倘若企業家要在事業上再往前跨進一步，他便需要向外招攬人才。一方面是為企業的發展壯大提供足夠的人才動力；另一方面用這些各有所長的專門人才彌補元老們的不足。故此，一個企業家需要根據實際情況在不同的時間階段任用不同的人才。

創業伊始，李嘉誠選用忠心耿耿、埋頭苦幹的人才。寧損自己也不虧員工，留人先留心，使員工具有極大的積極性，從而企業也具有很強的活力。企業發展壯大後，老員工的知識和業務技能就不能適應企業的發展，李嘉誠又適時任用富於開拓精神的青年專門人才。這時候，李嘉誠對公司的事務不再事必躬親了，而是將自己的工作重心轉移到了人事管理上。他用人不拘一格，不管洋人漢人，唯才是用，並且採用待人從善的管理方法。李嘉誠的得力助手中就有不少是外籍人。收購了不少英資企業以後，他又採用「以夷制夷」的招式，利用洋人來管洋人。這樣做，一方面管理者與被管理者彼此間易於溝通；另一方面，在海外業務方面，他們有血緣、語言、文化等天然優勢，事半功倍。李嘉誠的董事機構採用「老、中、青」交替，中西結合的方式。

長實在二十世紀八〇年代得以急速擴展及壯大，股價由一九八四年的六港元上升到九十港元（相當於舊價），這和李嘉誠不斷提拔年輕得力的左右手實在大有關係。

元老重臣經驗豐富，老成持重，但拙於開拓，缺乏衝勁。而事業處於上長期，則需要勇於開拓者。企業越發展越壯大，就越需要科學管理，就越需要人才，特別是需要幹勁十足的年輕人。

青年人有一股強烈的熱情、大膽創新和力求上進的精神。他們在前進的道路上跌倒後能夠再站起來，繼續朝著自己的目標奮鬥，這正是企業發展所需要的。李嘉誠的用人之道是一種創新。其後的事實也證實了他的舉才用賢招術十分管用、有效。

創業家的心理特徵

「卡魯創業家協會」對七十五位美國創業家進行研究，得出十一個「創業家的心理特徵」。這些心理特徵被該協會的主任威爾遼博士搜集在《創業家計畫指南》。現介紹如下：

1. **健康的身體**：沒有健康的身體，便不可能在需要出現的時間及地點出現。創業家通常必須有「不尋常的時間」料理事務。他可能必須應酬到淩晨兩三點鐘，第二天一大早又得召開會議。因此，如果你有宿疾，那麼你的創業之路必定荊棘滿布，困難重重。
2. **控制及指揮的欲望**：創業家通常是非常執意於自己作決策。他們不習慣聽命於人，他們授權給別人，他們幾乎都曾被某公司炒過魷魚，或憤而辭職。創業家很難待在一個各懷鬼胎、官療氣十足的大型企業裡。由於創業家都有控制及指揮的欲望，因此除非他們有某種默契（譬如說從小一塊兒長大），否則他們的合夥事業很少能成功。
3. **自信**：創業家普遍都有很強的自信心，有時候是太強了一點，有咄咄逼人之感。
4. **急迫感**：創業家通常很急迫地想見到事情的結果，因此會給別人帶來許多壓力。他們篤信「時間就是金錢」，不喜歡也不會把寶貴的時間，浪費在無聊瑣碎的事情上。
5. **廣泛的知識**：創業家幾乎大事小事無所不通，做起技術性工作也是乾淨俐落，毫不含糊，他們既能全盤掌握事情的來龍去脈，又能明察秋毫。

6. **腳踏實地：**創業家一向做事實在，同時不會為了「使自己心裡舒服一點」而曲解事情的真相。他們也會改變自己的看法或行為——雖然這是一件很痛苦的事。

7. **超人的整體能力：**創業家有超人一等的整體能力，他們能夠從雜亂無章的事務中，整理出一套邏輯的架構。有時候他們的決策是全憑直覺，因此一般人很難理解。

8. **不在乎地位：**創業家都有一個崇高的理想，為了達到這個理想，他們不會計較虛名。他們的生活簡單樸實，必要時常一人身兼數職。

9. **客觀的人際關係態度：**說得難聽一點，客觀的人際關係態度所指的是「冷酷無情」、「不顧情面」；說得好聽一點，它指的是「大公無私」、「就事論事」。

10. **情緒穩定：**他們通常喜怒不行於色，「打落門牙和血吞」，也很少在人面前抱怨、發牢騷。遇到困難時，他們總是堅持百忍，努力突破困境。

11. **迎接挑戰：**創業家通常喜歡承擔風險，並不是盲目冒險。他們對自己認為有意思的、能控制結果的事業，才會全力投入。他們樂於接受挑戰，並從克服困難中獲得樂趣。

李嘉誠．金言

有些生意，給多少錢讓我賺，我都不賺；有些生意，已知道對人有害，就算社會容許做，我都不做。

第四章
做受人歡迎的人

富有哲理的人生哲學

李嘉誠作為成功的商人，他不僅創造了大量的金錢和財富，而且還身體力行地樹立和實踐了一套富有哲理的人生哲學。所以，李嘉誠的成功，不僅來自於他的精明能幹，而且來自於他誠實坦蕩的為人。

李嘉誠自小深受儒家思想薰陶，他出生在一個書香世家，他的曾祖父是清朝甄選的八貢之一，是廣東潮州的望族，其祖父則是清末的秀才，雖飽讀經書，卻能接受新的思想。李嘉誠的父親李雲經，早年畢業於粵東名校金山中學，後因家境困難，只好受聘於一間學校執教。

李嘉誠自幼聰明伶俐，三歲已熟讀《三字經》、《千家詩》，小時候他經常泡在家裡的藏書閣，接受良好的中華傳統文化教育。

李嘉誠讀書非常刻苦自覺，讀書讀到很晚都不睡覺。他兒時的朋友回憶說：「嘉誠那時就像書蟲，見書就會入迷。」李嘉誠在回憶自己少年往事時曾說過：「我的先父、伯父、叔叔的文化程度很高，都是受人尊敬的讀書人。」

李嘉誠對儒學有他自己獨到的見解。因此，在他的公司內部，自然帶有儒教色彩。他說：「我看很多哲理的書，儒家一部分思想可以用，但不是全部。」

他又說：「我認為要像西方那樣，有制度，比較進取，用兩種方式來做，而不是全盤西化或者全盤儒家。儒家有它的好處，也有它的短處，儒家進取方面是不夠的。」為了適應香港地區中西合璧的經商環境，李嘉誠摒棄家族式管理，而採取將中西方的優長糅合一起的管理機制。

李嘉誠常說：「唯親是用，必損事業。」他認為，唯親是用，是家族式管理的習慣做法，這無疑表示，對「外人」不信任。而他自己則擅用賢人，將企業內部的環境營造得十分融洽。不僅如此，他還以自己的行為和舉止為公司上下樹立了榜樣。

加拿大記者John Demont記錄過李嘉誠的一件小事，從中我們不難看出李嘉誠的為人。

「他不擺架子，容易相處而又無拘無束，可以從啟德機場載一個陌生人到市區，沒有顧慮到個人的安全問題。他甚至親自為客人打開車尾箱，讓司機安坐在駕駛座上。後來大家上了車，他對汽車的冷氣、客人的住宿，都一一關心到，他堅持要打電話到希爾頓酒店問清楚房間訂好了沒有。當然，這間世界一流酒店也是他名下的產業。」

古語云：「莫以善小而不為。」作為世界華人首富的李嘉誠，念念不忘哪怕是最小的一點生意。他認為，世間任何事都是由小到大，積沙成塔。而李嘉誠創立長江實業公司的初衷就是——長江不擇細流，故能浩蕩萬里。現在看來，長江精神何嘗不是李嘉誠商業實踐的真實寫照？李嘉誠及其長江實業正是在李嘉誠傳統與現代相結合的人生態度和為人哲學的指導下，一點一滴積累，一步一個腳印地走向輝煌的。

說話掌握分寸

「就因為我們倆是最好的朋友，所以我才這樣勸你。」

常常會有人一面這麼說，一面很嚴肅地說出自己的意見。像這種人確實對朋友很好，但是絕對不會成為一個成功的大人物。因為這種人通常自以為經驗很豐富，見聞很廣博，就會不知不覺顯出驕傲的態度，而且會非常堅持自己的意見。

從古到今，總有人說：「忠言逆耳，良藥苦口。」其實很多人都知道這個道理，但是勸人的好話，大家多半還是聽不進去。

很多人也知道忠告有時根本產生不了什麼效果，但還老是喜歡對朋友說：「站在我是你好朋友的立場，我覺得……」、「我是為了你著想才這樣說。」說了一大堆所謂的忠告和建議，但是，這樣說真的有用嗎？

我想多半還是沒什麼用吧！就算你再怎麼苦口婆心，通常人還是喜歡自己決定事情，如果你以為你的朋友會接納你的話而有所改變的話，那就代表你的思想還不夠成熟。

我有一位朋友很有錢，但是他很喜歡把一句話掛在嘴上：「不要借錢給人，可是要借智慧！」當然啦！這是他不想借錢給別人的一種遁詞，而且他還可以借著給人這句忠告來提高自己的身價。像他們這樣的人，通常身邊都不會有什麼知心的朋友。

如果你想給人什麼忠告和建議，就要有幫忙幫到底的心理準備，否則你只是一種批評而已。而批評其實就是責備，我想，大概沒有一個人喜歡自己一直被別人責備吧！只要對方搞不清你說話真正的用意的時候，你們之間的關係就已經開始緊張了。

人和人之間最好一直保持一種單純、誠懇的關係，不要老是抬出一些教條或深奧的大道理去勸告別人，這樣有時不但不會加深你和朋友之間的關係，反而會得到一些反效果。

通常，做人不夠圓滑的人，其個性都是一板一眼的，講話的態度不是尖酸刻薄，就是強硬。所以，你如果想要多交一些朋友，就要改掉那些缺點，而且不必要的忠告和建議就少說一點吧！

留出迴旋的餘地

生活中很多尷尬是由自己一手造成的，其中有一些就是因為話說得太絕、事做得太過分造成的。凡事多些考慮、留有餘地總能給自己留條後路。這在外交辭令中是見得最多的，每個外交部發言人都不會說絕對的話，要麼是「可能」、「也許」，要麼是含糊其辭，以便一旦有變故，可以有迴旋餘地。

話不說絕、事不過分是一個人老練成熟的標誌。毛頭小夥一般總喜歡說些過於武斷的話，做些過分的事。凡事留有餘地是給自己方便，也是給別人方便。這樣當你沒達到預期目標時，壓力也不會太大，別人也不會太責怪你。

當我們拒絕別人的時候特別需要留有餘地。拒絕總是讓人難堪的，此時如能巧妙地、留有餘地地回絕，則能既達目的又得到對方的諒解。商家談判似乎更需要這種技巧，即使你明知自己絕對滿足不了對方的要求，也不能一口回絕，最好還是藉口婉言相拒。

中國最大的海爾集團始終認為「顧客是對的」，他們絕不輕易拒絕顧客。四川一位農民寫信給海爾集團，說當他用洗衣機洗地瓜的時候，洗衣機損壞了，要求賠償。海爾集團沒有很輕鬆地以一句「洗衣機是洗地瓜的嗎？」來回絕，而是想到「對啊，我沒說洗衣機不可以洗地瓜，我為什麼不能發明既能洗衣服又能洗地瓜的洗衣機呢？」商家能不輕易地把話說絕，它就能創造商機；我們能說話留有餘地，我們就能結交更多的朋友。當一個人做錯事或處於困境時，我們說話、做事就更要當心。小孩子是最容易犯錯誤的，這時，父母就要注意分寸，如果經常恨鐵不成鋼地咒罵「你笨死了，你是世界上最笨的一個人」，小孩子會真的認為自己很笨，他做事情也會真的笨手笨腳。有的父母看到孩子考了一個不及格，會歇斯底里地罵「如果是我，我早就從樓上跳下去了」，說不定小孩會真的從樓上跳下去。在公司裡，當一個職員經常遲到，經理可以照章扣獎金，也可以照章辭退，但絕對不能在大庭廣眾面前狠狠批評，甚至進行人身攻擊，這樣做的結果往往適得其反。

如何才叫說話不過分、做事不過火呢？我們只要把握一個原則：對事不對人，不要傷害人的自尊和人格，不要讓一個人覺得無地自容。對人寬容些，別人會感激你的。而我們往往容易在高興和氣憤的時候說些絕對的話，做些過火的事，其結果往往是難以收拾。拿破崙在一次出訪鄰國時因高興而說了這麼一句話：只要法蘭西帝國存在一天，我就會派人送來一枝玫瑰。許多年以後，鄰國向法國政府提出要履行諾言，法國人一算，嚇了一跳，那簡直是一個天文數字，最後通過外交途徑解決了問題。確實，平時說話、做事是不能掉以輕心的。

欣賞別人

人都有一種強烈的願望——被人欣賞。欣賞就是發現價值或提高價值，我們每個人總是在尋找那些能發現和提高我們價值的人。

一家保險公司經理在談到成功的秘訣時說，很重要的一條是：我們欣賞我們的代理人。

欣賞能給人以信心，能讓對方充滿自信地面對生活。愛情之所以能有如此巨大的魔力，就是因為兩個人互相欣賞對方，欣賞對方的優點，甚至欣賞對方的缺點。在愛人眼裡，對方是世界上最完美的。一個人被人認為是世界上最完美的，可以想像他是何等興奮，所以心中有愛情的人對待生活總是積極、樂觀的，充滿自信的。許多大企業家告訴我們，他們在提升一個人之前，喜歡了解有關這個人妻子的有關情況，他們感興趣的當然不是她的長相、她的賢慧，而主要在於她是否對丈夫有一種信任感。如果一個妻子認可其丈夫並給他一種和丈夫在一起是愉快的感覺，那麼，每當丈夫回家時，都能在她的臂膀中得到一種自信和激勵，第二天，他能充滿自信地面對生活。

欣賞能使對方感到滿足，使對方興奮，而且會有一種做得更好以討對方歡心的心理。如果一個員工得到經理的欣賞，他肯定會盡力表現得更好；如果一個小孩得到別人的欣賞，那他的表現會令人大吃一驚。有一個小孩總因喜歡在傢俱上刻畫而遭懲罰，心理學家為他買來雕刻工具，並且教他如何使用，如何設計，還讚賞他：「你雕刻的東西比我所認識的任何一個人雕得都好。」一天，小孩做了一件讓任何一個人都大吃一驚的事：沒任何人要求他，他把自己房間打掃一新，當問他為什麼時，他的回答：「我想你會喜歡的。」

欣賞別人也得懂得一些技巧。首先要儘量去欣賞別人一些他自己不很自信或不被眾人所知的優點。如果一個國家級體育選手和你第一次見面，你表示欣賞他的運動成績，除了讓他一笑以外，不會產生什麼特別的感覺，而如果你表示欣賞他的風度和氣質，他會非常高興。

欣賞別人也不能無中生有，對方根本沒有的優點甚至是缺點，而你還大加讚賞，他會懷疑你是否在諷刺他，要麼會認為你這人是個善於說假話、奉承拍馬屁的人。

另外，單獨對待每個人總能讓人有種被欣賞的感覺。當你到朋友家做客，朋友向你介紹他的三個孩子後，你不是點頭微笑而是走過去一一握手並問好，他們馬上會對你產生好感。

李嘉誠．金言

如果想取得別人的信任，你就必須做出承諾，一經承諾之後，便要負責到底，即使中途有困難，也要堅守諾言。

點頭稱「是」

在對方陳述他們的觀點、意見、看法和某種判斷時，我們總愛否定他們，有時甚至會粗暴無禮地打斷他們的話，說：「你說的不對」、「不是你說的那樣」「我不同意你的說法」等等，這一下便產生了火藥味，雙方爭辯起來，爭吵起來，進而還會人身攻擊和謾罵，搞得雙方都很沒趣。

有時對方說的並非沒有道理，或者很有道理時，我們也受虛榮心的慫恿，故意不同意對方，搶著說出我們的高見，其實我們的高見並非高見，而是些很蠢的話。我們只不過是想在大庭廣眾面前出出風頭罷了。要是我們稍微謙虛一點，把對方視為一家之言，然後我們也會從另一種角度出發，大談我們的想法。其實我們的想法，又何嘗不是一家之言呢？我們對人家的反駁或補充毫無必要。只是我們太愛表現自己了，太愛表達自己了。我們的那些意見大多很愚蠢，很淺薄，很讓人見笑。我們不知道這些，蠢頭蠢腦地把它們說得義正辭嚴。

有時我們完全是出於心裡彆扭，想干擾對方，說出一些莫衷一是的言辭，我們並不想講道理，只是不願意贊同對方罷了。我們這種行為，有時是有意識的，有時是無意識的。為著這種無謂的東西，我們失去了很多難得的朋友、很多難得的機遇。其實我們對人家的這種否定和責難，除去自身完全沒有意義外，對我們自己也毫無益處，我們在否定和為難別人時，我們自己也被否定了、為難了。在生活中，我們自己為自己製造的這種晦氣太多了。

我們完全可以十分大方地肯定對方，學會點頭稱「是」。我們可以欣賞對方的觀點、辯詞和立論，想想它們有哪些合理的地方、對的地方、對於我們有益的地方。如果實在沒有合理的地方、對的地方，甚至一無是處，我們也完全可以只當聽聽「故事」就作罷，而不必在言辭上較勁認真，這在很多時候是無益的。相反，認真地傾聽對方，點頭認可，不僅會使我們謙聽受益、啟悟智思，還會使我們多交朋友，在其他方面，受人實惠，如魚得水。

比方，你可以這樣試試，一邊認真地傾聽著，一邊點著頭，說：「你說得很有道理」，「我完全贊同你的意見」，「你的話對我啟發很大」，等等。

只要認真地傾聽，就會使對方感覺很好，他的內心也會因此而溫和起來。順著人家的話說，肯定人家的道理，這是人際交流中最基本的常識和技巧。據說老虎的毛要順著摸，反過來理解，順著摸老虎的毛，老虎也會馴順。如此兇猛的動物，都能把牠降住，可見「順著摸」的厲害了。嘗試一下「順著他」戰勝他的招數吧！

凡事先說「好」

在我們與他人的交際和交談中，由於彼此的立場、觀點和利益不同，所以我們常常必須拒絕或回絕對方的一些要求和想法。這種拒絕或回絕對我們是必須的，不能不說，不能不做。但是我們也會因為這種拒絕或回絕，而讓對方受不了或吃不消，弄得很尷尬。對於這種立場、觀點和利益的問題，乍看起來似乎是一些無法回避的問題，勢在魚死網破。其實也不儘然。遇到這種情況，我們也可以不直接回話，不直接做事，我們可以用一種比較溫婉的方式和說法，讓對方比較容易接受一些，情緒較少受到刺激。比如「凡事先說好」，就是一個這樣的技巧。

不管對方說什麼，要求什麼，反對什麼，我們都可以凡事先說「好」，意即好、你對、我同意等等。但其實可能有些不好、有些不對、有些我們不能同意、有些我們做不到。不過，這沒有關係。我們可以慢慢地把話說開。等到說話時機再好一點，我們再說那些早先對方接受不了的話。

從純技巧上來說，先贊同對方的說法、要求和意見，這和對方的認識和利益相同，便不會和對方發生抵觸。等到對方認為你已經接受了他們時（此時他們對你可能已經沒有敵意了，他們已經有可能聽你說話，他們也認為你站在他們的立場上，只是你有你的實際困難），你再委婉地表達你的不同看法、你的困難和你的實際情況，這樣雙方都照顧到了，合情合理一些，對方也就容易反過來替你著想，從而放棄他們原先的那些想法和要求。如果在一開始的時候，你便硬邦邦地給他們一個冷眼對立，恐怕你就是確有正當的理由或困難，對方也不會體諒你的。

凡事先說「好」，答應對方，讚美對方，接受對方，不管你能否做到，願不願意做到，都必須先說這樣的話語，如：「我很欣賞你的觀點」，「我很願意幫助你」，「你的要求完全正當」，等等。

這樣說的目的，是要試圖理解對方，體貼對方，不刺激對方。然後再選擇合適的時機，陳述自己的看法、意見、困難和實際情況，這樣，對方就有可能改變他們先前的想法和要求了。

低調對待敵意

當你受到攻擊時，你會怎樣反應呢？激烈對抗？避開鋒芒？適度還擊？一走了之？通常，你可能會因為你理直氣壯而強烈回擊。你的這種行為，有時是合適的，有時未必。

有時有好的結果，有時卻是壞的結果。人處在人群中，不友善的說，總是處在敵意之中。因為原則和利益，以及其他各種很偶然的原因，人會時時處處受到不友善甚至很敵意的攻擊和算計，如果一個人對此太介意，他便有可能在人群中一分鐘也過不下去；如果一個人對此時時處處還擊，他便有可能一年四季都在戰爭。這其實是不必要的，也是不合算和非智謀的。

人沒有必要和對手採取一致的方式或站在對等的層次上，他攻擊，你還擊。而要化解敵意，要低調和講策略對付。這樣，既不被對方牽著鼻子走，也顯得比對方層次高和富於智謀，更重要的是，如此可以減少了自己不必要的時間支出、精力支出和其他可能的損失。在人生中，讓自己保持一個豁達、開朗、輕鬆的心態，不亦美好！

低調對待敵意，不激烈還擊，不和對方做對，這是要避免「敵意」的升級。你和對方正面做對，激烈還擊，對方又會更強勁地回應，鬥爭便會白熱化，達到你死我活的地步。這樣，有限的敵意無限化了，小的災禍變大了，尤其在非原則、非利益的偶然敵意的情況下，這種結果就太沒有必要了。物理學原理表明，作用力有多大，反作用力也就有多大。對抗也是如此，你有多麼激烈，對方也會多麼激烈，甚至更激烈。這不是我們的出發點，也不是歸結點。

低調對待敵意，並不是膽小怕事、逃跑和不顧己方的原則和尊嚴，而是要避免把自己捲入更大的災禍中。只要對方的攻擊對自己不能造成根本性的、致命的災害，就沒有必要過激反應。只要把對方的攻擊控制在非根本性的皮毛性的範圍以內，就可以低調對待它們，不把它們當作大不了的事情。我們通常單方面的不對抗和放棄對抗，讓對方失去戰鬥物件和對立面，這也能從根本上消解對方的鬥爭意志，讓他們的攻擊之矛找不到戳的地方，這也會降服對方，這比真刀真槍地和他們對著打，更具有智慧性的快感。

再說，世界上的事情都是有前因後果的，敵意並不會完全沒有原因，我們也要虛心待人，努力發現敵意的原因，以從根本上消解它，把敵意消滅在它的起點或根本不讓它存在。這樣，我們就能在人群中生活得平安而愉快。

成功交際的原則

對於培養成功習慣者而言，必須懂得人際關係的重要性，並且有著成功的交際原則。一般來說成功交際必須遵循以下原則。

1. **切忌背後議論人：**在與人接觸交往中，或者跟自己的親朋好友接觸交往中，都要竭力避免背後議論人。不負責任的議論，不僅失去了交往的目的，而且會傷害同志親友間融洽的感情。特別是在大庭廣眾之下，盡可能避免說別人的短處。有時言者無意，聽者有心，不脛而走，會挫傷他人自尊心。

2. **說話要有分寸、有條理：**與朋友、同事相處，有人總是搶話頭，放長線，拉長話，沒完沒了，令人討厭，時間一長大家會離他遠遠的。

3. **不顯露有恩於別人：**同事、朋友之間總會有互相幫助的地方，你可能對別人幫助比較大，但是，切不可顯示出一種有恩於他人的態度，這樣會使對方難堪。

4. **不忘別人的恩德：**自己對別人的幫助不要念念不忘，但是別人對自己的恩德要時時掛在心頭。無論誰的幫助，不論得益大小，都應適度地向人家表示感謝。這樣，不但能增進友情，而且也表示了「受恩不忘」的可貴品格。

5. **做不到的寧可不說：**對朋友說謊失去信任，這是最大的損失。所以，與新老朋友相交時，都要誠實可靠，避免說大話。要說到做到，不放空炮，做不到的寧可不說。

6. **不說穿別人的秘密：**不說穿別人的秘密特別重要。每個人都有一些隱私，知道的不要說，不知道的不要問，因為這是於你無益、對他人有損的事。

7. **要注意謙虛待人：**在同事、朋友面前，不要把自己的長處常常掛在嘴邊，老在人前炫耀自己的成績，如果一有機會就說自己的長處，就無形之中貶低了別人，抬高了自己，結果往往是被人看不起。

8. **不要憨言直語：**要聽取各方面的意見，不要只憑自己的主觀願望說出不近人情的話。否則，是得不到別人的好感與贊同的。只有言詞委婉，才能溝通感情，辦成事情。

9. **要有助人為樂的強烈道德感：**正確的道德觀是塑造好自己的形象和取得交際成功的重要環節。這要求大家有正義感，善於區別真善美和假醜惡，毫不猶豫地堅持原則、棄惡揚善。當別人需要的時候，應該毫不猶豫地伸出熱情之手，去關心、支持和幫助別人。既是互相交往，就應當相互尊重，特別要尊重他人的人格、權利，不去侵奪他人幸福，尊重他人的事業選擇、生活方式、志趣嗜好。不隨意支配他人，不輕率地傷害別人的自尊心、自信心。這樣才會受到人們的尊重。

10. **要有理解、寬容的態度：**與人打交道、交朋友就需要設身處地理解別人，理解別人的痛苦和需要。要與人為善，寬容大度。要配合默契，熱情有度，要真心待人，以此來贏得大家的信任、尊重和友誼，從而獲得更多的朋友。

以上十條是人際交往中最基本的原則，只有不違背這些原則，你才能在人際交往中成爲一個成功者。

鍛鍊溝通能力

生活中，我們不斷與人溝通，有時是有意識的，有時是無意識的。所謂溝通，不僅是以言語，還可以經由動作、姿勢、眼神以及接觸等方式進行。

溝通良好，意味著經由言語或非言語的方式，明確表達你的意向。更重要的是，溝通良好還表示你了解對方想要表達的意思。

溝通困難、企業倒閉以及工作關係緊張，根源都在於無法了解別人的觀點。

不論是經理、主管、難以與人相處的人都愛對自己說：「如果你不能以我的方式論事，我們就無從討論。不照我的話做就免談。」另一方面，深具魅力、能激勵別人、善於推銷的人，總是以言語或行動在說：「我重視你的想法。告訴我你要什麼，我們可以並肩努力。」

在人生各方面都一帆風順的人都知道一個秘訣：最偉大的溝通技巧就是重視別人的意見。這些人所持的態度是：「我要讓他們慶幸遇見了我。我要讓他們因爲我的話而整天心情開朗。我要讓他們樂於與我交談。」如果你遇見一個人，他讓你覺得和這個人相處很愉快，跟他在一起，令人怡然自得。那麼這個人必是溝通高手。

善於溝通是一種藝術，是透過眼睛和耳朵的接觸把我們自己投射在別人心中的藝術。眼睛直視對方，全神貫注地傾聽，是有效溝通的基本法則。此外，還有一些溝通的秘訣。其中有些聽起來極爲平常，好像不值一提，但卻極爲有效。

1. **首先自我介紹：**不論是與人當面交談或電話聯絡，先要自報姓名：「幸會，我的名字是……」或「喂，我是……」交談開始之際，讓對方納悶我這是在和誰說話，是一件大煞風景的事。

2. **練習熱烈而堅定地握手：**這對男性和女性都適用，握手時採取主動，先伸出你的手。

3. **記住別人的姓名：**這是你對別人的最佳禮讚之一。別人在自我介紹時，留神傾聽，然後立即重述他的姓名，例如：「詹大維，很高興認識你。」如果你一時沒有聽清：「對不起，我沒有聽清楚你的大名。」對方會感激你真心願意知道他的確切姓名。

4. **說話時，目光要與對方接觸：**當別人在說話時，你也直視他的眼睛。目光的接觸即能表達你對自己的言論充滿信心，也能顯示你重視對方正在發表的意見。

5. **抱著「我要讓對方高興他曾與我交往」的態度：**讚美對方，提出他感興趣的問題，幫助他放寬心情，侃侃而談。他會高興曾與你交往過。

6. **言論樂觀進取：**樂觀的見解會傳染給別人。講述你的工作樂趣、生活情趣和人生樂事給別人聽，你會發現大家都樂於和你交往。同理，即使你認為自己理由充分，也要避免抱怨或訴苦，消極悲觀的言論會使別人也意氣消沉。各人有各人的煩惱，不要把你的重擔壓在別人肩上。

7. **學習判斷：**別人告訴你某些事，也許並不希望你轉告他人。要讓人對你有信心，覺得你會為他們保守秘密。

8. **要以服務為目的，不可以自我為中心：**要對別人關切的事表示興趣，而不僅是關注自己。只要你真心關切別人的利益，別人會感覺出來，而與你接近。相反的，一般人若感到你眼中只有自己時，就會變得局促不安。

9. **讓對方覺得自己地位重要：**全神注意對方，好像他的工作、困擾或經驗此時此刻對你同樣重要。先注意對方的興趣，對方會認為你是善解人意、關懷別人的談話對象。

10. **確定自己充分了解對方的語意：**工作上的困擾往往是因誤解和誤會而產生。為了確定自己清楚對方的意思，你可以用自己的語句，把對方的話復述一遍，詢問對方你說的是否正確。他會欣喜自己被人了解，也會對你的意圖印象深刻。

11. **開會或赴約要守時：**遲到等於告訴別人：「這對我不重要。」如果因不可抗拒、無法預知的因素而遲到，應先打電話給對方，坦誠說明延遲的原因，以及何時可以趕到。你的禮數周到會讓人對你產生敬意，而不至於怪你姍姍來遲。

12. **設身處地為他人著想：**學著感覺並接受別人的需要和彼此的歧異之處。嘗試從別人的觀點論事，也嘗試由別人眼中看你自己：「與我共事的滋味如何？」「我的上司對我的表現滿意嗎？」若能看清別人眼中的你，你在溝通方面會有效率得多。

本質上，溝通之道在於讓對方接受你的觀點。要達此目的，最有效的方式便是讓對方感覺受到重視。受人重視可能是人類最基本的感情需求。你讓別人感到自己地位重要，他們會以坦誠、合作、互敬、慷慨來回報你。

建立在坦誠、合作與互敬基礎上的工作關係，是最愉快的。所以，請傳達你的熱誠、自尊和活力給別人，你很快會發覺自己身邊環繞著與你共用工作樂趣的人。

李嘉誠．金言

講信用，夠朋友。這麼多年來，差不多到今天為止，任何一個國家的人，任何一個省份的中國人，跟我做夥伴的，合作之後都能成為好朋友，從來沒有一件事鬧過不開心，這一點是我引以為榮的事。

包裝一副好形象

「佛靠金裝，人靠衣裳」。人類都有以貌取人的天性，你的外在形象直接影響著別人對你的印象，你穿得氣派，無形中就抬高了自己的身份，別人覺得有利可圖，就容易答應你所求。你衣著寒酸，別人認爲無油水可撈，可能會一口回絕你的請求。

一個人的外貌的確很重要，穿著得體的人給人的印象會好，它等於在告訴大家：「這是一個重要的人物，聰明、成功、可靠。大家可以尊敬、仰慕、信賴他。他自重，我們也尊重他。」反之，一個穿著邋遢的人給人的印象就差，它等於在告訴大家：「這是個沒什麼作爲的人，他粗心、沒有效率、不重要，他只是一個普通人，不值得特別尊敬他，他習慣不被重視。」

譬如，面容方面，疲倦、憔悴或沒刮乾淨的鬍鬚都會帶來嚴重的負面影響；頭髮太長或凌亂不堪亦然；尺寸不合的衣服或土裡土氣的領帶，都足以損害你的形象。不合身份的穿著，會令人對你產生輕浮的印象。如果一個學生開著名貴汽車，或者使用價格昂貴的打火機，就難免讓人覺得輕浮，因爲這種不合身份的舉動極易令人有不舒服的感覺。

身上的服飾，具有「延伸自我」的作用。如果一個人的形象和代表「自我延伸」的服飾差距過大，就會令人有「不完整人格」的印象。比如，衣服和鞋子都是高級品，而腰帶卻是廉價品的穿著打扮，就會令人產生不自然的感覺，懷疑是詐騙集團。此外，體形臃腫、衣著缺乏品位和姿勢不雅等等，同樣是造成負面影響的主要因素。除了經常檢查自己的儀表之外，尚需注重整體的協調感。

臉部的表情是影響相貌的重要因素。你可以站在鏡子前面努力練習，如何不讓自己看起來像凶神惡煞似的人。這是任何人都能夠做得到的。這種努力將會左右一個人的精神，由此來改變一個人的相貌。

人的第一印象是最不容易磨滅的。長相兇惡的人誰也不喜歡，沒有自信的人總是讓人覺得縮頭縮尾。有些人就很容易博得別人的好感，這也不過是長相給人留下好印象罷了，這正是長相的重要性。

長相賊頭賊腦的人總是讓人覺得靠不住，而慈眉善目的人卻很容易贏得別人的信任。作為一個上班族，每天早上一定要站在鏡子前看看自己的臉，是柔和、精力充沛的，還是一副酒醉未醒的樣子？如果早上起來就一臉沒精打采的樣子，那最好先振作精神再出門。儘量找機會利用鏡子審視自己的臉，尤其是在競爭激烈的環境中，更要隨時保持清醒狀態。

即使是男士也要隨身攜帶一面小鏡子，隨時注意一下自己的領帶是不是鬆了，頭髮是不是亂了，自己的臉部表情夠不夠柔和，是不是保持著充沛的活力。

交際上很重要的一點就是讓對方鬆懈，失去警戒心。所謂最佳表現就是不要讓對方覺得自己笑容勉強，要保持坦率誠懇的表情。正直的人能給他人以安全感，這是贏得他人信任的重要條件。在商業社會中最忌諱的就是過於尖銳的處事方法，所以要讓自己養成保持柔和表情的習慣。如果有了一副好形象，辦事就比較容易成功。

第五章
成功需要自我修練

做人的宗旨是要刻苦

李嘉誠多次談到做人的基本態度，他曾經談到這麼一件事：「我做人的宗旨是刻苦，善待別人，還有好勤奮和重承諾，也不會傷害他人。有一次，一個我很討厭的報社的記者在我公司樓下等我，我剛剛上車，同事說他已經等了兩小時，他正要離去。我立即叫司機倒車，向記者說可以談一下，因為我不忍心他站了兩個小時，回去沒有東西交代。」這個小故事可以看出李嘉誠先生為人處世的態度。而他的這種態度更來自於童年時代的一件往事。

那是一九四三年的冬天，這個冬天深深地刻在李嘉誠的記憶深處，是他一生中最難以忘懷的。當時，父親的去世使他心靈深處的酷寒感到不堪忍受，他覺得整個世界像一座巨大且黑暗的冰窖，似乎人世間的最後一絲熱氣也被父親帶走了。然而，即使是這樣，李嘉誠還是咬緊牙關，鼓足勇氣，他希望自己能夠帶領全家平安地渡過這個肅殺淒涼的冬天。

為了安葬父親，李嘉誠含著眼淚去買墳地。按照當時的交易規矩，買地人必須付錢給賣地人之後才可以跟隨賣地人去看地。賣地給李嘉誠的是兩個客家人。李嘉誠將買地錢交給他們之後，便半步都不肯離開，堅持要看地。山路出奇地泥濘，寒意逼人的北風不時夾帶著雨點迎面撲來……。

仍舊沉浸在失去父親巨大悲痛中的李嘉誠，想著連日來和舅父、母親一起東奔西走，總算湊足了這筆安葬父親的費用。想著自己能夠親自替父親買下這塊墳地，心裡總算有了一絲慰藉。這兩個賣地人走得很快，李嘉誠小跑著緊跟不捨。然而，不幸的是賣地人見李嘉誠是一個小孩子，以為好欺騙，就將一塊埋有他人屍骨的墳地賣給他，並且用客家話商量著如何掘開這塊墳地，將他人屍骨弄走……。

他們並不知道，李嘉誠聽得懂客家話。李嘉誠震驚地想，世界上居然有如此黑心、如此賺錢的人，他們竟然連死去的人都不肯放過。想到父親一生光明磊落，即使現在將他安葬在這裡，九泉之下的父親也是絕對得不到安寧的。李嘉誠深知這兩個人絕不會退錢給他，就告訴他們不要掘地了，他另找賣主。

這次買地葬父的幾番周折，深深地留存在李嘉誠的記憶深處，使他不僅受到了一次關於人生、關於社會真實面目的教育，而且對於即將走上社會、獨自創業的李嘉誠來說，這是第一次付出沉重的代價所吸取的相當痛苦的教訓，也是李嘉誠所面臨在道義和金錢面前如何抉擇的第一道難題。這促使李嘉誠暗下決心：不管將來創業的道路如何險惡，不管將來生活的情形如何艱難，一定要做到生意上不能坑害人，在生活上樂於幫助人。

今天，李嘉誠是香港曝光率最高的富豪，但他對於人和人生的理解卻並沒有因為財富的增加而變得膚淺，相反，倒使他對做人的理解更加成熟和深刻了。

克制欲望

自制不僅僅是人的一種美德，在一個人成就事業的過程中，自制也可助其一臂之力。有所得必有所失，這是定律。因此說，一個人要想取得並非是唾手可得的成功，就必須付出自己的努力，自制可以說是努力的同義語。

自制，就要克服欲望。七情六欲乃人之常情，但人也有些想法超出了自身條件所許可的範圍。

有人說了，一個人要想在事業上取得成功，務必戒奢克儉，節制欲望，只有有所棄，才能有所得。

自制不僅僅是在物質上克制欲望，對於一個要想取得成功的人來說，精神上的自制力也是重要的。衣食住行畢竟是身外之物，不少人都能成功的甚至是盡善盡美地克制，但精神上的、意志力上的自制卻非人人都能做到。

如果你今天計畫做某件事，但早上起床後，因昨晚休息得太晚而困倦，你是否義無反顧地披衣下床？

如果你要遠行，但身體乏力，你是否要停止旅行的計畫？

如果你正在做的一件事遇到了極大的、難以克服的困難，你是繼續做呢，還是停下來等等看？

諸如此類的問題，若在紙面上回答，答案一目了然，但若放在現實中，你身在其中，自己去拷問自己，恐怕也就不會回答得太肯定了。眼見的事實是，有那麼多的人在生活、工作中遇到了難題，都被打趴下了。他們不是不會簡單地回答這些問題，而是思想上的自制力難以控制自己。

因此，又有人說了，人最難戰勝的是自己。就是說，一個人成功的最大障礙不是來自於外界，而是自身，除了力所不能及的事情做不好之外，自身能做的事不做或做不好，那就是自身的問題，是自制力的問題。

長話短說，一個成功的人，其自制力表現在：大家都做但情理上不能做的事，他自制而不去做；大家都不做但情理上應做的事，他強制自己去做。做與不做，克制與強制，超乎常人性情之外，就是取得成功的因素。

控制情緒

世界上最強的人是能夠控制自我心態的人。一個人必須具有自我控制的能力，才能做自己真正的主人，進而決定自我人生奮鬥及努力的方向，這種人通常深信「只要去做即可成功」的道理。

心理學家把心理分為理性及感性兩面，辦事雖然是依據理性，但理性背後每每由感性主宰。當感性層面覺得好的，理性就會找出千百個理由，認為那是好的；相反，感性認為不好，理性同樣可以找出千萬個道理，指出那是不好的。感性的表現就是情緒，換言之，情緒對我們的理性有深切的影響。

有很多種情緒都是創業人的致命傷，恐懼、憂慮、憤怒、嫉妒、仇恨、輕視等，都足以把創業的機會敗掉。每一個成功的企業家，都具有控制情緒的能力，一般人不能忍受的譏諷、挫折、怨恨等，成功的企業家卻可以忍受下來。人家動火了，他們依然冷靜，並沒有破壞理性的運作，他們求財不求氣，萬事以大局為重。成功的創業人，智商未必很高，但情緒商數一定高，自控能力甚強。

我們具有多強的情緒控制力呢？請看一看，我們是不是能面對各種消息而情緒不波動？大多數人都辦不到。情緒並不單是情緒，它還涉及生理反應，不良的情緒會產生不良的生理反應，導致健康受損，例如憤怒可以影響心臟及消化機能，其他如消極情緒、絕望等，亦會引起身體疼痛、嘔吐、無力等。

相反，健康的情緒可以引起健康的反應，最簡單的就是開心快樂，這是對健康甚為有益的情緒。歡喜的時候，內分泌趨於平衡，身體感到輕鬆自在，頭腦運作亦處於最佳狀態。而商業中最注重的人際關係，若有開心快樂的情緒，亦能處理自如，得到更多忠誠顧客。

生意人需要經常和顧客接觸，「顧客永遠是對的」，這是座右銘，是生意人必須奉行的金科玉律。儘量滿足顧客的需要，自然會有利益。但問題卻是，顧客並不一定對，很多顧客仗恃著做生意的有求於他，因此財大氣粗，說話尖酸、沒禮貌。面對這樣無禮的顧客，如果受不了他們的氣，一聲反駁，大家爭執起來，就等於把顧客趕跑，對生意有害無利。

所有成功的生意人和推銷員，都善於控制情緒，面對不客氣的客人，他們依舊客客氣氣，控制情緒，繼續保持最有禮貌的態度，獲得他們信任，甚至滿足了顧客發洩情緒的需要，結果，顧客感到舒服，很快又會再次光顧。這是成功之道。

李嘉誠．金言

年輕時我表面謙虛，其實內心很驕傲。為什麼驕傲呢？因為同事們去玩的時候，我去求學問；他們每天保持原狀，而自己的學問日漸提高。

習慣鎮定

任何一個在事業上成功的人，遇事都能保持輕鬆從容的心情。成功的人甚至在碰到逆境的時候，他的頭腦也會保持沉著、冷靜的狀態，從而隨時準備捕捉和發掘新機會，以及了解和對付新的問題。

高明商人那種心境輕鬆的情形，就像一個優秀的橄欖球員一樣。當球員傳球的時候，假如球意外地落到他的手中，他並不膽寒或驚慌。而高明的商人也是一樣，面對突發的新情況，並不會手忙腳亂。他能靈敏地反應，他有辦法掌握或對付新情況，他會緊抱著球跑過去，或者警覺而放鬆地轉個方向，以免對手撲過來。有些剛開始做生意的人，就已具備這種輕鬆的內在能力。但是大多數生意人，只有經過多次經驗，才能養成這種習慣。

「隨時都要把自己看成是一個在湖中翻了船的人！」一位資深的石油商人在保羅・蓋帝事業剛開始的時候忠告他，「如果你能保持鎮靜，你就可以游到岸邊，至少在漂浮時有人來救起你。假如你失去冷靜，你就完蛋啦。」

一個人剛開始創業的時候，真有點像突然沉溺在湖中央的人。如果他保持鎮靜，他生存的機會就較大，否則他就很可能溺死。剛開始做生意的人或年輕的職員，都應該把這警句牢記在心裡，這樣，你就會養成心情輕鬆的習慣，從而獲得不少的幫助，也有辦法應付任何情況。

不管在任何場合，如果能夠保持從容不迫、順應自然的態度，那麼，任何事情都能應付自如。

一些偉大的人物都是一些「鎮靜」的高手，面對突然變故，仍然鎮定自若。因為他們懂得，不能慌，慌則無法思考應對的妙招。如果他們慌了，那麼周圍的人更沒有主見，那就慌成一團了。因此，他們大都大喝一聲：「慌什麼？」這一半是對別人說的，一半則是自我暗示。

如果你感到慌張，你的大腦就失去正常的思考能力，你就會丟三落四、語無倫次。許多人掉了重要東西，或者說話說漏了嘴，就是因為心裡有「鬼」，慌慌張張。這時候，你要有意地放慢你的動作節奏，越慢越好，並在心裡說：「不要慌！千萬不要慌！」動作和語言的暗示會使你慢慢鎮靜。你的大腦就能恢復正常的思考，以應付周圍發生的事情。這一點對即將考試的學生尤其重要。

沒有見過大場面的人，一到人多的場所，就會周身不自在。克服這種心理的方法是把所有的人都當作朋友，點點頭，大聲招呼，別人自然也會致意回報。雖然他可能永遠也無法想起曾經在哪兒認識你，但是你卻因此消除了緊張。有機會你就主動當眾講講話，自我考驗，你就會養成從容不迫的習慣。

不必心煩意亂

不開心的煩惱，不舒心時的煩悶，對每個人而言，早已是司空見慣的平常事。但是「舊煩」與「新煩」之間，還是大不相同的。

過去人們「煩」的時候是找知心朋友訴訴苦、解解悶。今天「煩」的人們不僅僅「煩」，而且不「耐煩」。在不開心、不舒服的同時，他們不安心、不靜心。他們不只是煩惱、煩悶，而且煩躁。對他們而言，與其說「煩」是一種有待完全擺脫的消極情緒，不如說「煩」是一種有幾分無奈也有幾分得意的生存狀態和生活方式。過去的人煩惱時會從前台退到後台，躲得遠遠的，不想讓人看見；如今的「煩」人們卻穿著休閒、唱著流行歌曲，招搖過市，讓人們躲得遠遠地來看他們。「別理我，煩！」已成為時下一流行語。

「新煩」的最大特點在於其躁動不安。這是一種心比天高的追求、躍躍欲試的衝動、得不到滿足的苦悶交織在一起，從而導致的亢奮、緊張、急躁的情緒。這種情緒是充滿機會又充滿挑戰的變革時代的必然產物。

現實生活中充滿了各種機會，個人發展有了相當的自由，這一切刺激起人們的成就欲望，很多人都希望自己有一番大的作為。但是，機會與自由並不意味著成功，每一個機會，事實上都是一種挑戰。同時，選擇一種機會必須以放棄另外一些機會為代價。雖然社會為個體發展提供了多種多樣的可能性，但具體到每一個人的身上，其發展的可能性是很有限的，這就需要我們正確地理解、選擇和把握機會。但是，不少人並不理解機會的真實含義，他們什麼都想要，卻對什麼都不作踏實的準備，表現出強烈的投機心理。

遺憾的是，一些投機者在受挫之後，並不吸取教訓，不反省自己的失誤，不去彌補自己見識、能力和毅力上的不足，而是心煩意亂，繼續在精彩與無奈的迴圈中掙扎，或者憤憤不平，責怪社會的不公平與命運的不濟。有些人甚至以一種「輸紅了眼」的面目出現，將破罐子破摔。

當然，當代的「煩人」並不都是投機者。一些人的「煩」是一種現代文明病，是抒情的思想、浪漫的夢幻和溫和的心境被無情的、變化的現實打碎之後，而產生的一種憤世嫉俗、走投無路的情緒狀態。這種人無法控制自我，心緒不寧，因而難以成事。

無論做什麼事，心煩意亂之下是難以有所作爲的。爲了不煩，我們還得「耐煩」一些，靜下心來，正確地認識自己，冷靜地把握機會，以長遠的眼光選擇適合自己的目標和道路。只有如此，我們才能踏踏實實地做好每一件事，以成就自己的事業。

要親身體會賺錢不容易

賺錢如今已成為人們生存的基本手段。今天的年輕人也許體會不到賺錢的不易，但李嘉誠卻以其青少年時代的艱辛體會到了。

當時，年少的李嘉誠擔任了推銷員的工作。總結這一工作的艱辛，李嘉誠常說：「要別人買你的東西，不想被推掉就必須在事前想到應付的辦法。」

為了能夠推銷更多的產品，他利用報紙雜誌，搜集有關產品的市場訊息資料，而且還和不同層次的人交談，更具體地了解產品的使用情況，做到心中有數。

李嘉誠還根據香港每一個區域的居民生活狀況，總結使用塑膠製品的市場規律，並將這些資料記錄在他隨身攜帶的一個小本子上。把多方面的資訊彙集後，目標也就清楚了，以致於他所推銷的塑膠製品一出廠，就知道該送到什麼地方去銷售。勤奮又能吃苦耐勞的李嘉誠，早在當泡茶掃地的小學徒時，已練就了十二個小時不坐的來回跑動的功夫，而且也能忍受這種長時間的勞累所帶來的腰酸背痛。後來，在他推銷業務期間，為了省錢，他始終都是以步代車的奔走於香港的大街小巷。

今天的李嘉誠，只要講到這段時光，總是不無自豪地說：「我十七歲就開始做批發的推銷員，就更加體會到賺錢的不易、生活的艱辛了。人家做八個小時，我就做十六個小時。公司內的推銷員一共有七個，都是年齡大過我而且經驗豐富的推銷員。但由於我勤奮，結果我推銷的成績，是除我之外的第一名的七倍。這樣，十八歲我就做了部門經理，兩年後，我又被提升當總經理。」

別耍小聰明

日常生活中，我們常常可以看到這種現象：一些很有學問和修養、心裡明白的人，表面卻顯得愚鈍，既不與人勾心鬥角，也不用心算計。正由於這樣，一些無知的人反倒取笑他，背後議論他，並自以爲聰明得計。其實，大凡大智慧、大聰明之人，他們都胸懷坦蕩，胸襟豁達，明白大道理，對於身邊瑣事一目了然，當然用不著處處用心，或者甚至爲一點雞毛蒜皮的小事而與人斤斤計較。因此，他們心中總是很安逸，行爲也總是很超脫。這好像就是「絕聖棄知」。

而那些只有一點小聰明的人卻正好相反。他們喜歡察言觀色，見縫插針，無孔不入。這種人要是談大道理，便氣勢洶洶，咄咄逼人，談具體事情，便婆婆媽媽，絮絮叨叨，沒完沒了。他要是和別人打上了交道就老是糾纏不清。然而，他長於勾心鬥角，雞蛋裡可以挑出骨頭，沒有事兒也可找出是非來。也有的人善於僞裝，見人一臉笑，一副慈眉善目；有的人當面很熱情，相當重義氣，背後卻在設陷阱，下決心陷害朋友；有的則把心思埋得不露蛛絲馬跡，讓人覺得他高深莫測。

這樣的人，表面上很厲害，但內心裡很虛弱。遇上小小的風波，他就惴惴不安，因爲他心目中只有自己那耿耿於懷的私利。碰上大危險，他便感覺自己完蛋了，或犧牲朋友以求自保，或者神思恍惚，一點主張都沒有。

一旦形勢有利，他們就很倡狂。他們發動進攻時，就像利箭一樣迅速、猛烈。因爲，他們時刻都在窺伺別人的紕漏，以求滿足自己的進攻欲與征服欲，並因之使自己獲得好處，證明自己聰明、有水準。

他們要留神什麼時，就像發過誓一樣，咬緊牙關，三緘其口。實際上他們是在等待時機，以求在合適的時候進攻他人。

空洞的東西永遠只是空洞的，與事實不相依屬。不過有一點卻很明確：從造物主那裡得到自己的身體。生命來到世界上，有了形體，就不應參與人世間勾心鬥角、互相傾軋的爭鬥，並在這種爭鬥與傾軋中了結自己的一生。如果人們任其與外物互相戕害、互相折磨，任其如脫韁的野馬一樣走向生命的盡頭，而沒有辦法克制自己，那麼，生命不是太可悲了嗎？

在極盛時期洞悉危機所在

李嘉誠的過人之處，是他總可以在一項業務的極盛時期洞悉其危機所在，然後迅速作出新的部署和嘗試。現在看來，讀書不多的李嘉誠之所以能學得這樣一套經商的高超技巧，除了其在工作中的留心觀察以外，更重要的是他善於學習一切先進的知識和理論。這一點早在他童年時就已經十分明顯了。一九四〇年，李嘉誠隨父母爲避戰亂來到了香港，爲解決廣州話和英語的障礙，他以表妹、表弟爲師，勤學苦練，很快就能講一口流利的廣州話。特別是學英語，也簡直是到了走火入魔的地步，一到夜深人靜，他便獨自跑到路燈下讀英語。

一九四二年，李嘉誠十四歲，父親因病去世，家境的貧窮使他過早地走向社會。爲了生存下去，李嘉誠與母親一起挨家挨鋪地找工作，但卻沒有著落，母子倆拖著滿是血泡的雙腳回到家中。終於，經過艱辛尋找，李嘉誠進入一間茶樓做跑堂，每天他都是第一個趕到茶樓。他每天都把鬧鐘調快十分鐘，每天工作十五小時以上。即便在那樣惡劣的環境下，李嘉誠仍然利用短暫的空閒默讀英語單詞。正是靠了這樣一種學習精神，當年他生產塑膠花的時候，塑膠花行業正大行其道，大有帶動香港工業起飛之勢。然而李嘉誠卻看到了這個行業的前途有限，於是轉向房地產發展，全力拓展房地產市場，並在緊接著而來的房地產高潮中獲得可觀的回報。

那時的李嘉誠，已經成爲香港炙手可熱的富豪級人物，可他並沒有安於現狀，而是在香港房地產最高峰時看到了這個行業的危機。一九九七年，他開始不斷出售手上的物業，努力開拓新的業務領域。他把資金分投於電訊、基建、服務、零售等多個領域，使集團避過了金融風暴中樓價大跌的重大打擊。

在後來的幾年中，李嘉誠調撥更多的資金發展高科技專案和電訊業務。同時，和記黃埔在海外的投資，比如加拿大的石油、英國的貨櫃和巴拿馬運河港口等，也正一步步發展起來，這樣的投資技巧完全是李嘉誠依據自己對全球經濟的走向以及各行業興衰的基本趨勢而做出的。

有則寓言，講兩個在海邊釣魚的孩子，一個買了漁船出海，歷經千辛萬苦創下富可敵國的產業；另一個卻一直留在海邊釣魚，過著知足溫飽的生活。幾十年後，白髮蒼蒼的富翁和漁夫又在海邊一起釣魚，漁夫忍不住問富翁：「你得到了那麼多財富又有什麼用呢，現在還不是和我一樣在這裡釣魚。」

表面看來，漁夫和富翁的結局是一樣的，然而因爲經歷的不同，他們對人生的感悟，他們所得到的和所能理解的人生就已經完全不一樣了。李嘉誠在數十年的經營過程中，一方面不斷地調轉經營企業的船頭；另一方面又不斷地使自己的航船變得更加龐大和結實。正是依據這兩點才能在巨大的金融危機的浪潮中立於不敗之地。

處安勿躁

人如果心浮氣躁，靜不下心來做事，不僅一事無成，反而會鑄成大錯。

一個人必須修身養性，培養自己的浩然之氣、容人之量，保持自己的高遠志向。同時要抑制急躁的脾氣、暴躁的性格。做事要戒急躁，人一急躁則必然心浮，心浮就無法深入到事物的內部去仔細研究和探討事物發展的規律，當然也無法認清事物的本質。氣躁心浮，辦事不穩，差錯自然會多。不少人辦事都想一揮而就，他們不明白做什麼事情都有一定的規律，都得按一定的步驟行事，欲速則不達。

中國傳統文化的精要就在於以靜制動，處安勿躁。浮躁會帶來很多危害。想有所作爲，而又不能馬上成功，會產生急躁情緒。本想把事情辦得很好，誰知忽然節外生枝，一時又無法處理，必然生出急躁之心。因爲他人的過錯，給自己造成了一定的麻煩，心氣不順，也會產生急躁。望子成龍，盼女成鳳，天下父母之心皆然，但偏偏兒女不爭氣，心中也同樣急躁。受到別人的責難、批評，又無法解釋清楚，心中也會產生急躁的情緒。無論是哪一種情況產生的急躁，其實對人對己都沒有好處。浮躁之氣生於心，行動起來就會態度簡單粗暴、徒具匹夫之勇，這樣不是太糊塗了嗎？

輕浮、急躁，對什麼事都深入不下去，只知其一，不究其二，往往會給工作、事業帶來損失。戒急躁就是要求我們遇事沉著、冷靜，多分析思考，然後再行動。如果站在這山看著那山高，做什麼都做不穩，最後將毫無所獲。

天下成大事業者，無不是專一而行，專心而攻。博大自然不錯，精深才能成事。只有精深，才能在某一個領域中成爲專門人才，其前提是必須克服浮躁的毛病。無論辦什麼事都不可能毫不費力就取得成功，急於求成，只能是害了自己。忍浮躁確實不容易，要有頑強的毅力，才能做到這一點，但只要有決心、有信心，胸中有個遠大的目標，小小的浮躁又有什麼不能忍的呢！

要在社會上安身立命，如果太輕易暴露自己的情感就容易受到傷害。人應該學會保護自己。不同的人對人對事的態度會不同，掌握一定權力的人，把自己的喜怒經常流露給下級，下級則會投其所好，而掩蓋事物真正的本質。普通人過於直率地表露自己的情感，則顯得膚淺，也容易開罪於人。所以要忍耐住自己的情緒，不要過多地暴露出來。

向樂觀積極的人學習

樂觀主義與悲觀主義，兩者正好具備了相反的優點與缺點。樂觀的人在行動上比較積極，但往往低估了實際上的困難，所以有時會在成功的路上碰到意外；相反的，悲觀的人過於慎重，容易錯失良機。總之，將兩者適度混合，就能達到理想境界。

實際上，樂觀主義與悲觀主義不僅對未來的看法截然不同，對自己與他人也採取不同的態度。

如前所述，悲觀的人對未來持否定的看法。他對任何事情總是作最壞的預測，在觀察人的時候，他總是看到人本質惡劣的一面、滿肚子自私自利的動機。對悲觀的人而言，社會是由一群狡猾、頹廢而邪惡的人組成，他們總是想利用周遭的事物爲自己牟利。這群人既無法信賴，也不值得對其伸出援手。

對悲觀的人談起任何計畫，他馬上就會提出一連串有關這個計畫的麻煩與障礙。而且他還會告訴你，即使圓滿達到目的，最後只會嘗到苦澀、幻滅與屈辱。

悲觀的人擁有近乎異常的傳染力。如果某天早晨，偶然在路上碰到他，他會立即將消極的態度與無力感傳染給你。我們每個人的內心都有一種期待被喚醒、引誘的「傾向」。悲觀的人能夠巧妙地擄獲這種「傾向」，借此實現其目的。

我們內心的「傾向」包括：第一，對未來的不定與恐懼；第二，我們與生俱來的怠惰，希望躲在自己的殼裡不要動。事實上悲觀者的本質就是怠惰。他不願努力適應新的事物，也不願改變習慣。無論起床、用餐，以及度週末的方式，都要依照固定的模式進行。

一般而言，悲觀者是吝嗇的。他認爲既然每個人都那麼貪婪、墮落，而且千方百計想占人便宜，自己又爲什麼必須寬以待人呢？他常常深懷嫉妒，這個只要聽他說話就知道了。

相比之下，樂觀者單純、樸實多了。他容易信賴別人，也願意涉入險境。但他也能察覺別人的惡意或缺點，只是他不願將之視爲障礙而猶豫不前。他相信每個人都有優點，並努力喚醒別人的優點。

悲觀者躲在自己的殼裡面，甚至不願聽取別人的意見，認爲別人都具有危險性。相反的，樂觀者關心別人，讓別人暢所欲言，給別人時間，觀察對方的所作所爲。如此便能夠了解每個人的長處、優點，因而得以團、領導眾人，共同朝某個目標邁進。卓越的組織者、優秀的企業家，都必須具備這種特質。

此外，樂觀者也比較容易克服困難。因爲他會積極尋找新的解決問題方法，在很短的時間內就把不利的條件轉變成有利的條件。悲觀者則會因爲一下子就看到困難而心生畏懼、退縮不前。其實在很多情況下，只需要一點想像力，情況就會完全改觀。

訓練競爭能力

1. **在工作中磨練自己：**「不進步，就退步」。一個人各方面能力的磨練，都可以做如是觀。商人在工作上所受到的磨練往往是多方面的，所以他們常識的豐富，遠非一般從事專門工作者可比。如今一般畢業生，多半投入商業，雖然用非所學，他們卻在工作中得到磨練。

2. **適時抓住機會：**經營商業，在一百年以前，被認為是不高尚的事，但時至今日，跟著世界文明的進步，各國的商業都已呈突飛猛進之勢，其地位之重要，已占全部行業的第一把交椅。要從事商業，一個知識廣博、經驗豐富的人，遠比那些庸庸碌碌的人容易獲得機會。當然，在事業經營之前，能夠準備得越充足越好，經驗積蓄得越多越好。一個初入社會的青年，當他的地位逐漸升遷時，他一定有不少機會，可以從各方面學得一件事情的精髓。如果他能抓住這些寶貴的機會，他遲早必會獲得成功。有位商業界的先輩說：「我的職員，沒有一個不是從最基層依次升遷的。俗語說『有益於職務，就是有益於自己』。任何青年，如能在開始服務時就記住這句話，他的前途一定是充滿希望的。凡經我們考試及格而任用的青年，只要自己肯上進，都不難逐步獲得良好的位置。」

3. **不能淺嘗輒止：**一個熟悉商情、經驗豐富的青年，在商業界裡，無處不可立足。那些企業家隨時都在向各處訪求勤勉刻苦、敏捷伶俐、意志堅強的育年。因為這種人，一旦到手，必千方百計地求得完美，求得發展，求得成功。一個初出茅廬的年輕人，對於商業情形，必須隨時體察，處處注意，必須研究得十分透徹才好。千萬不可粗忽疏失，學得一知半解就罷手。須知雖小至微塵，也應仔細觀察，雖千辛萬苦，也應努力經營，這樣一來，一切中途的障礙，無不可以一掃而盡。

4. **要有不畏險的勇氣：**我們隨處可以看見許多青年人，做起事來，都喜歡避繁就簡，對於其中麻煩、困難、乏味的部分，隨意趨避，不願接觸。好像那些打算占領敵人陣地的士兵，卻不願麻煩手腳去破壞敵人的炮台，結果，必然被敵人轟得東躲西竄、無處安身。所以一個希望獲得成功的人，必須不分巨細，悉數決心征服，不畏艱險，勇往直前去做才行。這裡有一句很好的格言，可以寫在無數可憐的失敗者的墓碑上：「只因沒有好好地準備，所以糊裡糊塗地失敗。」有些人，雖然很努力，但因他們事先沒有準備妥當，因此，不得不大兜圈子，以致一生都走不到目的地，達不到成功的境界。

5. **做事要用心：**西班牙有一句俗語說：「人在心不在，穿過樹林不見柴。」這句話說得真是十分確切。有不少人，對於眼前的事物，往往不知不覺。即使有人在一家商店裡已經服務多年，對於經商營業仍是一個門外漢，原因是他們做事總是睜一隻眼、閉一隻眼，從不留心任何與他接觸的事物。但那些精明幹練的青年只需做上兩三個月，對於店中大小事物就瞭若指掌了。

6. **不斷充實自己：**有些青年人，對於自己的工作能力隨時都在磨練，任何事他都要做得高人一籌。他總是睜大眼睛望著一切接觸到的事物，務必觀察思考得完全明白才甘休。他無時無刻不抓住機會學習、磨練、研究。他對有關自己前途的學習機會，看得非常重要；遠在財富之上。他隨時都學習工作的方法和待人的技巧。一件極小的事情，在他眼裡，總覺得有學好的必要。對於任何方法，他都要詳細研究考慮，探求成功的奧秘。當他把這許多事情都一一學會之後，他所獲得的，比起有限的薪水，真不知要可貴多少。他的工作與趣，完全繫於學習與磨練上。那些才智卓越的青年，一定會利用晚上的閒暇時間，把白天所見所聞所思考的工作方法與應對、技巧從頭研究一番。這樣一來，他所獲得的益處，真比白天工作所得的薪水多多了。他很明白，這些學識是他將來成功的基礎，是人生的無價之寶！

時常給自己「充電」

當今時代，科學技術突飛猛進，發展速度令人咋舌。在資訊爆炸的今天，每一個從事商業經營的人員，不僅要提高自己的科學技術水準，更重要的是還得提高自己的素質和修養。

從孔子的「知者利仁」說中，我們可以認識到，知識、文化是一種不可多得的社會資源，更是一種不可多得的商業資源。隨著整個社會的消費水準和消費品位的不斷提高，人們越講求商品中的文化含量，講求情調，講求新奇，講求精神的享受。因此一種溫馨的文化推銷在一些大中城市的商場中誕生了。如今很多商場人士都在經營策略上打破常規，把做生意的功夫大多下在了「生意」之外。同時，人生在世，要想作出一番事業，有所成績，找到自己在社會上的位置，就應該掌握一門技藝。這種技藝無論是做工、務農、經商，都應精益求精，才能適應目前科技不斷發展、競爭日趨激烈的現實。求精的辦法只有苦鑽硬學，既需要繼承傳統程式，又需要根據新形勢的要求創新發展，這對於處在市場競爭中的商業經營者更屬必須。

孔子將多才多藝作爲學習所追求的目標，也作爲理想人格的重要內容。他說：「君子不器」，意即有文化、道德修養的人，學問很廣博，不像器皿只限於一種用途。他又指出：「工欲善其事，必先利其器」。具有各方面的文化知識，對從事商業活動大有裨益。被譽爲「財神」的范蠡，人稱他「上通天文，下通地理，三教九流，無所不曉」。「通天文」即掌握時令季節，適時組織貨源供應市場；「通地理」即掌握各地物產，商品流通管道、運輸管道和消費等情況；「通三教九流」即摸清社會各類群體、顧客的心理、習俗和需求。正是這些廣博的知識和實踐經驗，使范蠡成爲我國歷史上有名的「一擲千金」的富翁。

時代發展到今天，絕大多數的商家都認爲：掌握豐富的生活知識和專業技術，對於經商活動是多麼重要。他們越做越覺得買賣裡頭有很深的學問，越做越覺得自己需要提高。要做好購銷工作，就得懂經濟學、社會學、市場學、商品學。要增進效益，使資金周轉靈活，把企業搞活，還得懂經濟學、數學、物價學、企業管理學。只要你掌握了應該掌握的學問和知識，何愁你的生意不發達呢？

李嘉誠．金言

科技世界深如海，正如曾國藩所說，必須「有智、有識」。當你懂得一門技藝，並引以為榮，便愈知道深如海，我根本未到深如海的境界，我只知道別人走快我們幾十年，我們現在才起步追，很多東西要學習。

知識能決定商人的命運

對於超人李嘉誠的成功，人們總是在問：「他靠的是什麼？」李嘉誠擁有巨大的商業王國，如何掌控和管理這個王國？如何推動這個王國持久前進？對於這個管理學上的尖銳問題，李嘉誠一句話：依靠知識。他毫不猶豫地告訴年輕人：知識決定命運。「知識」在他心目中所占地位由此可見一斑。

李嘉誠每天晚上睡覺之前都要看書，有人問他前一夜看的是什麼書，他回答，我昨天晚上看的是關於資訊科技前景研究的書，我相信這個行業發展會非常快，未來兩三年裡，電影、電視都可以在小小的行動電話中顯示出來，我比較喜歡科技、歷史和哲學類的書籍，最近對網路資訊也比較感興趣。但是好讀書的李嘉誠表示，自己從來不看小說，娛樂新聞也從來不領略。這是因爲他從小就要爭分奪秒搶學問。

李嘉誠說：我年輕時沒有錢和時間讀書，幾個月才理一次髮，要搶學問，只能買舊書，買老師教學生用過的舊書，長大了也沒有時間去看言情小說、武俠小說，不過，我是喜歡歷史的，小時候讀書歷史都拿高分的。

李嘉誠說：在知識經濟的時代裡，如果你有資金，但是缺乏知識，沒有最新的訊息，無論何種行業，你越拚搏，失敗的可能性越大，但是你有知識，沒有資金的話，小小的付出就能夠有回報，並且很可能達到成功。現在跟數十年前相比，知識和資金在通往成功路上所起的作用完全不同。李嘉誠強調：知識不僅包括課本內容，更包括社會經驗、文明文化、時代精神等整體要素。

李嘉誠・金言

終身追求扎實的知識根基、比別人更努力進取、付出更多是基本原則，要非凡出色，你必須培養及堅持獨立的探索及發現精神。

李嘉誠金言

◎保留一點值得自己驕傲的地方，人生才會活得更加有意義。

◎我生平最高興的，就是我答應幫助人家去做的事，自己不僅是完成了，而且比他們要求的做得更好，當完成這些信諾時，那種興奮的感覺是難以形容的……。

◎精明的商家可以將商業意識滲透到生活的每一件事中去，甚至是一舉手一投足。充滿商業細胞的商人，賺錢可以是無處不在、無時不在。

◎世界上並非每件事情都是金錢可以解決的，但是確實有很多事情需要金錢才能解決。

◎身處在瞬息萬變的社會中，應該求創新，加強能力，居安思危，無論你發展得多好，時刻都要做好準備。

◎決定一件事時，事先都會小心謹慎研究清楚，當決定後，就勇往直前去做。

◎年輕時我表面謙虛，其實內心很驕傲。為什麼驕傲呢？因為同事們去玩的時候，我去求學問；他們每天保持原狀，而自己的學問日漸提高。

◎終身追求扎實的知識根基、比別人更努力進取、付出更多是基本原則，要非凡出色，你必須培養及堅持獨立的探索及發現精神。

◎不能自欺地認為自己具有超越實際的能力，系統性誇大變成自我膨脹幻象，如陷兩難深淵，你會被動地、不自覺地，步往失敗之宿命。

◎投入工作十分重要，你要對你的事業有興趣；今日你對你的事業有興趣，工作上一定做得好。

◎不要嫌棄細小河流，河水匯流，可以成為長江。

◎財富能令一個人內心擁有安全感，但超過某個程度，安全感的需要就不那麼強烈了。

◎有錢大家賺，利潤大家分享，這樣才有人願意合作。假如拿十%的股份是公正的，拿十一%也可以，但是如果只拿九%的股份，就會財源滾滾來。

◎我的一生充滿了挑戰與競爭，時刻需要智慧、遠見、創新，確實使人身心勞累。但綜觀一切，我還是很高興地說，我始終是個快樂人。

◎我開會很快，四十五分鐘。其實是要大家做『功課』。當你提出困難時，就該你提出解決方法，然後告訴我哪一個解決方法是最好。

◎當你賺到錢，到有機會時，就要用錢，賺錢才有意義。

做事

一個聰明機智的人，一個做事有板有眼的人，一個養成一身良好的習慣、消除了事業障礙的人，一個虛心勤奮肯於鑽研的人，必定會在人生、事業的道路上步步走高，從而擁有很好的前程。

這就是李嘉誠成功做事的奧秘。

第六章
締造自己的成功網路

在「圈子」裡生存

一個鮮活的生命不應該是一個孤立的存在，他應該生存在一個圈子裡。

一個人走向社會，建立起的朋友圈子和往水庫裡放一瓢魚苗一樣，是不會輕易離散、輕易打破的。

生物學家發現，往水池中放魚苗時，如果一瓢舀十條魚，這十條魚從放入水池到長大被捕捉時為止，是不會輕易離散的。如果是一百條，那麼只要牠們不死，就始終生活在一起。如果是三條，那麼這三條將自始至終生活在一起。牠們既不輕易吸收其他魚進入這個生活圈子，也不會有任何一條魚輕易脫離牠自己的生活圈子。人在這方面也具有與魚類相似的集群性。

一個青年人走向社會後，在三五年內便會建立一個朋友圈子。這個最初建立起來的朋友圈子將是他一生交往和主要活動的範圍，即使有人偶爾脫離了這個生活圈子，不久還會再回到這個圈子中來。

對於魚類來講，牠們只有相依為命才能共同去進行一生的探險，牠們對任何外來的魚類都保持著高度的警惕和不信任。

與此相似，青年人從學校、家庭這個小環境進入社會這個大環境，像魚苗從桶內放入水庫一樣，在社會這個神秘莫測、險象環生的海洋中，他必須找到一些夥伴來共同進行人生的探險。同時，按照物以類聚、人以群分的原理，每一個人在建立朋友圈子時必然帶著一定的特點和傾向性。因此，他選擇朋友一般都適應他的基本情況，這種朋友圈子有高的標準，也有低的標準。低層次的所謂棋友、牌友、酒肉朋友；高境界的則是憂國憂民的志同道合之士，如歷史上的桃園三結義、梁山泊英雄、瓦崗寨好漢、竹林七賢、東林黨人等。這種圈子經過三五年的生活考驗後便基本穩定下來。這個穩定下來的朋友圈子就好比一瓢魚兒。他們之間的優點、缺點、生性、脾氣、品質、情操等，彼此都十分了解。自己有了困難，知道圈子裡的人會幫助他，別人有困難自己也會盡力幫忙。在朋友圈子裡，平時吵吵鬧鬧、磕磕碰碰、爭東奪西的現象也是經常發生的，但決不像圈外人一樣記仇，一般過後很快就會相互諒解。即便爭執激烈，說了一些過頭的話，但說者是姑妄說之，聽者是姑妄聽之。如果有言行損害了圈子裡朋友的利益，一般會有人出來說公道話的。如果損害很嚴重，那人便會被大夥兒趕出圈子之外。這個被趕出圈外的人就像離群孤雁狼狽不堪。因為人們大都知道他被趕出圈子的原因，其他圈子也很難接納他。

這個圈子一旦形成，即使有人出人頭地，有人一文不名，也不影響圈子的牢固性。社會地位很高的人仍然喜歡和圈子內社會地位很低的人親密交往。他們會把圈子內社會地位很低的朋友看得比圈外工作中的領導和社會地位很高的人更重要。因為在朋友圈內沒有世俗的高低貴賤之分，在朋友圈子裡衡量人的標準是品德和才能。政治經濟地位低下的人只要品德高尚，在朋友圈內也不受歧視。政治經濟地位很高的人品質低下，在朋友圈內也不受尊敬。

一個人愛護自己朋友圈子的整體利益應像愛護自己的眼睛一樣，珍惜朋友之間的友誼應像珍惜自己的生命一樣，損害朋友圈的利益就像挖掉自己身上的肉一樣，背叛、出賣、矇騙圈內朋友則無異於自殺。

互相幫忙

雖然說在這個世界上，誰離了誰都能活，可不能否認的是，失去或者乾脆就不擁有某些人的幫助或合作，生活的品質就會大打折扣。

在這樣一個越來越獨立的時代，人與人之間變得有點冷漠。住在同一層樓的鄰居一年幾乎都不打一聲招呼，整天工作在一起的同事也就僅限於問候一聲：「你好！」或者就在家裡獨自辦公，大有老死不相往來的架勢。

於是，醫院的病歷上開始署明「高樓綜合症」、「自閉症」之類，我不知道那藥方裡都有什麼，但我猜那都是從國外進口的一些治療精神病的藥物。你說這是何苦呢？見面彼此投以燦爛的微笑，工作學習時相互支持，這是多好的事情，何必非要把自己和精神病人歸於一類。可是生活中偏偏就有人覺得單槍匹馬是勇敢，求人幫忙是懦弱，更有人覺得超過別人就得不擇手段，陷害他還陷害不過來呢，還跟他談什麼合作？這類人簡直都不如動物了。

說這些話絕沒有批評獨立的意思，因為一個人終歸得靠自己，重要的事情別人大都幫不上什麼忙。比如說找工作，如果你的能力實在太說不過去，即使把親戚朋友都調動起來，也非常令人為難；比如說做生意，親兄弟尚且得明算帳，你光靠朋友支撐，自己毫無作為，也終究不是一回事兒。但是，生活中有很多事情都是非常偶然的，你說不清哪一天就用著誰了。比如說當今被人們稱為資訊時代，有朋友自然就有資訊，網際網路再包羅萬象，也不能把天南地北的動態都提供給你，更何況它提供的對你來說也不一定有用。而你曾經覺得八竿子也打不著的什麼人可能就幫了你的大忙。你能說這是巧合嗎？

所以，聰明的人善於把自己的能力和朋友的幫助結合起來：一方面，自己有過人的本領；另一方面，又深諳合作的意義，各方面都有朋友，自己又足以令人尊重，威信自然就漸漸建立起來了。不要擔心別人進步了會傷害自己，只要你足夠強大，並妥善處理好周圍的事務，團結只能給你提供力量。你可以把它看作是自己成功的奠基石。

及早編織事業上的關係網

精於戀愛之道的人大都懂得這樣一個金言，那就是「普遍撒網，重點捉魚」。此法是提高成功率，增加「總產量」的不二法門。

商界金言：「一流人才最注重人緣，」又說：「擦肩而過也有前世姻緣。」因此商界中最重人際關係。

「一流人才最注重人緣」，其實這句話的反面應該說：「最注重人緣的人，才能成為一流人才。」

確實，人緣是很微妙的東西。我們在世上的一舉一動，所接觸的大人物或小人物都很可能變成日後成敗的因素。而世間密密麻麻地結著人緣的網，我們每一個人都生活在一個個的網目之中，攀緣著網絲可以和許多人拉上關係。假如你能和這麼多人建立良好的人際關係，使他們成為在事業上幫助你的朋友、在生意上照顧你的顧客，相信你的事業一定非常成功。

因此你結的網越多、越堅固，等於你有一筆無形的巨大的財產。因此，希望做生意就一定要儘快建立人際關係。

人際關係亦即人緣，這種東西是自己要創造的，並不會從天上掉下來的。如果太客氣、太害羞、太內向，將失去許多和人接觸的機會。還有，有了一點人緣，仍要努力加以擴大，加以活用，使得生意著實地向前發展。

當你在公司上班的時候，只要運用組織力量，擴大、運用公司的人際關係，就可以使業務進展。公司職員在公司上班等於是在母親懷中的嬰兒，處處在父母的愛護下成長。等到長大成人要自立門戶的時候，就再也不能依賴父母。父母親若遺下一些人際關係讓你運用當然更好，如果沒有，那就得重新創造自己的人際關係才能在社會上生存下去。

因此人際關係是自立開業最重要的課題，生意能否成功，人際關係的好壞很可能是決定性的因素。那麼如何建立人際關係呢？

敢於和人接觸當然是最基本的，但並不是只要能說善道就夠了，最重要的是要在朋友之間，在此後所交往的人之間，在所有認識的人之間，建立一個「信用可靠」的印象。「信者得賺」，不但要讓朋友信任你，而且要讓顧客信賴你。

李嘉誠．金言

假如今日沒有那麼多人替我辦事，我就算有三頭六臂，也沒有辦法應付那麼多的事情，所以成就事業最關鍵的是要有人能夠幫助你，樂意跟你工作，這就是我的哲學。

結識陌生人的方法

相傳袁世凱有個特殊的本領，無論何人，只要他見過一次面，當第二次相見時即能說出對方的姓名。某學者與袁氏曾有一面之緣，某次因事到「總統府」拜訪袁世凱，袁氏出來便直奔某學者，握手稱某先生。當時座中候見的客人很多，但是袁氏特別器重這位學者，破例親自來請他入室相見。對於袁氏能認得第二次見面的客人，大家認為是奇蹟。當然這是袁氏的記憶力異於常人的緣故，究竟有何特別方法，就不得而知了。

若能夠記牢對方的姓名，最容易讓對方產生良好印象，這種本領，在交際場中大有用處。對方對你十分熟悉，你偏叫不出他的姓名，雖然可以用含糊的方法敷衍過去，但心裡終究覺得不安。有時因為地位的關係，你應該先招呼他，而他卻不便先招呼你，你如記不起他的姓名，不去招呼他，他會誤認你是自大傲慢、目中無人，這就不妙了。所以你要在交際場中占有優勢，熟記對方的姓名，是一件必不可少的功夫。

有的老師之所以能夠在初次見面就叫出學生的姓名，其實並沒有什麼神秘方法。他是預先做一種別人不肯做的功夫，就是把學生的照片反復辨認，把許多相片，作為一本有趣味的新書讀，連續幾天，把所有的照片都全部讀熟，每個人的面貌，都印入他的腦子裡，像普通熟人一樣，所以一見如故，不待問明姓名便可很自然地叫出對方姓名，使對方不由得大吃一驚。但是普通人通常不肯下這種煩瑣而乏味的功夫。你要熟記陌生人的姓名，從照片上認識相貌，同時與姓名一齊熟記，是容易辦到的事。比方有一張團體照片，你有意熟記照片上的人，相信每天只要花十分鐘功夫，不到三五天就可以完全認識。國家的領導、世界有名的人物，凡是看見過幾次他的照片的，誰都能指出這是某人、那是某人。這樣看來，熟記陌生人的姓名，不是很平常的事嗎？

如果你所遇見的人，沒有照片，那麼預讀照片的辦法便無法應用了。這時你不妨用見面的機會，細細辨認一下，他的身體有什麼特徵，比方身材特別高，是個彪形大漢，這是特徵；身材細長，像個電線杆，也是特徵；雙目明亮，或細如鼠目，也是特徵；口特別大，鼻子特別高，也是特徵；頭上禿頂，也是特徵；走起路來，一拐一拐，還是特徵；雙耳招風，同樣是特徵。人都有特徵，有的人其特徵還不止一種，你把他的特徵作為新奇事物看，同時與他的姓名連在一起，在短時間內一再反復辨認，就自然會記得很熟了。

不過還有一點必須注意，在做辨認功夫時，態度必須自然，不要顯出正在辨認的神情，使對方察覺。這當然也要有相當的聰明，雙目盯牢、端詳不已，就有失禮數。尤其是對於女性，這種動作就足以使對方面泛紅暈、局促不安了。

結交名流的好處

要與一流人物交往，以便促使自己也成為一流人物。

在自己所處的環境裡，能與站在頂點地位的一流人物交往，並學習其觀念、優點、做法，才能引導自己向上。名流中固然有名不符實者，但畢竟大多數人確有本事和才能，倘若能吸取他們經驗和觀點中的精華，對你的生活和工作必將大有助益。而與那些遠不及自己的人往來，最後很容易使自己落到那些人之後。

結交名流也可能獲得更切實的幫助。如果你立志在商界闖出名堂來，首先就要想辦法接近商界名流，與其交往，建立起良好的信賴關係。一旦與你建立了信賴關係，他就會考慮：「替這個人找個機會造就人才吧。」如此一來，你的命運可能會大獲改觀，甚至可能一層層地脫胎換骨，一步步走入名流社會。可能你還沒有真正認識到，有名的人往往有深遠的影響力，一句贊許的話就可能使你受益良多。

在心理學上有一種「趨勢」心理，就是結交、崇拜、依附有名望者的心理，這種心理絕大多數的人都有，只是程度不同而已。它反映在人的心理上便是希望提高自己的社會地位，平等地與名人交往。

有一個著名的公關專家曾經說過這樣一段話：「要發展事業，人際關係不容忽視。費心安排的話，人際關係便能由點至面，進而發展成巨樹。有了巨樹我們才能在巨樹的大蔭下休息，坐享利益。社會地位愈高的人，在拓展事業的時候人際關係愈是重要。但是總不能因此就拿著介紹信要去拜會重要人物。就算登門造訪人家也未必有時間見你，因為執各界牛耳的人物，通常都排有緊湊的日程表，即使見面，大概頂多也不過五分鐘、十分鐘的簡短晤談，無法深入。所以，製造與這些人物深入交談的機會，非得另覓辦法不可。」

而另一位著名的企業家卻通過「十年修得同船渡」的方法結識許多社會名流，他的經驗是：「在每次出差的時候，我都選擇飛機的頭等艙。一個封閉的空間，不會有其他雜事或電話干擾，可以好好地聊上一陣。而且搭乘頭等艙的都是一流人士，只要你願意，大可主動積極地去認識他們。我通常都會主動地問對方：『可以跟您聊天嗎？』由於在飛機上確實也沒事可做，所以對方通常都不會拒絕。因此，我在飛機上認識了不少頂尖人物。」

知道結交名流也是人之常情，你就無須畏縮，只需要拿出勇氣和智慧來，與名流交往、溝通，不斷地從內在和外在兩方面一起提升自己，一步步邁入名流行列。

不可錯過的聚會

想要廣泛擴大「交友網」，積極地接受對方的邀請是會有很多益處的。在宴請的酒席上，或許有機會見到對方的許多朋友，對方的朋友就很可能在喝酒的過程中成為自己的好朋友。

「怎麼樣，今晚去喝幾杯？」交際中對方打電話過來邀請時，即使你已喝得根本不想再喝了，也應該愉快地應邀。只要沒有特殊的情況，就應該回答對方：「沒問題，我一定去！」你的行動的快慢可以把自己的誠意傳達給對方。

晚上有一場精彩的棒球比賽。A君正想著晚上一飽眼福，結果朋友B君打來電話，邀請A君到大飯店餐廳一聚。A君感到為難，但還是爽快地答應了對方。

去大飯店餐廳喝酒的還有B君的其他幾個朋友，其中包括年輕貌美的金小姐。A君的座位恰好挨著金小姐，兩人在酒席中談得非常投機。恰好金小姐也是個球迷，她託她的母親為她錄了今晚的比賽，並邀請A君到她家看比賽的錄影。A君爽快地答應了，並約好了時間。

後來兩人的關係順利向前發展，最終結成了伉儷。如果當B君邀請A君時，A君一味地考慮這次酒宴對他沒有什麼現實的好處，他就有可能放棄應邀。而社交的妙處並不在於它能一下子給你什麼東西，而是在於它總能夠給你提供這樣那樣的機會。

當對方邀請你去他家做客的時候，接受邀請的同時要問清對方自己什麼時候去合適，然後按時赴約。

像上述的事例中，如果A君當晚就跟金小姐去她家看錄影，恐怕他們之間的緣分也就只到朋友為止啦。

當朋友對你說：「這幾天來家裡玩吧，請你吃飯，怎麼樣？」你應該確定一下時間：「下個星期天去打擾如何？合適嗎？」然後在約定的這天去拜訪並表現出由衷的高興，那麼對方一定會感到你是從心底裡信任他的。其實社交成功與否往往在你的一念之間，懂得了應邀的奧妙，你和對方的關係就會非常順利地向前發展，甚至成為一生中難得的知心朋友。

和上司、前輩或年長者一起去喝酒、用餐的時候，一般是他們掏腰包請客。但是，即使是上司、前輩或年長者，他們的錢包不見得比你的鼓多少，所以對方請客後，你理所應當要說聲：「謝謝您的款待！」

那麼，有時你也應該自己掏錢請他們的客，這時你應該懷有這麼一種心情：就算費點錢，但能夠聽到他們寶貴的經驗之談，也是值得的。

無論哪一種交際，相互邀請是一基本原則。但如果不分時間、場合，只知道應邀喝酒的話，那麼這種人的品行就顯得太低劣了。時刻牢記這一點：為了加深交際，要心甘情願地掏自己的腰包。

我們不反對應邀時帶著目的性，但是一味地以經濟性的目的來判斷應邀，則顯得勢利了，這樣沒有多少人情味的人一般是不大受歡迎的。

製作記錄完整的聯絡簿

服務業一定備有客人名冊——聯絡簿。因為要吸引客人經常上門，生意才會興隆。像某些高級俱樂部則專門招待會員，一般的客人還不能光顧。

吸引固定的客人經常上門是經營的主要任務。除了隨時充實硬體設備，以更新更好的條件來吸引新客人上門，並使老客人不致生厭之外，還需要更積極地採取業務活動。業務活動的主要依據就是客人名冊。

客人名冊的內容包括：姓名、年齡、出生年月日、地址、電話、學歷、工作、職位等共同部分，另外還可能包含本人的嗜好、專長、收入狀況、經歷、人際關係、政治立場、個人性格等個人背景。

這本名冊的內容是愈精細愈好。在擬定業務方針的時候，必須依據這本名冊歸納出客人的類型及特徵，然後針對這些客人的需求設計出獨特的營業方式。街上相同類型的店家比比皆是，客人為什麼要選擇光顧自己的店鋪，這一定是因為自己的營業方式能夠吸引客人。這不是光靠親切的服務，或是美女如雲就可以了。

此外，利用特別的紀念日寄贈卡片或禮物，也是吸引顧客的方法之一。名冊上詳細記錄了顧客的生日、結婚紀念日及其他對他個人具有特殊意義的日子，利用這些日子贈以別出心裁的禮物來表示心意，必定能夠讓客人留下深刻的印象。

沒有完整的客戶名冊，就很難作出有效的業務對策，如此別說是難以拓展業務，就是要保持原有的顧客也難。

朋友交往也是一樣，留心地記錄下和對方有關的各項事項，針對朋友的需求及特質修正自己的態度及方法，這樣才能有效地處理好人際關係。能打動對方的周全的準備則需要完整的情報，聯絡簿就是情報的記錄，有完整的聯絡簿才能發揮完整的交際手腕。

讓「另一半」成為後援

你的另一半可能是你商業生涯的後援和支持者，也可能是阻礙破壞者。即使是後者，你也同樣可以從她那裡獲得幫助。

每個成功的人後面都有一個成功的男人或女人。這句話具有很深刻的道理。不可忽視「另一半」對你的經營才能的影響。有一位合作的另一半幫助你，會使你的經營走向更大更快的成功。一個「討人喜歡」的另一半，可能是你的商業之旅的有力支持者。而一位不合作的另一半，可能是你的生意場的一個破壞者，她甚至有可能使你成為一個庸碌無為的失敗者。

因此，你必須看一看你的另一半到底是不是一個合作者。就讓我們一起想個辦法來評價一下你的另一半吧。記住，當你的另一半在被你評估時，你也是在評價你自己。坐下來，拿出紙和筆，盡可能坦誠與客觀地對下列問題作出回答：

你的另一半在見你的老闆和你的商界熟人時是否感到不自在？

你能信賴你的另一半扮演即興男／女主人嗎？

你的另一半在你說明：你得出發去搭下班飛機到外地時，會持體諒和支持的態度嗎？

你的另一半鼓勵你做出有關你的生涯的重大決定嗎？不論決定是對是錯，他／她會支持嗎？

你的另一半像一塊問題「共鳴板」般對你有利嗎？

你的另一半採取積極的行動提升你個人的公眾形象，尤其是在他／她接觸到的「重要人士」那裡，她會這麼做嗎？

作完了這個測驗，看你得出的結論是什麼，你的另一半到底是你商業生涯的後援支持者還是阻礙破壞者。如果你的另一半是你個人生涯的後援支持者，你應當感謝上蒼，你有了一個能真正幫助你的人，你的事業會更容易獲得成功，向你的另一半表示感謝吧！

如果你沒有那麼幸運，他／她不是一個後援支持者，甚至是一個阻礙破壞者，你則需要儘快學會讓你的另一半變成一個你職業生涯的支持者。

領導者的素質是可以培養的。一個本不具備某項技能的人，經過認真的學習，也是可以具備這項技能的。一個成功的生意人會很注意培養自己的經營感覺。他會不斷尋找新的工作技巧增進自己的商業才能。他不是僅僅在一天八小時的工作中注意學習，而是把經營感覺的培養變成了二十四小時的工作。他注意選擇自己接觸的人，保證自己在工作之中和工作之外接觸到的人都有利於自己培養領導素質和經營感覺。他的另一半自然也不會例外。

正如前文所述，並不是每一個另一半都有利於經理人的經營感覺的培養。有的另一半是有力的商業生涯後援者，而有的另一半則是商業生涯的破壞者。如果你的另一半是前者，你就要多多從她那裡汲取營養，讓她走進你的培養環境。如果你的另一半是後者，就設法改變她，使她變得更像前者，然後也讓她進入你的培養環境。

一個另一半如果是你的商業生涯後援者，他／她會扮演迷人男／女主人的角色，即使有時會為她帶來不便或痛苦。喜歡接觸人又天生愛社交的另一半將無可估量地增加她丈夫的衝勁。

一個另一半如果是商業生涯後援者，就會讓主事者主其事。經理人員不只是管理他自己的工作和他的員工，他還要管理自己的生涯，肯奉獻的另一半常對丈夫能力表示出讓他得意的看法。在她看來，他任何事都能做得比別人好。

如果你的另一半野心太大，你就會陷入危險狀況，另一半會變成後座經理。他／她會擴大「生涯成長規模」直到超出了它該被擴大的地步。你另一半所採取的最健康、正常的策略是認真而又有智慧地對你說：「親愛的，我不太了解這件事，我對你的能力有信心，因為你一直在做那工作。若是你認為可以因為改變而有更好表現，我永遠支持你。如果你決定留下來，那也很好。但是作決定的是你自己，因為只有你夠格評估這些因素、決定你自己的選擇。」

你另一半若是有技巧又體諒的「共鳴板」型的人，要為自己感到幸運。當你心情變化時，將那雙有同情心的耳朵物盡其用。若較好的另一半是個天生「顧客」，就要她提供關於房子、孩子及你社交生活的勸告，但絕不要扯上你的工作。

你的另一半可能會成為最佳的「公關人員」。為提升你的公關地位，他可以想盡各種辦法。總之，你的另一半能成為你的生涯的後援，助你步入成功，好好地利用吧！

吸引優秀的合作者

在多數的情況下，想成功，必須仰賴合作者的幫助。與你合作的人越多，你的運勢就越旺，如果你又能正確地選擇對你有幫助的人，成功必定指日可待。

存在於你和合作者間的，不是利害關係，而是「友誼」「相互的尊重」。

其次，不可對合作者的才能持過高的期望，或強求合作者具備他所沒有的才能。每個人都有其擅長和不擅長的部分。如果一味要求對方達到你的標準，不管對方是否有能力做到，只知要求，不知體諒感恩，甚至斥責對方、貶損對方，不但於事無補，還會使人心背離，失去優秀的合作者。

不過，如前所述，有些合作者是為了自己的利益才接近你的，對於此類偽合作者，一定要小心防範。

雖說如此，卻不能因此對所有合作者都持懷疑的態度。合作者的能力雖有高低，但對你有害的「有心人」，畢竟只是少數，切莫一竿子打翻一船人。

如何才能具備吸引合作者的魅力呢？其實一點也不難，只要學會下列三項秘訣，你就能成為別具魅力的人。

1. **給予金錢的利益：**切莫輕視利益的重要性，因為利益是吸引合作者助你一臂之力的要素，但是，過分重視利益也會破壞友誼的純度。不給對方利益，會毀損你的魅力；給太多則可能適得其反。這之間的尺度，就靠你自己去掌握。
2. **滿足情感的需要：**所謂情感需要，主要是指友情、彼此的夥伴意識。滿足對方對友情的渴求，對方自然樂意助你一臂之力。
3. **提高自我重要感：**在提高自我重要感方面，要明確地讓對方知道，你多麼需要對方的幫助，而且除了對方沒有人有能力幫助你。這樣能大大地滿足對方的優越感，樂意為你效犬馬之勞。

如能將上述三項秘訣銘記在心，你便會散發出無比的魅力，吸引優秀的合作者向你靠近，助你邁向成功之路。

最大的資產是信譽

李嘉誠的良好聲譽和穩健作風，使他成為著名國際公司的合作對象。他總是能夠洞燭先機，利用各種機會與客戶建立長期的互惠關係，而不向短期暴利著眼。李嘉誠除了與客戶建立平等互利的商業關係外，還十分重視與客戶保持真摯友善的個人關係，從而使雙方獲得深切的了解和緊密的合作。

幾年前，李嘉誠決定把他所持有的香港電燈集團公司股份的十%在倫敦以私人方式出售。在計畫進行的過程中，港燈即將宣佈獲得豐厚利潤的消息。因此他的得力助手馬世民馬上建議他暫緩出售，以便賣個好價錢，可是，李嘉誠卻堅持按照原定計劃進行，李嘉誠很認真地說：「還是留些好處給買家吧！將來再有配售時將會較為順利。而且，賺多一點錢並非難事，但要保持良好的信譽才是至關重要和不容易的。」對於這一點，《遠東經濟評論》的評論家曾經非常精闢地說：

「有三樣東西對長江實業至關重要，它們是名聲、名聲、名聲。」

在加拿大投資赫斯基石油之後，李嘉誠的名字在加拿大已家喻戶曉，一些與李嘉誠合作的香港乃至國際上的大財團首腦都高興地說：「我們都很信賴李嘉誠，李嘉誠往哪裡投資，我們就往哪裡投資。」財富是成功的試金石。

李嘉誠由一個貧窮的少年到成為世界級巨富，他的成就的取得可以說是必然的。這種成功的必然，在於他一直擁有銳利而長遠的目光；他開朗的性格；豁達豪爽，義字當頭的氣概；待人以誠、執事以信的品德；對問題深思熟慮後、迅速作出果敢決定，並鍥而不捨地去實施一切計畫。無論是過去還是現在，李嘉誠身邊的人們總是異口同聲地說：「他有先知先覺的判斷力，超人的魄力和幹勁，極強的進取心。他今日的成就，全部都是由自己的雙手和頭腦創造出來的。」

李嘉誠的發跡靠的是『誠』，李嘉誠最大的資產也是『誠』。

李嘉誠・金言

一般而言，我對那些默默無聞，但做一些對人類有實際貢獻的事情的人都心存景仰，我很喜歡看關於那些人物的書。無論在醫療、政治、教育、福利哪一方面，對全人類有所幫助的人，我都很佩服。

第七章
成功者都是樂天派

訓練自我放鬆

「放輕鬆，其實每個人都會心痛……灑脫不會永遠出現在你的天空……放輕鬆，放輕鬆……」許多人都熟悉這首歌，也傳唱這首旋律輕鬆的歌曲。但若被問及「放輕鬆的意義何在」和「怎樣放輕鬆」時，卻很少有人能夠輕輕鬆鬆地說明白其中的道理。在生活節奏日趨加快的今天，倍感壓力的現代人多麼渴望自己能夠在緊張繁忙的學習、工作中鬆弛身心、減輕壓力！而事實上卻沒有多少人能夠如願以償，大多數人依然為生活所累，終日疲憊，困惑不已。人們欲鬆弛身心而不可得，因為他們沒有深入思考過應該怎樣放鬆自己。

如果問及同事或親友，問他們對鬆弛身心含義的理解時，你得到的答案多半如出一轍，他們會下定義如是說：「鬆弛身心是人們計畫中將來某一天（開始）要做的事情，比如你可以在假期裡履行你的計畫，到時候你可以到海濱度假，躺在吊床上乘涼、臨風微擺；當你退休後，你就已經做完了所有的工作，那時可選擇的餘地就更大了，打牌、看書、逛街或外出旅遊……」可見，人們對如何鬆弛身心的看法都很具體，遺憾的是不全面——甚至有些片面。想想看，在繁忙的工作生活中，你能有幾天假期把自己掛在吊床上吹風，盡情地放鬆自己？而等到退休時，你已青春不再，時間、精力都不允許你去補償自己年富力強時放棄的繽紛色彩了。

也就是說，等到假期或是退休才想到該放鬆自己，意味著人們在其生活中的大部分時間裡，甘願承受緊張匆忙和焦躁不安的壓力，而非常可惜的是，這大部分的時間又正是每一個人生命中最有價值的部分！正如本書前文所言：生活不是緊急事件，我們每一天都應該調整好自我狀態，在學習、工作之餘應努力放鬆自己，不可讓疲累的感覺充斥生命。

能否做到從每天緊張繁忙的學習、工作中擠出時間給自己一點放鬆的閒暇，是很考驗一個人的心理素質的。因為做到這一步，就要不管時間有多緊迫、任務有多繁重，只要感覺到效率開始下降，精力不再集中而需休息調整時，你就得暫停工作並及時轉入放鬆狀態。事實上，許多人在大考臨近時是絕不肯每天拿出一小時的時間來讀小說、逛街或看電視的。他們總認為「現在一刻也不能放鬆！等捱過了這一陣，再去睡他一天一夜！」其實，每天有規律地做到張弛有度，我們不僅不會浪費時間，而且還可以節約時間。

記住，那種期待到了將來的某一時刻才開始放鬆自己的計畫是不可取的！如果你現在需要放鬆，你就現在開始放鬆自己。謙和輕鬆的心態有助於激發潛能，最大可能地提高你的工作效率。只有時常保持一種平和輕鬆的心理，你才能事有所成，走向成功。要知道，創造力源於輕鬆和諧的思維，緊張忙亂的情緒只能給我們的事情添亂。可以想像，當年貝爾一定是神色自若、笑容可掬地試驗成功地球上第一台電話機的。有位作家向別人介紹經驗時說：「當我感到緊張、壓力大的時候，我就不會試圖寫哪怕一個字；但等我恢復了輕鬆平和的狀態後，我筆下的文章就源源不斷地產生了。」我們不妨向他學習。

要使生活真的做到「放輕鬆」，你就必須訓練自己自如應對生活瑣事的能力。生活由一幕幕戲劇組成，有喜劇、有悲劇、有鬧劇……你必須具備化悲為喜、嚴防樂極生悲的意識，才能隨時保持一份輕鬆平和的心態，憑著這份穩健的自信去闖蕩人生旅途的風浪。這種處變不驚的人格力量來自於你一次又一次積極的自我暗示——一種對生活充滿仁愛和耐力的自信，它始終使你能夠正確選擇對待生活的態度，有了這種積極的自我意識，你就可以學會如何去思考人生，並能夠結合實際環境創造出新的生活方式。實踐中，你自主的選擇必將賦予你一個更加輕鬆愉悅的自我。

相信好日子就要來

記得西班牙小說家賽凡提斯筆下的悲劇人物——唐・吉訶德嗎？一位令人愉快、與人無忤的紳士，他讀過許多穿盔甲的英勇騎士的故事，因而，他將自己幻想為其中之一——戴著生銹的盔甲，騎著瘦馬，出發去冒險，尋求浪漫的生活。

可憐的唐・吉訶德，他將風車誤認為旋轉的怪物，而大肆攻擊；幻想羊群是一支敵人的軍隊。好一個瘋狂的武士！在他的幻想世界中，他是極為真摯的。可悲的是——他全盤錯了。他根本看不見事實真相，最糟的是——他連自己是誰都不清楚！

世界上有許多人都過得不快樂，雖然，他們熱切地冒險去征服世界，但是每件事情都出差錯，他們看不出真正的原因。其實，世界本無錯誤，是我們的看法錯誤。我們對它的看法有錯誤時，我們的情緒也就不對勁了！我們常誤以為別人有傷害我們的力量，因此害怕別人。其實，他們沒有這種力量。例如，當我們找不到工作時，會氣憤地攻擊社會制度——因為我們內心感到不安全，我們內心感到不平衡。殊不知，不安全感、不平衡感是基於自我受到傷害，而非工作問題、就業問題、貧富懸殊問題，只要我們願意花一點精力，總會解決的。

唐・吉訶德不知道自己是誰，恐懼自己沒有價值，因此，他把自己圈入幻想的圖畫中、想像中，他是英勇的騎士、情聖和大膽的冒險家，但是當幻想與現實抵觸時，他只有掉下馬背。

如果你仔細觀察，就會驚奇地發現，在我們的日常生活中，能夠體驗到歡悅的人，實在是太少了，就說你自己吧，你是否注意到：自己是一座充滿青春活力和色彩絢麗的極樂島呢？還是埋頭為旁邊的小草傷神呢？

你在雨後呼吸到清新的空氣時，是現出微笑呢？還是兩眼盯著道路上的泥濘？當你走過一面鏡子，無意中看到自己的影像時，你看到的自己是一副喜色還是一副愁容呢？

保持歡快、樂觀的態度，是取得成功的關鍵。同樣，一件事情常常既可以說成是「好事」，也可以說成是「壞事」，既可以說成是「幸事」，也可以說成是「倒楣事」。到底如何看待，一般都取決於個人習慣同什麼相比而言，而不在於實際上發生的事情本身。

你對於現實抱什麼樣的觀念，就會給你的思想方法和行為舉止塗上什麼樣的色彩。你心目中的現實是怎樣的一種結構，都是你自己設計和鑄造出來的。

對自己的生活道路起主要影響作用的是你自己。如果你認準了什麼事情都在糟下去，你就會不知不覺地給自己造成一些不愉快的環境；一旦你覺得厄運即將臨頭，你就會作出一些消極的事情，使你的預言真的應驗。

反之，如果你把內心的思想和言談話語都引導到奮發鼓勁的念頭和看法上去，你就會打開一條積極的思路，於是，你講的話也就同你的樂觀情緒比較一致起來。如果你相信今天會過得好，而且明天會過得更好，你就會往好處去做，很注意把日子過好。你將要把自己的預言變成為現實。聖經裡講過積極態度的重要意義：「你若能信，在信的人，凡事都能。」即只要你相信，對於相信的人來說，什麼事情都是可能的。不幸的是，我們很少有人記得以前發生過的好事，也很少有人「相信」將來會發生什麼好事。

事在人為但必須努力為之

在被稱為商業之港的香港，許多人都有著自己一套致富的哲學。但作為香港首富的李嘉誠，他的致富哲學卻是這樣的樸實無華，正如他所說的，致富哲學無非是四個字，「事在人為」。「事在人為」是李嘉誠的人生格言。很多商人迷信風水，做生意辦事情都要擇選好日子，李嘉誠卻對這一套不在意，他從來相信事在人為，不必信邪。

一九九五年，李嘉誠首次開始擴張業務，成立了一家中型工廠，接了幾個月的訂單，買了新機器，他去租面積兩萬尺左右的廠房，那家工廠正處於倒閉的邊緣。原廠的一位員工拉住李嘉誠說：「李先生，我很少看見一個年輕人這麼努力，這麼有禮貌的，我想提醒你的是，在這士美菲路經商的，沒有一個是賺到錢離開的，每一家都是失敗而回的，我的老闆來的時候也是雄心勃勃的，現在卻差不多要倒閉了，隔壁那兩家也好不到哪裡去，恐怕不久也要走上死路了，你年紀輕輕，損失點訂金算了。」李嘉誠感激之餘卻說：「訂單我已經接下了，機器也已經訂好了，如果現在不安裝設備生產，我將失信於人，我絕對不願意這樣做。」

李嘉誠搬進去後小心經營，也特別勤奮，結果生意很好，開工一個月就已賺到了全年的經營費用，不到一年，隔壁的兩家工廠果然倒閉了，李嘉誠把這兩家廠也都租了下來，直到在其他地方買了地蓋了新房子才搬出去。李嘉誠說，等他搬離了士美菲路的時候，好多人都搶著要租那幾間廠房。說來也奇怪，其他人在那裡就是做不好。李嘉誠說：風水這個東西，你要信也可以，但是最終還是事在人為，重要的是自我充實，做好自己的工作，相信很多本來認為不可能的事情可以轉變為可能。眼光放大放遠，發展中不忘記穩健，這是我做人的哲學。

原諒自己的小缺陷

有一個故事也許能讓我們有所感觸，有一個人對自己坎坷的命運實在不堪重負，於是祈求上帝改變自己的命運。上帝對他承諾：「如果你在世間找到一位對自己命運心滿意足的人，你的厄運即可結束。」於是此人開始了尋找的歷程。一天，他來到皇宮，詢問高貴的天子是否對自己的命運滿意，天子嘆息道：「我雖貴為國君，卻日日寢食不安，時刻擔心自己的王位能否長久，憂慮國家能否長治久安，還不如一個快活的流浪漢！」這人又去詢問在陽光下曬太陽的流浪人是否對自己的命運滿意，流浪人哈哈大笑：「你在開玩笑吧？我一天到晚食不裹腹，怎麼可能對自己的命運滿意呢？」就這樣，他走遍了世界的每個地方，被訪問之人說到自己的命運時竟無一不搖頭嘆息，滿口怨言。這人終有所悟，不再抱怨生活。說也奇怪，從此他的命運竟一帆風順起來。

迄今為止，我們還未曾見到過一位內心平和、生活愉悅的絕對完美主義者。而且，今後可能也不會遇上。人們對事物一味理想化的要求導致了內心的苛刻與緊張，所以，完美主義與內心平和相互矛盾，兩者不可能融入同一個人的人格。事物總是循著自身的規律發展，即便不夠理想，它也不會單純因為人的主觀意志而改變。如果有誰試圖使既定事物按照自己的要求發展變化而不顧客觀條件，那麼他一開始就已經註定失敗了。

現實中，我們許多人都過得不是很開心、很愜意，因為他們對環境總存有這樣那樣的不滿，他們沒有看到自己幸福的一面。也許你會說：「我並非不滿，我只是指出還存在的問題而已。」其實，當你認定別人的過錯時，你的潛意識已經讓你感到不滿了，你的內心已不再平靜了。

一床淩亂的毯子，車身上的一道刮痕，一次不理想的成績，數公斤略顯肥胖的脂肪……種種事情都能令人煩惱，不管是否與你有關。你甚至不能容忍他人的某些生活習慣。如此，你的心思完全專注於外物了，你失去了自我存在的精神生活，你不知不覺地迷失了生活應該堅持的方向，苛刻掩住了你寬厚仁愛的本性。

沒有人會滿足於本可改善的不理想現狀。所以，你努力尋找一個更好的方法：你要用行動去改善事物，而不是「望洋」空悲嘆，一味表示不滿。同時你應認識到：我們總能採取另一種方式把每一件事都做得更好，但這並不是說已經做了的事情就毫無可取之處，我們一樣可以享受既定事物成功的一面。有句俗話不是說「沒有最好，只有更好」嗎？所以，不要苛求完美，它根本不存在。

如果你有過於要求完美的心理趨向，就趕快治療——這可是容不得耽誤的疾病啊！當你又要認為情況應該比現在更好時，就請把握住自己，禮貌地提醒自己現實中的生活其實很好。當你放棄自己苛刻的眼光時，一切事物都將變得美好起來了。不要刻意追求完美，你會感覺到生活充滿了明媚的陽光。

每天都過感恩節

每天早晨一覺醒來，首先想一想有什麼人的什麼優點值得自己學習並在未來的一天裡身體力行，再想想他的人格是否對自己的成長有所啟示與幫助——如果有，就要心存感激；若缺少發現，則需要有所思考。

對別人心存感激，你就會感到人生的愉快。感恩也是一種愛，任何負面的情緒在與愛相接觸後，就如冰雪遇上了陽光，很快就消融了。如果有個人正在跟你發脾氣，而你只要始終待之以愛心和溫情，最後他是會改變先前的態度的。

實際上，心存感激與平和的內心狀態是彼此相聯繫的，你越是對生活心存感激，你越生活得祥和愜意，因為生活總是對誠摯給予回報。如果你在這方面做得還不夠，則需進行練習。即使受到了委屈與不公，你也不可對生活喪失信心，你始終應該堅信：生活是美好的，生活中的人們是善良的。所以，睜大你的雙眼，去發現你周圍的真、善、美。

每一天，你呼吸、走路、穿衣、飲食，為此你應該感激天空、大地、牛羊、蔬菜、農民和工人，沒有這一切就沒有你——你是這個世界的愛的結果。不僅如此，你從呱呱墜地的嬰兒成長為一個英俊青年或是漂亮姑娘，甚至已經成家立業、功成名就，在你的成長過程中，不知有多少可親可敬的人們曾經為你付出心血！你真的應該對他們心存感激：你應該感激你可愛的朋友、家人、師長、同事以及你過去的相好，甚至還應感激啟發了你的思想的古聖先賢，還有許多數不清的人們——哪怕那些只是曾經給予過你小方便的陌路之人。古語云：「滴水之恩，當以湧泉相報。」你應時刻以此為訓。

人的思想有著一種潛在的脆弱性，如不加強自我修養，則很容易「誤入歧途」，失去對他人的感謝之情，想當然地否定你身邊的人們。此時，與他們相處你不再感覺良好，愛意被敵視情緒取代，你開始感到某種沮喪。所以，你必須強化積極的自我意識，以一雙慧眼來看待生活，把注意力集中到他人的優點上。

一般情況下，當你心平氣和、狀態良好時，就會覺得人們很好，你很自然地想起一張又一張可愛的臉龐，內心充滿親切愉悅之情；不一會兒，你開始覺得別的事物也變得美好起來了：你開始慶幸自己的健康，想著孩子的可愛，你由衷地為自己的事業而自豪，你感到了自由的可貴……整個生活、整個世界都太美妙了！

每天都花上幾十秒鐘過過「感恩節」，這對你的生活很有好處。早晨醒來第一件事便是想想別人的好處，心存感激，接下來的一天裡，你將很難感到煩惱和沮喪。

李嘉誠．金言

只知攫取而不懂付出的人，他的人生僅是個虛影，只有能活出原則，真正懂得如何奉獻國家民族及世界的人，才是真英雄。

時刻保持積極的態度

人有兩種態度：一是積極態度；一是消極態度。創業人必須去掉心中的消極思想，讓精神世界只有積極思想，除此以外，別無其他。態度積極與否，決定你的事業能否成功。閱讀任何一本成功人士的傳記，你只會讀到積極的一面，消極在他們的生命中，沒有什麼分量。

積極是一份活力，使你對於眼前的一切，感覺到充滿生機，你喜歡參與任何活動，看到每件事物，皆覺生趣盎然，每一口菜都好吃，每個女人都美麗，路上每朵花、每根草都是那麼稱心，每個小孩子都那樣可愛。

創業人具有積極的態度，必能應付諸般挑戰。

建立積極態度，共有五個秘訣，即使不能做到五個，只要做到其一，也可以把積極性激發起來。

1. **快樂：**快樂是最完美的情緒。真正快樂的人，決不會傷害別人，他總想把快樂讓每個人分享。從高層次的立場言之，快樂就是最完美的道德。只要你心中快樂，態度就會積極，唯有不快樂的、心中多憂愁的人，態度才會消極。

2. **胸襟廣闊：**不要把小事記在心上。胸懷廣闊的人，對於小小得失，絕不耿耿於懷，他們經常抬起頭，向前走，吹著口哨，天塌下來也當作被子而已，沒有什麼大不了。失戀、責罵、誣告，都不過是過眼雲煙的事。做生意蝕了本，還可以從頭再來，眼前無論光景如何，都抱著樂觀的心情，總是往前闖。

3. **沒有解決不了的事：**有些人當困難出現時，就以消極對待，唯有「等死」。這絕不是成功創業者的態度。無論任何困難，你都要設想解決方法，只要有動腦筋思考的意思，潛意識就會運作，一個接一個地解決辦法，會浮現在腦海中。就是不能百分之百地解決，也可以解決九成、八成、七成或六成，甚至五成，只要解決一點，也總比什麼都不幹而徹底失敗要好上百倍。

4. **和積極之士交往：**處世態度是會傳染的，和仁義之士交往，會感染仁義之風；和殘暴之人結交，態度會變得殘暴；和膽怯者結交，亦容易事事退縮。同樣，和積極之士結交，亦會提高做人處事的積極性。相反，和消極的人結交，就覺得事事都很難成功，就是創業了，也必影響生意，難以成功。

5. **接受批評：**性格積極的人都知道，他們並不會事事辦得好，想法未必周全，故必須指正批評，才可以改進。他們不以為批評是攻擊他們，而是給他們自省的機會，幫助他們糾正錯誤，即俗語的「塞錢入你口袋」，有益無害。反之無人批評，任由自己自生自滅，那才要小心呢。

傳遞好消息

我們見到過這樣的場面，突然有一個人說：「我有一個好消息！」所有在場的人都會立即把注意力集中在他身上。好消息不僅能吸引人的注意力，更重要的是使人振奮。使人精神為之一振。

而事實上，我們聽到的壞消息太多了，好消息卻太少了。正因為如此，我們不能再這樣下去了。沒有人會因為他傳播過壞消息贏得了朋友，發過財，取得過成就。帶給你家庭一些好消息，告訴他們今天發生了什麼好事。回憶那些愉快的、趣味無窮的經歷，把那些不愉快的事情拋到九霄雲外去！應宣傳好消息，因為傳播壞消息是徒勞無益的，結果只會給你的家庭帶來擔憂、緊張，使他們坐立不安。

記住，只告訴別人你的感覺很好，做一個樂天派！何時何地，只要你有機會，說一聲：「我真的好舒服！」你會馬上感覺好得多。同樣的道理，如果你總是跟別人說：「我真難受死了。」那樣你的情況會更糟。

感覺如何是由我們主觀上決定的。同樣要記住，人們總是喜歡和充滿活力的樂天派做伴，而討厭那些死氣沉沉的人。

告訴你的同事們一些好消息，有機會就鼓勵他人，讚賞他們。告訴他們公司在做一些有益的事情，聽取他們的意見。熱心幫助他人，贏得他們的支持，讚賞他們的工作，會使他們更充滿希望。讓他們相信你非常需要他們的幫助。安慰那些憂慮重重的人。

每次當你告別一個人時，問問自己：「這人跟我談完話以後感到愉快嗎？」這種自我訓練的方法能保證你走的是一條正確的路。在你和員工、同事、家庭成員、顧客甚至一般的朋友談話時，不妨運用這一方法。好的消息會帶來好的結果，讓我們去宣傳它們吧。

沮喪抑鬱時不可決斷大事

人在感到沮喪的時候，千萬不要著手解決重要的問題，也不要對影響自己一生的大事作什麼決斷，因為那種沮喪的心情會使你的決策陷入歧途。

一個人在精神上受了極大的挫折或感到沮喪時，需要暫時的安慰。在這個時候，他往往無心思考其他任何問題。當女人受到了極大痛苦後，她竟會決定去嫁給自己並不真心愛著的男子，這就是一個很好的例子。男人有時會因為事業遭受暫時的挫折而宣告破產，但實際上只要他們繼續努力下去，是完全可以成功的。

有很多人在感受著深度的刺激和痛苦時，他們竟會想到自殺。雖然他們明明知道，所受的痛苦是暫時的，以後必然能從中解脫出來。因此，當人們的身體或心靈受著極大痛苦時，他們往往就失掉了正確的見解，也不會作出正確的判斷。

在希望徹底斷絕、精神極度沮喪的時候，要做一個樂觀者，仍然能夠善用理智，這雖是一件很難的事情，但就是在這樣的環境裡，才能真正地顯示我們究竟是怎樣的人。

那麼，在什麼時候最能顯示出一個人究竟是否有真實的才能呢？當一個人事業不如意，朋友們都勸他放棄這項工作，說他在做著註定無法成功的事情，說他是多麼的愚蠢時，而他仍然抱著堅毅的精神，努力地工作著，才最能顯出他的真實才能來。

他人都已放棄了，自己還是堅持；他人都已後退了，自己還是向前；眼前沒有光明、希望，自己還是不懈努力——這種精神，才是一切偉大人物能夠成功的原因。在日常生活中，我們常可以聽見一些上了年齡的人說這樣的話：「倘使我一開始就努力，即便遇到挫折，但仍舊照著我的志向去做，恐怕已經頗有成就了。」許多人都是在壯志未酬和悔恨中度過自己的晚年，這種悔不當初的懊喪，都是由於他們年輕的時候立志不堅，一受挫折便中止了自己的努力。

不管前途是怎樣地黑暗，心中是怎樣地愁悶，你總要等待憂鬱過去之後，才決定你在重大事件上的步驟與做法。對於一些需要解決的重要問題，必須要有最清醒的頭腦和最佳的判斷力。在悲觀的時候，千萬不要解決有關自己一生轉折的問題，這種重要的問題總要在身心最快樂、最得意的時候去決斷。

在腦中一片混亂、深感絕望的時候，乃是一個人最危險的時候，因為在這時人最易作出糊塗的判斷、糟糕的計畫。如果有什麼事情要計畫、要決斷，一定要等頭腦清醒、心神鎮靜的時候。

在恐慌或失望的時候，人就不會有精闢的見解，就不會有正確的判斷力。因為健全的判斷，基於健全的思想；而健全的思想，又基於清楚的頭腦、愉快的心情。因此，憂慮、沮喪時千萬不要作出決斷。

所以，一定要等到自己頭腦清醒、思想健康的時候再來計畫一切。

從從容容做事

有的人遇事總是焦慮不安，一副悲戚戚的樣子。說到底，就是缺少了必要的自信，缺少了一定的心理承受力，不能從容、坦然地處事。

現在有一樁買賣，憑你的直覺也能判斷出這是一件大有實惠的事。當然，這時候你一定會想方設法抓住機會，並且迅速採取行動，以免錯過時機。

當你在努力成就一件事的時候，如果內心焦慮不安，甚至表現出煩躁、悲戚的情緒，草率的態度，你是很可能把事情辦砸。

堅強的意志、積極的思考和有氣勢的行動是賺錢的必要條件。只要有了賺錢的機會，就要用一如既往、無往不勝的精神把它做好。沒有足夠的自信和韌性，而奢談賺錢的事，是毫無意義的。

一件你所感興趣的事，比如一次高效益的經營活動，能使你激動不已，這種體驗是常有的。但越是對人有吸引力的事，由於擔心其失敗，它給人的心理壓力也越大，由此使人焦慮不安，降低自信，導致優柔、急躁的心理狀態和容易驚慌失措的行為表現。當然，以這樣的心理狀態和行為表現去賺錢，是註定要失敗的。

要想賺錢，態度不能消極，要意志強烈。穩重從容、認真實幹，成功率才高。給人造成焦慮不安的原因是精神壓力太大。精神壓力並不總是能防止得了的，但是它的破壞性後果是可以防止的。

由於資金少、幫手少、時間有限，所以一些事情會造成很大的精神壓力。還有一些看上去很小，卻又持續不斷的問題，它們可能會比大規模的危機帶來更嚴重的精神損害。要抗拒精神壓力就不能回避這類問題，必須面對它們，並使它們朝著有利的方向發展。

雖說造成精神壓力的事件可能意味著在一段時間裡要改變原有計劃，但是，在這種事件面前，我們並非一籌莫展。可以採取措施，減少其不良作用，而不是處於被動地位，受這事件支配，以致業務不能正常運作。

你可以使用下面三種辦法使精神壓力不致擊垮你。

設法發現最有可能帶來麻煩而又不斷重複發生的問題，為解決這些問題做好計畫。如果由於原料供應不上而感到困擾，就千萬不要硬用有限的原料苦苦支撐下去，而必須大量地訂貨才行。

對造成精神壓力的事要區別對待，不要讓一件微不足道的小事支配你。對某些大事怒不可遏、盡情發洩一番是有利健康的。但是，對於每件造成不方便的小事都火冒三丈、大發雷霆就會對業務產生破壞作用。

要透過運動來對抗精神壓力。運動能增加體力，也能減少常見的心理緊張情緒，從而發揮一種保護作用，防止外來壓力所可能造成的傷害。焦慮不安的態度於事無補。處驚不亂，認真而從容的人才會賺錢。相信你一定會明白這個道理。

李嘉誠・金言

不能自欺地認為自己具有超越實際的能力，系統性誇大變成自我膨脹幻象，如陷兩難深淵，你會被動地、不自覺地，步往失敗之宿命。

健康永遠是第一

人要成就事業，除了才能、機遇之外，另外一樣更重要，那就是健康。

心理與身體有著密切的關係，並且相互影響著。有著健康的身體才能保持心理的協調，才能擔負起巨大的壓力。

許多成功者往往以慢跑、游泳等運動來鍛鍊身體。運動與鍛鍊能夠起到轉換情緒的作用。此外，運動還會帶來意想不到的收穫：我們在精神鬆弛的狀態下，有時創造力高度發揮，靈感也就隨之到來。

跑步能使我們情緒高昂，武術能使我們身心協調，舞蹈則會鬆弛我們身心。

大部分人事業有成時約在四十歲或五十歲以後，於是出現了兩種狀況：平時勤於保養身體的，剛好在事業有成的晚年快樂地享受打拚的成果；身體差的人因忙碌過度而一命嗚呼，有的人則纏綿病榻，無法享受到人生的樂趣。

要保持身體的健康，就要注意預防和保健。事實上，我們有很多嚴重影響健康的問題，都可以自我預防。抽菸和不良的飲食及生活習慣減少了數以百萬計人的壽命。這些由長期影響而造成的傷害，到人們警覺時，為時已晚。

不要讓不良習慣損害了你的健康。養成良好的生活習慣，善待自己的身體，以健康的飲食來取代不良的飲食習慣，並經常進行適宜的運動。如果能做到這一點，你會發現你的身體大有改善，你的精神面貌也將煥然一新。

有時候，我們會覺得身體緊繃，四處疼痛，其實這些原因可能是單純的緊張。解決的方法就是好好地放鬆。給自己一些時間放鬆，去思考你所喜歡的問題。每週幾小時，享受無憂無慮的悠閒。

沒有了健康的思想，就不能擁有健康的身體。當你覺得身體不舒服時，也就不會有健康的心態。所以，我們在工作中要不忘娛樂，以保持身心俱佳的狀態。

在現代社會，健康絕對是第一位的。有健康才有未來，而健康是追得到的，只要你願意，它就可以得到。如何才能擁有健康呢？

首先，不要把「事業」過重地放在心上。因為這對你會形成壓力，壓迫你去做超負荷的工作。這對身心有很大影響。

其次，調節飲食，養成健康良好的生活習慣。在社會上做事，免不了應酬，這時要特別注意健康的生活習慣，不要過量飲酒。

此外，要多運動，也就是多活動筋骨。「生命在於運動」，沒有必需的運動，健康是很難有保障的。

身體檢查也很重要，這是「定期維修」。提早發現問題，可避免形成大問題，早發現，早治療，早健康。一旦身體有病，請立即行動，找出問題的原因，並且努力改正它。一旦這麼做了，你會發現，你有更多的熱情與活力去追尋你理想的人生目標。

簡樸的生活更有趣

提起富豪侈靡的生活，人們總是免不了猜想，但並不是每一個富豪都願意過著這樣的生活，李嘉誠就是這樣一個反潮流而動的人。不少傳媒稱，香港的李嘉誠，憑一間小塑膠廠起家、登上香港地產業龍頭後，至今仍住在二十年前搬進去的老房子裡，還帶著廉價的精工錶，在國外赴約都乘公共汽車前往。他自豪地說：「簡樸的生活更有趣。」這不僅僅是傳聞，而是李嘉誠生活的真實一面。在李嘉誠看來，創造財富的快感不是侈靡的生活所能代替的，而作為一個商人，最重要的是利用財富去造福社會，而不是去填飽自己的私欲。事實上，與李嘉誠有著同樣思想的人不在少數。一九八六年十月，美國《富比士》雙月刊宣佈：沃爾頓先生名列美國富翁榜首！

這則新聞引人注目：沃爾頓原是個經營一角錢商品的小店主，此後雖然財運亨通，小店（後來發展成百貨連鎖商店）越開越多，但都設在小城鎮，其財富怎能超過名震全球的美國石油大亨、汽車大王？此人致富的訣竅是什麼？如今又是何等闊綽？這些問題足以使沃爾頓成為各家報刊記者追逐的新聞人物。在亂哄哄的追逐中，有個名叫傑米・博利埃的年輕人，以罕見的方式獵獲了一則出人意外的新聞。

這個年輕人欲披露當代美國首富的闊綽，在沃爾頓生日那天，身穿小晚禮服，扮成侍者進入那位富翁的家門。他怎麼也沒想到，呈現在眼前的竟是：一座並不堂皇的住宅，一套並不高雅的傢俱，一輛舊式小型輕便貨車，還有一條沾滿泥污的獵狗……。

首富如此儉樸，聞者無不稱奇！然而，正如李嘉誠所說的那樣，真正的光輝，往往閃爍於常人的見識中；訣竅的靈光，也頻頻顯現於日常的生活裡。那些純屬生活範疇的奇聞，正好揭示了李嘉誠、沃爾頓，以及其他億萬富翁在事業建樹上的訣竅——勤儉、勤奮、創造是這些人賴以成功的重要因素。

李嘉誠．金言

二十歲前，事業上的成功百分之百靠雙手勤勞換來；二十歲至三十歲之間，事業已打下一定基礎，這十年的成就，十%靠運氣，九十%仍是靠勤奮努力得來；之後，機遇的比例漸漸提高了。

第八章

養成做事的好習慣

習慣的巨大作用力

好的習慣使人立於不敗之地，壞的習慣能把人從成功的天堂上拉下來。美國前第一富豪保羅・蓋帝對此有過深切的體會。

有個時期，蓋帝的香菸抽得很凶，有一天，他開車經過法國，那天正好下著大雨，地面特別泥濘，開了好幾個鐘頭的車子之後，他在一個小城裡的旅館過夜。吃過晚飯他便到自己的房裡，很快便入睡了。

蓋帝清晨兩點鐘醒來，想抽一支菸。打開燈，他自然地伸手去找他睡前放在桌上的那包菸，結果是空的。他下了床，搜尋衣服口袋，結果毫無所獲。他又搜索他的行李，希望在其中一個箱子裡，能發現他無意中留下的一包菸，結果他又失望了。他知道旅館的酒吧和餐廳早就關門了，心想，這時候要把不耐煩的門房叫過來，太不堪設想了。他唯一希望能得到香菸的辦法是穿上衣服，走到火車站。但它至少在六條街之外。情景看來並不樂觀。外面仍下著雨，他的汽車停在離旅館尚有一段距離的車房裡，而且，別人提醒過他，車房是在午夜關門，第二天早上六點才開門。而這時能夠叫到計程車的機會也幾乎等於零。

顯然，如果他真的這樣迫切地要抽一支菸，他只有在雨中走到車站。但是要抽菸的欲望不斷地侵蝕著他，他想抽菸的欲望就越濃厚。於是他脫下睡衣，開始穿上外衣。他衣服都穿好了，伸手去拿雨衣，這時他突然停住了，開始大笑，笑他自己。他突然體會到，他的行動多麼不合乎邏輯，甚至荒謬。

蓋帝站在那兒尋思，一個所謂的知識份子，一個所謂的商人，一個自認為有足夠理智對別人下命令的人，竟要在三更半夜，離開舒適的旅館，冒著大雨走過好幾條街，僅僅是為了得到一支菸。

蓋帝生平第一次注意到這個問題：他已經養成了一個不能自拔的習慣，他願意犧牲極大的舒適，去滿足這個習慣。這個習慣顯然沒有好處，他突然明確地注意到這點。頭腦很快清醒過來，片刻就作了決定。

他下定了決心，把那個仍然放在桌上的菸盒揉成一團，丟進廢紙簍裡。然後脫下衣服，再度穿上睡衣回到床上。帶著一種解脫，甚至是勝利的感覺，他關上燈，閉上眼，聽著打在門窗上的雨點。幾分鐘之內，他進入一個深沉、滿足的睡眠中。自從那天晚上後他再也沒抽過一支菸，也沒有抽菸的欲望。

蓋帝說，他並不是利用這件事指責香菸或抽菸的人。常常回憶這件事，僅僅是為了表示，以他的情形來說，他那時已被一種惡劣習慣制服而且到了不可救藥的程度，差一點成為它的俘虜！

常常做一件事就會成為習慣，而習慣的力量的確大極了。但是人類也有一股不小的緩衝能力，人類既然有能力養成習慣，當然也有能力去除他們認為不好的習慣！

舉例說，一個商人有樂觀和熱忱，這對自己是有幫助的。它會使工作較優良、較容易，而且也會激勵和鼓舞他的同僚和下屬。但是，習慣性的樂觀和熱忱，往往會造成危險的甚至是不堪設想的過度樂觀和過度熱忱。美國有一個商人，名叫史密斯。他的樂觀，對他建立的幾個工廠很有助益，也幫他賺了許多錢。不幸的是，史密斯所有做生意的經驗都是從旺季得來的，因而，他的樂觀看法和希望，也都是在旺季的市場下一一實現的。

後來，突然轉換到經濟比較蕭條的時期。這種時候，有經驗的商人，或多或少都會收斂一點，節省開支，小心翼翼地等待著經濟狀況改觀。然而，史密斯完全沒有辦法適應這種新的情況，過分樂觀的習慣已牢不可破，在應該踩煞車的時候，他卻仍舊一如既往加足油門往前衝，並且非常自信地認為前途似錦呢。經過一段很短的時間，史密斯已沒有辦法在那種情況下生存了——他過度發展自己的事業，結果破產了。由此可見，習慣的力量是多麼的大，它既可導致一個人的事業走向成功，亦可導致它走向毀滅。

好習慣是生活航道的指示燈

在現代社會中，什麼都在變，明天的世界和今天就可能不一樣，我們不得不每天面對生活對我們的挑戰，你也許會因為整日的奔波心力交瘁。不，我們要用良好的習慣來迎接生活給我們的壓力和挑戰，在現代生活的大潮中穩穩地駕駛生活的方舟。

習慣是生活中相對穩定的部分，每天我們要讀書，要跑步，要聽音樂，要打球，這些都是在某個相對固定的時間來做的。其他的時間所做的事可能每天都有不同。當你忙碌了一天後，想起自己的書本和球拍，心中猶如點燃了一盞明燈，儘管很累，但它們能讓你擺脫日常生活的喧囂，尋找到片刻寧靜，猶如一艘遠航的船可以停泊靠岸，過一種別有情調的生活。

習慣是從環境中成長出來的——以相同的方式，一而再，再而三地從事相同的事情——不斷重複——不斷思考同樣的事情——而且，當習慣一旦養成之後，它就像在模型中硬化了的水泥塊——很難打破了。

習慣也是一位殘酷的暴君，統治及強迫人們遵從它的意願、欲望、嗜好，抵制新的思想和事物，人類的歷史就是在和習慣和偏見的鬥爭中展開的。

習慣是一條「心靈路徑」，我們的行動已經在這條路上旅行多時，每經過它一次，就會使這條路徑更深一點。如果你曾走過一處田野或一處森林，你就會知道，你一定會很自然地選擇一條最乾淨的小徑，而不會去走一條荒蕪小徑，更不會橫越田野，或從林中直接穿過。

要除掉舊習慣，最好的方法是培養新習慣、開闢新的心靈道路，並在上面走動以及施行。舊的道路很快就會遺忘，而且，時候一久，將因長期未使用而被荒草淹沒。每一次你走出良好的心理習慣的道路，都會使這條道路變得更深更寬，也會使它在以後更容易走。這種心靈的築路工作，是十分重要的。

想到就做，不要等到明天

你需要特別重視「想到就做」這一方法。通常你把工作推給明天或下個明天，零碎事務因而堆積起來，便會顯得雜亂無章。要想從一大堆雜亂的事情中找出一件是很費力的。不僅那項工作等在那兒，而且把它找出來又成了一個包袱。與此相反，如果你養成想到就做的習慣去處理檔案，那麼，你就避免了重新找材料的麻煩，從而節省大量時間和精力。

這種方法的另一形式是：你若有一件事要做或一封信要回，那就在下次一看見它就去做，而不要把它丟回去。或者你可以用彩色的鉛筆把限期寫上去，以便在接觸這件未做的事情時能清楚地回想起來。

每天都有許多人把自己辛苦得來的新構想取消或埋葬掉，因為他們不敢執行，而創意只有在真正實施時才有價值。

對於每一個經歷過中學階段，甚至大學階段的年輕人來說，英語學習尤其需要記憶。背誦那些枯燥乏味的英語單詞，何嘗不是像賺錢要從一分一厘地做起一樣？無論哪一種語言，單個的辭彙都是構成語言這座大廈的基本單位，要熟練地學習運用，就必須牢記大量的辭彙。如果不是為了應付考試，而是為他自己交際溝通的需要，試想我們一天記住兩個單詞，記住它的發音、用法，那麼初中三年就能掌握兩千一百九十個單字；高中三年又掌握兩千一百九十個；再經過大學四年學習兩千九百二十個，總共十年時間將掌握七千三百個單字，加上合成詞構詞法，由這七千三百個辭彙我們至少掌握了一萬多個單字，這樣的辭彙量已經遠遠滿足了我們日常交際需要。然而事實上我們當中大多數人都做不到這一點，個中原因是我們沒有足夠的耐心和毅力去做好一天記住兩個單詞這樣的小事情。當然，掌握一門外語不僅僅是一天記兩個單詞那麼簡單，但記單詞卻是最基本的。

記住下面的兩種作法：

第一，切實執行你的創意，以便發揮它的價值。不管創意有多好，除非真正身體力行，否則永遠沒有收穫。

第二，實行時心理要平靜。拿破崙・希爾認為，天下最悲哀的一句話就是：我當時真應該那麼做卻沒有那麼做。

每天都可以聽到有人說：「如果我某某年就開始那筆生意，早就發財嘍！」或「我早就料到了，我好後悔當時沒有做！」一個好創意如果胎死腹中，真的會叫人嘆息不已，永遠不能忘懷。如果真的徹底施行，當然也會帶來無限的滿足。

你現在已經想到一個好創意了嗎？如果有，現在就去做。

李嘉誠・金言

投入工作十分重要，你要對你的事業有興趣；今日你對你的事業有興趣，工作上一定做得好。

不珍惜時效就不能獲得成功

善於經營的商人總是把時間看得比金錢更寶貴，所以能夠將時間做到最大限度的充分利用。李嘉誠就是這樣一個惜時如金的人，在他成功投資的若干緊急關頭，正是靠著這種對時間的精確把握，從而一舉戰勝對手，獲得最大的經濟效益。

李嘉誠指出，一個商人，在接洽商務時，在椅子上不慌不忙地撇開正話不講，而只談他隨時想到的不相干的話，是絕對不能成功的，因為他太遲緩。

李嘉誠最厭惡的，就是那些說話不著邊際，講冗長的套話、無謂的廢話的人。有種人說話簡直是抓不住重點，他們說話像小狗兜圈子一樣，轉了六七次，依舊歸到原地。種種冗長無謂的言語，可以使人聽得厭煩。

正因為如此，李嘉誠平時惜時如金，很少長篇大論，而必要的商業應酬也總是能短則短，能少則少。

李嘉誠指出，從事商業的人，需要有春宵一刻值千金的惜時觀念，他們往往具有男性氣概，不捨得在細節上浪費時間，如果連職員的小動作都要干涉的話，這樣的人絕對無法做個理想的公司老闆。因此，李嘉誠總將公司經營的許多事情都交給底下的助手去辦理，對於確定好的投資或經營計畫，他總是充分信任下屬，而從不干預。他自己則總是將重大的經營決策進行反復斟酌，直到自己作出決定為止。正是靠了這樣的高效率工作才節省了自己的寶貴時間，使得規模龐大的和記黃埔和長江實業公司得以高效地運轉。

精明地利用時間

汽車大王亨利・福特說過一句話：「根據我的觀察，大多數人的成就是在別人浪費掉的那些時間裡取得的。」這句話說明我們要創業還必須做的一件事：善於利用時間。

成功人士能夠意識到時間的寶貴。人生是由我們在世上擁有的有限時間構成的。雖說時間有限，但怎樣利用它卻是可以由自己操縱的。威廉・沃德說：我們不做時間的主人，就要做時間的奴隸；我們若不利用時間，時間就會把我們耗盡；成功的人與不成功的人之間的差別不是他們擁有的時間多少——因為每個人每天都有二十四小時——而是如何利用。要精明地利用時間，最重要的措施之一是大大地減少浪費掉的時間。因此我們要注意，莫讓寶貴的時光在你不知不覺中溜走了，通常要警惕以下幾個因素。

1. **懶惰：**善用時間就是善待生命。許多人很難使自己每一天都朝著正確方向前進。有些人的弱點是積極性不高，有些人的問題是對自己的要求不高，而最致命的是惰性，要克服惰性，我們必須及早開始行動，因為你會突然意識到因為開始太遲而無法完成當天想做的事，這是最令人失望的。許多人在意識到時間不夠而無法完成他們計畫的事時，乾脆放棄努力，什麼也不做。那麼解決問題的辦法就是「笨鳥先飛」。

2. **拖遝：**辦事拖遝的人，他總是在浪費大量的寶貴時間，這種人做事時要花許多時間來考慮這個擔心那個，找藉口推遲行動，最後又為沒有完成任務而悔恨。其實在這段時間裡，他們完全可以完成一項工作而開始另一項工作了。要克服拖遝的弱點，要求我們必須養成好習慣。因為一個慣於辦事拖遝的人是很難改變其以前的工作模式的。如果有這個毛病，必須重新訓練自己，用好習慣來取代拖遝的壞毛病。每當你發現自己又有拖遝的傾向時，靜下心來想一想，確定你的行動方向，然後要求自己儘快完成這項任務，定出一個最後期限然後努力遵守，漸漸地，你拖遝的習慣必會改變，工作效率必將提高。

3. **做白日夢：**一名畫家有這樣一幅作品，畫的是喧鬧的街道，川流不息的車流，每一人的臉上都很忙碌的樣子。在這一派繁忙的景象中，有一個人彎著腰，樣子很失望。在

李嘉誠．金言

不要嫌棄細小河流，河水匯流，可以成為長江。

他下面有一行字：「尋找昨天。」其實，我們中的許多人就像這個人一樣，老是想著過去犯過的錯或失去的機會。其實不必回想過去，也不要作未來的夢。逝去的不會回來，白日夢也無法實現。浪費在空想中的每一刻若被投入到實際的工作中去，你會發現許多意外的收穫。要有效地充分利用時間，一定要學會統籌時間的方法。許多人在處理日常事務時，以為只要時間被工作填得滿滿的就很好了。其實不然，一個追求成功的人必須用分清主次的辦法來統籌時間。

（1）**確定主次：**在我們有很多事要做時，應分清主次。有些事是你必須做的，而有些卻並非如此。並非非做不可或不是一定要你親自做的事情，你可以委派別人去做，自己只負責監督其完成。

（2）**制定進度表：**把你要做的事情和可利用的時間安排好，對於你的成功至關重要。這樣可以讓你每時每刻都集中精力處理要做的事。你不僅可以制定日進度表，還可以制定周進度表、月進度表、年進度表。這樣做能給你一個整體方向，使你看到自己的宏圖，有助於你實現目標。

時間是最寶貴的

惜時如金是李嘉誠的另一個成功秘訣。現代人個個都在感嘆每天時間不夠用，沒有時間做這個，沒有時間做那個，那麼日理萬機的超人又是如何安排他的時間的呢？

李嘉誠坦言：我每天不到清早六點就起床了，運動一個半小時——打高爾夫球。晚上睡覺前是鐵定的看書時間。白天精神是很好的。精神來自興趣，你對工作有興趣就不會累。最累的時候是開會，一個發言者講了第一分鐘，你已經知道他要講的內容，可是那個人講了十分鐘，你就會感到很疲倦。因為無聊和無奈，有時候我要帶花旗蔘去提神。中午我是不睡午覺的，太倦了，會喝點咖啡。兩年前我試過上網，但是上網太花費時間了，一上就是兩個小時，以後就比較少上了，我現在用電腦主要是看公司的資料。

李嘉誠對自己的生活品質有如此評價：我今天的生活水準和幾十年前相比是降低了，年輕時候也曾經想過買點好的東西，但是不久就想通了，只是強調方便，我的穿著可能比一般人還要差一點，我的皮鞋是四百元的，是塑膠的，手錶是兩百元的，我只求心靈滿足，很開心。我相信一個人的地位高低，要看行為而定，你自己想通了，腦海裡自會別有天地，能超越權勢和卑微。

作為香港人中成功的典範，李嘉誠如是述說他的成功之道：「今天在競爭激烈的世界中，你付出多一點，便可贏得多一點。好像奧運會一樣，如果跑短途賽，雖然是跑第一的那個贏了，但比第二、第三的只勝出少許。只要快一點，便是贏。」在這個被李嘉誠比喻為賽跑的商業競爭過程中，時間永遠是最寶貴的，用李嘉誠的話說，如果在競爭中，你輸了，那麼你輸在時間；反之，你贏了，也贏在時間。

像鐘錶一樣準時

成功的人士都是掌握並運用時間的高手，他們深深懂得珍惜時間的重要性。在他們的眼中，時間是所有物品中最有價值、最值得去珍惜的東西。也正因為時間是一種不可再生的資源，所以更顯得它可貴。

科學家們永遠不會找到一種時間的替代品。當我們的時間用完時，我們也就不存在了。時間時時刻刻都很重要。它往往是各種問題、各種場合的核心，是關鍵，在社會交際中尤其如此。談判時，你是否能按時坐在談判桌前；上班時，你能否準時坐在你的辦公桌前；約會時，你是否能按時到達約會的地點……假如你在這些時候、這些場合錯過了時間，那麼你很有可能失敗。

像大多數商品一樣，時間的價值取決於供給和需求的大小。如果石油能供應無缺，它就不會這樣昂貴。

就像我們很多人都認為水幾乎沒有什麼價值，但對沙漠中的人來說，水可是一項寶貴的財富。對於有些人來說時間如白駒過隙；對有些人來說又度日如年。這是因為時間是由過去的成就來衡量的。

有些人回首往事，自己一事無成，沒有什麼成就，而且自感一生之中所做之事缺乏意義，缺少興趣，這類人感到日子消逝得太慢。而有些人則不同，在他們的記憶中，充滿了令人滿足的活動。有成就的人會覺得他們度過了一段充實而愉快的時光。時間不能以分鐘、小時或時日來看待，而是換化為各個事件和不同的經歷時才會真實地具體地存在。

時間是金錢，時間是幸福，時間是生命。

有的人因工作忙，接待客人的時間都受到限制，對於這樣的人來說時間是生命。你如果在應約的時間沒到，你就失去了這次交往的機會，並且可能永遠失去了和這個人交往的機會。你沒到，別人卻在等你，這種等待是不公平的，是浪費別人的生命。假如你因急事或意外事故不能按預約的時間到達目的地，你應該打電話告訴別人，或在手機上留言。為了不影響別人的工作或其他安排，在約定時間也可採用彈性時間，比如說下午三點半到四點之間，這樣被約者也可安排一些放鬆性的活動。總之在交往中守時是一個人品格和作風的一種表現。一個不守時的人給人留下的印象是不可靠，僅此一點，你也就失去了與人建立深入交往的基礎。一個人守時首先是言而有信、尊重他人的表現。

現在就業已成為社會的焦點問題，每年有成百萬的人求職，在求職過程中都要有面試、筆試這樣的程式。如果你未準時赴試，那麼，你和其他的競爭者相比，你已處於劣勢了。這種情況，最好是提前到場，然後按用人單位的安排完成自己該做的事。千萬不可因兩分鐘之差，而丟掉就業的機會，這是很不划算的。

在交際中所有的事情都離不開約時間，遲到是辦事拖遝、不幹練的表現；無故不去是拒絕的表示；在交談中語無倫次、拖延時間，是一種胸中無數的表現，所以要不遲到、不拖延，定時、定點地按預期計畫進行。

抗拒消極態度

我們周圍有許多人常常散發消極悲觀的想法，如果我們在心理上絲毫不設防，那麼要保持積極進取的心境便難如登天了。

因此，你要不時地檢查自己的言行和他人的建議，分辨出其中消極與積極的內容，對許多廣為流行的消極話語，也要保持高度警覺。還有，你要戒絕下列言詞或心態。

1. **「小心一點。」**：在此我們指出一個道理：凡事但求「小心一點」的人，絕對不可能有什麼成就。小心謹慎並非處理問題的正面方式；反之，我們要敢作敢為，積極地駕馭問題。

2. 「**別緊張嘛！**」：當然，我們遇到困難時該沉著應戰，而不應緊張兮兮或歇斯底里。但一般人常掛嘴邊的「別緊張」，往往都是要我們故作輕鬆，這會鬆懈我們的鬥志，使我們出現守株待兔的心態。切勿期待別人能完全替你解決問題，好像解決之道是從天而降似的。「別緊張嘛」的這種心態，不能幫你處理困難以獲得真正的輕鬆，反而抑制了你的才智，扼殺了你主動創造的能力。

3. 「**絕不可能的！**」：這句話真不知道扼殺了多少積極觀念！不要把它掛在嘴邊，也不要讓別人對你灌輸這種消極的態度。實際上，只要我們願意付出時間、精神與耐力，則任何事情都「可能」有解決之道。

4. 「**馬馬虎虎。**」：你一定有這種經驗：你好意問你的朋友最近過得怎樣，但他們大都是說：「馬馬虎虎啦！」這是一句消極的話，雖然無傷大雅，卻能在情緒上引起自覺平庸之感，久而久之，更減損了對生命的熱愛和工作的幹勁。切記：雖然你不能控制環境，使它事事盡如你意，但你卻可以控制自己的情緒。你要跟自己說，我過得很好。這不是要你像阿Q般自欺欺人，而是要你調適心態，以便創出一番局面。要知道，整個抱著「還可以」心態的人，是很難有什麼「很好」的成就的。

5. 「**這就是結局。**」：事情沒有絕對的終點，任何事情都是過渡性的。這意思是說，每個結束都是新的開始。不要為過程所困擾，因為過程不是終點。正如古人所云：「山窮水盡疑無路，柳暗花明又一村。」

總而言之，你要把心靈的頻率調好，以聆聽辨別出積極和消極話語間的差異，進而把後者逐出心靈之外。也許任何難題之解答，總是生於積極進取的心態中的。

積極一點吧！你面對的難題是可以解決的。就算不能徹底解決，起碼你也能加以處理，使之不致惡化。你可以有效地處理（即使不是解決）問題，甚至是從其中汲取人生智慧。不過，你必先能積極地掌握你的生命與思想。換言之，你必先能自我主宰，不受制於諸多外在的力量。

培養積極思維能力

以下五條原則，可以幫助你培養和加強積極思維的能力。

1. **從言行舉止開始：**許多人總是等到自己有了一種積極的感受才去付諸行動，這實在是本末倒置。積極的行動會導致積極的思維，而積極思維會導致積極的人生態度，而態度是緊跟行動的。如果一個人從一種消極的人生態度開始，而非付諸行動，總是等待著感覺把自己帶向行動，那他永遠也成不了他想做的積極思維者。

2. **用美好的感覺和信心去影響別人：**隨著你的行動和思維日漸積極，你會慢慢獲得一種美滿人生的感覺，從而信心倍增，人生中的目標感也越來越強烈。緊接著，別人會被你吸引，因為人們總是喜歡跟積極樂觀者在一起。運用別人的這種積極回應來發展積極的關係，同時也幫助別人獲得這種積極態度。

3. **重視與你交往的每一個人：**我們生活在一個快節奏的世界裡，大多數人來去匆匆，一心想著要完成自己的任務。他們往往疏於騰出時間與他們所交往的人談心。如果你能這樣做，並關心重視他們，就會對他們產生很好的後果，你會使他們的人生更有價值，他們也會給你更豐厚的報答。我們每個人都有一種欲望，即感覺到自己的重要性，這是普通人自我意識的核心，如果你能滿足別人心中的這一要求，他們就會對自己，也對你抱積極的態度。使別人感到重要的同時，別人也會反過來使你感到重要，因為大多情況下，你怎樣對待別人，別人也會怎樣對待你。

4. **尋找每個人身上最好的東西：**尋找每個人的優點和使別人感到受讚賞可以起到相似的作用。最差勁的人身上也有優點，最完美的人身上也有缺點，你眼睛盯住什麼，你肯定就能看到什麼。如果你總是尋找別人身上最好的東西，就會讓你對他人留有美好的印象，也會使他們對自己有良好的感覺，能促使他們成長，努力做到最好，並且創造出一個積極的、卓越的工作環境。

5. **尋找最佳的新觀念：**積極思維者時時在尋找最佳的新觀念。這些新觀念能增加積極思維者的成功潛力。有些人認為，世界上只有天才人物才會想出好主意。事實上，要找到好主意，靠的是態度，而不是能力。一個思想開放、有創造性的人，會哪裡有好主意、就往哪裡去。在尋找的過程中，他從不會輕易放棄，因為他知道新觀念對他來說就意味著價值和財富。

達到目標的十個步驟

以下是達到目標的十個步驟。

1. **先制定通往長期目標的一些短期目標：**制訂一個月、六個月或一年的目標，要比制訂長期目標更有效果。有一定的期限，比較容易控制。
2. **訂下你目前無法達到的目標，但不要超出你的能力太遠：**以自然增加的方式來獲得逐步的成就，這是極重要的。
3. **在你身邊團結一些對同一目標有興趣的人士，這樣你可以獲得團體的幫助：**還有，和專家探討你的目標，向那些已獲得重大成就的人請教。

4. **先想好一個獎品或紀念儀式，那麼，你在完成你的一項成就之後，就有可以慶祝的東西了**：這種獎品可能是一次旅行，一次家庭聚餐，一項特別有趣的娛樂活動或一件心儀已久的衣服。

5. **試著以不同的方式來紀念新年**：把你今年的目標放入一個信封內，鼓勵你的家人也採取相同的做法。在除夕夜或新年當天，把這些信封全部打開，看看你們是否實現了一年前所訂下的目標。這是結束一年歲月的一種極佳的做法。然後，再訂下你新年度的目標。

6. **在你書桌上或公事包內的月曆上，寫下你下個月的目標**：你打算幹什麼？你將到哪兒去？你將和什麼人聯絡？如此可以使你能夠逐步接近你每個月或一年的目標。

7. **利用放在口袋中或書桌上的周曆，計畫好你下周的活動日程**。

8. **利用一張紙，寫下最重要的目標和每天必須優先處理的工作**：每天上床睡覺之前，寫下你明天必完成的工作，每天展開工作之前，先看一下這張紙條，然後再去從事你一天內的第一項工作。把已經完成的每項工作，一一劃掉，尚未完成的則移到第二天的日程表內。

9. **不要與消極和疑心重的人共同分享你的目標**：應和真正關心你以及希望幫助你的人共用。一定要接受勝利者的忠告。記住，悲哀總喜歡找人做伴。有些人就是喜歡你和他們一起待在失敗的深淵。

10. **每個月存一點錢到你的銀行戶頭中，以便將來需要時使用：**這樣，你自己就有了最佳的金錢保障。

耐心是致富的法寶

俗話說，「十年磨一劍」。成大事者，很多情況不能大急大躁，而應有足夠的耐心等待機會和創造機會。這就是李嘉誠的重要法寶。在李嘉誠興建的第一個大型屋村黃埔花園屋村的項目上，李嘉誠就是運用「十年磨一劍」的精神，以其驚人的耐力獲得成功的。一九八一年，李嘉誠就準備推出這一宏偉計畫。當時，黃埔花園所用地盤是黃埔船塢舊址，按港府慣例，工業用地改為住宅、商業辦公樓用地，應當交地皮的差價。而當時正好是地產狂熱的階段，按協議的價格，和黃需補地價二十八億港元。由於代價太大，李嘉誠不得不將此計畫暫緩實施。

一九八三年，香港地產業出現低潮，李嘉誠立即抓住大好時機與港府進行談判。結果他僅用三・九億港元就獲得了商業住宅的開發權。這樣，李嘉誠大大降低了發展成本，屋村的每平方英尺成本不及百元。屋村計畫尚未實施，李嘉誠就取得一筆可觀的價值。就此一點，可見他經商術的高明。一九八四年九月二十九日，中英關於香港問題的聯合聲明在北京簽訂。香港前景驟然明朗，恆生指數回升，房地產界又大顯神威。因此，一九八四年年底，李嘉誠領導的和黃共投資數十億港元興建黃埔花園屋村。

這樣宏偉的屋村工程在香港地產業史上是前所未有的，即令在世界範圍，它也足可稱雄。據行家估計，整個項目完成以後，李嘉誠及和黃集團能獲利六十億港元。如此高的回報，實屬罕見。地產低潮補地價，地產轉旺大興土木，地產高潮出租樓宇（整個計畫分十二期，首期一九八五年推出，一九九〇年全部完成），這就是李嘉誠在香港地產界立於不敗之地的秘密之所在。

在香港，地盤是商業發展的先鋒。興建大型屋村最關鍵的在於獲得整幅的大面積地皮。為此，李嘉誠總是胸懷全局，整天苦思冥想。一九八五年，李嘉誠收購港燈，其實他「醉翁之意不在酒」，他在意的是港燈的地盤。港燈的一家發電廠位於港島南岸，與之毗鄰的是蜆殼石油公司油庫，蜆殼另有一座油庫在新界觀塘茶果嶺。李嘉誠收購港燈後，想方設法將電廠遷往南丫島。這樣，李嘉誠運籌帷幄，獲得了兩處可用於發展大型屋村的地盤。

一九八八年一月，長實、和黃、港燈、嘉宏四公司向聯合船塢公司購入茶果嶺油庫後，即宣佈興建兩座大型屋村，並以八億港元收購太古在該項計畫中所占的權益。這樣，李嘉誠又獲得了兩大屋村。兩大屋村最後盈利一百多億港元。

專心做好一件事

一個人的精力是有限的，把精力分散在好幾件事情上，不是明智的選擇，而是不切實際的考慮。在這裡，我們提出「一件事原則」，即專心地做好一件事，就能有所收益、能突破人生困境。這樣做的好處是不至於因為一下想做太多的事，反而一件事都做不好，結果兩手空空。想成大事者不能把精力同時集中於幾件事上，只能關注其中之一。也就是說，我們不能因為從事額外工作而分散了我們的精力。

如果大多數人集中精力專注於一項工作，他們都能把這項工作做得很好。

在對一百多位在其本行業獲得傑出成就的男女人士的商業哲學觀點進行分析之後，卡內基發現了這個事實：他們每個人都具有專心致志和明確果斷的優點。做事有明確的目標，不僅會幫助你培養出能夠迅速作出決定的習慣，還會幫助你把全部的注意力集中在一項工作上，直到你完成了這項工作為止。

能成大事者的商人都是能夠迅速而果斷作出決定的人，他們總是首先確定一個明確的目標，並集中精力、專心致志地朝這個目標努力。

伍爾沃斯的目標是要在全國各地設立一連串的「廉價連鎖商店」，於是他把全部精力花在這件工作上，最後終於完成了此項目標，而這項目標也使他獲得了巨大成就。

林肯專心致力於解放黑奴，並因此成為美國最偉大的總統。

李斯特在聽過一次演說後，內心充滿了成為一名偉大律師的欲望，他把一切心力專注於這項工作，結果成為美國最偉大的律師之一。

伊斯特曼致力於生產柯達相機，這為他賺進了數不清的金錢，也為全球數百萬人帶來無比的樂趣。海倫・凱勒專注於學習說話，因此，儘管她又聾又啞又失明，但她還是實現了她的明確目標。

可以看出，所有成大事者，都把某種明確而特殊的目標當作他們努力的主要推動力。

專心就是把意識集中在某一個特定欲望上的行為，並要一直集中到已經找出實現這項欲望的方法，而且堅決地將之付諸實際行動。

自信心和欲望是構成成大事者的「專心」行為的主要因素。沒有這些因素，專心致志的神奇力量將毫無用處。為什麼只有很少數的人能夠擁有這種神奇的力量，其主要原因是大多數人缺乏自信心，而且沒有什麼特別的欲望。

對於任何東西，你都可以渴望得到，而且，只要你的需求合乎理性，並且十分熱烈，那麼，「專心」這種力量將會幫助你得到它。

一次只專心地做一件事，全身心地投入並積極地希望它成功，這樣你的心裡就不會感到精疲力盡。不要讓你的思維轉到別的事情、別的需要或別的想法上去。專心於你已經決定去做的那個重要專案，放棄其他所有的事。

在激烈的競爭中，如果你能向一個目標集中注意力，成功的機會將大大增加。

李嘉誠．金言

以我個人的經驗，有了興趣，就會全心全意地投入，保持這樣的心態，做每一件事情，是沒有困難可言的。做哪一行就要培養出哪一行的興趣，否則，要成功，要出人頭地不容易。

事業成功百分之百靠勤勞換來

這個世界上，做夢都想成爲富翁的人可謂數不勝數。有的人談到成功者總是以「運氣」兩字以蔽之，但是李嘉誠並不同意這一觀點，他認爲，事業的成功有運氣的成分，但主要還是靠勤勞。特別是在一個人尚未成功之前，事業成功百分之百靠勤勞換來。

有人曾專門探討過李嘉誠的「幸運」，頗令人折服。《巨富與世家》一書寫道：「一九七九年十月二十九日的《時代週刊》說李氏是『天之驕子』，這含有說李氏有今天的成就多蒙幸運之神眷顧的意思。英國人也有句話：『一盎士的幸運勝過一磅的智慧。』從李氏的體驗，究竟幸運（或機會）與智慧（及眼光）對一個人的成就孰輕孰重呢？我們回顧李嘉誠創業的歷史就不難發現，所謂幸運的出現總是以智慧和勞動做基礎的。如果光有幸運而沒有努力，那麼成果也會是無根之源，無本之木。」

針對人們的這些問題，一九八一年，李嘉誠對這個問題發表看法，他指出：「在二十歲前，事業上的成果百分之百靠雙手勤勞換來；二十歲至三十歲之前，事業已有些小基礎，那十年的成功，十%靠運氣好，九十%仍是由勤勞得來；之後，機會的比例也漸漸提高，到現在，運氣已差不多要占三至四成了。」

一九八六年，李嘉誠繼續闡述他的觀點：「對成功的看法，一般中國人多會自謙那是幸運，絕少有人說那是由勤奮及有計劃地工作得來。我覺得成功有三個階段。第一個階段完全是靠勤勞工作，不斷奮鬥而得成果；第二個階段，雖然有少許幸運存在，但也不會很多；現在呢？當然也要靠運氣，但如果沒有個人條件，運氣來了也會跑去的。」

李嘉誠認爲早期的勤奮，正是他儲蓄資本的階段，這也就是西方人士稱爲「資本積累」的觀念。不過，在香港每天工作超過十小時、每星期工作七天的人大概也有十萬人，爲什麼他們勤奮地工作了數十年還沒有出人頭地呢？這其中必有幸運和智慧的成分。

由此可見，李先生認爲勤奮是成功的基礎乃是自謙之詞，幸運也只是一般人的錯覺。從李氏成功的過程看，他有眼光判別機會，然後持之以恆。而他看到的機會就是一般人認爲的「幸運」。許多人只有平淡的一生，可能就是不能判別機會，或看到機會而畏縮不前，或當機會來臨時缺少了掘「第一桶金」的意識。也有人在機會來臨時，因爲斤斤計較眼前少許得失，把好事變成壞事，坐失良機。

第九章
敢為自己做主

決策要注意審時度勢

李嘉誠指出，審時度勢大膽決策是成功企業家的必備素質，在危機關頭，應禁忌那種當斷不斷猶豫不決的決策心態。

許多商業名家在評價李嘉誠成功之路時說：「……縱觀他的大半生，他的所有行動和心理，都具有鮮明的個性。非李嘉誠所不為，非李嘉誠所不能的。有人稱他經營房地產實在是大企業家的風度和氣魄，我認為還要加上職業賭徒孤注一擲的冒險精神。」大膽、勇為、冒險、創新，這就是李嘉誠風格，也是所有成功人士審時度勢的特殊本領。

同樣，以不到五百美元起家，最後主持年營業額達數億美元的「國際管理顧問公司」的美國人麥科馬克，就是這樣一位能審時度勢的企業家，他指出，如果把人生當作一盤賭局，那麼，審時度勢最重要的在於懂得什麼時候下注，如何下注。而他自己正是憑著這種本領，在經營活動中，使自己能夠以逸待勞，以少勝多，從容不迫地獲得巨額商業回報的。

當然，要學會科學決策，必須不斷學習。李嘉誠指出，科學地進行投資決策是當代管理實踐提出的迫切要求，精明的商人懂得在實踐中提高自己，對不努力學習決策的結構和思維方法十分禁忌。

從現代角度來看，科學地進行投資決策，是當代管理實踐提出的迫切要求，是工商企業獲得良好經濟效益的根本保證。從一般的意義上講，科學投資決策的基本要素主要應包括四個方面的內容：即決策者、決策的原則、決策的程式和決策技術。

決策者是決策的關鍵。決策者可以是一個人，也可以是一個集體。它是進行科學投資決策的基本要素，也是諸要素的核心要素和最積極、最能動的因素。它是決策成敗的關鍵。

李嘉誠指出，決策者的智力結構相當重要。一個具有合理智力結構的決策者，不僅能使每個人人盡其才，而且通過有效的結構組合，迸發出巨大的集體能量。另外還有兩項對於決策者而言相當重要：

1. **決策者的思維方法是重要條件：**人為思維方法可以包括抽象思維、形象思維、靈感思維及創造性思維四種。抽象思維善於抛開事物的千姿百態的具體形象而抓住本質，適

用於程式決策；形象思維用直觀或藝術形式在虛無縹緲的條件下來確定目標；創造性思維可以在山窮水盡的情況下，思路縱橫，頓開茅塞。

2. **決策者的品德修養是重要基礎：**決策者必須率先垂範，以身作則，以自己良好的形象創造良好的組織風氣和人際關係。要有民主作風，相信和依靠廣大職工群眾，集思廣益、博採眾長以調動下屬的積極性和主動性。這是決策成功的重要基礎，也是決策順利實施的保證。

不要總等著別人的幫助

朋友總會在你需要的時候幫你一把，但如果你以此為由，凡事遇到困難總等著別人的幫助，那就變成無能之輩了。在公司裡，經理吩咐你完工以後要打掃一下辦公室，你照辦了。第二天，經理沒吩咐，你就不打掃，那你可能要不了幾天，就得靠保險金度日了。

總等著別人吩咐和幫助的人是沒有主見、沒有遠見的人。他們往往不知道要做什麼、為了什麼而做、自己的目標是什麼。他們總抱著一種懶惰的態度去等待，否則就是停止思考。他們永遠是活在現在、看著現在，他們不會去想明天該做什麼，也不知道明天該幹什麼。要想成就事業，沒有預見、遠見顯然是不行的。

「船王」包玉剛、「塑膠大王」王永慶、「旅店大王」希爾頓，哪一個不是一有空就想著以後會怎樣、以後該做什麼？如果你等到別人告訴你：外面女鞋緊缺，做女鞋可賺大錢，等你湊錢建廠產出皮鞋的時候，人家已把皮鞋當雨鞋穿了。時代節奏變化如此之快，總等吩咐的人只能永遠搭末班車。總等著別人吩咐和幫助的人最容易上當受騙。騙子最喜歡沒主見的人。在毫無主見的人面前，騙子總顯出很有主見的樣子，會振振有詞地告訴你怎樣可以賺大錢，於是你就心甘情願地把錢給了他。很多人被騙，其中一個原因都是因為沒主見。

總等別人吩咐和幫助的人總會被別人忽視，依賴性強是他們的致命弱點。一時地依賴別人，會讓別人感到一種成就感和滿足感，但一味地依賴別人，別人就會感到是一種累贅。依賴性強的人去做生意只有虧本的份；總等著吩咐的人在公司裡永遠得不到提升；依賴性強的丈夫會被妻子認為無能；依賴性強的妻子會助長丈夫的大男子主義。那麼，如何消除依賴性、培養獨立意識呢？

1. **首先要逼著自己去思考問題**：依賴性強的人總是懶於思考。凡事要試著自己去思考，慢慢培養一套自己的邏輯，不常思考的人思考起來總比較吃力，常思考的人就會輕鬆許多。

2. **不要輕信別人**：凡事都要經過自己的考慮，即使是別人的吩咐也要經過自己的分析。只有這樣，才能形成一種獨立的意識，也會避免上當受騙。

3. **要不斷豐富自己的閱歷：**只有多看、多聽、多學，才能形成自己的思考，才能輕而易舉地預見未來，才會給自己定好目標。

決定之後決不更改

在李嘉誠的經營決策中，最值得一提的是他在每決策一件事情之前會全盤考慮、全面分析，一旦事情決定之後，便堅決果斷地實施，絕不拖泥帶水。特別是李嘉誠在處理問題時有一個良好的習慣，就是遇事從來不鑽「牛角尖」，他會全盤考慮、權衡利弊，然後挑選一條快捷的道路，這常常表現在他「見好就收」的看家本領上。一九七八年他曾希望收購九龍倉，一九八〇年欲收購置地及怡和，但遇到反收購行動就放棄，得些好處就收。

不僅如此，李嘉誠第一次大規模投資海外，是付出七千七百萬美元收購英國皮爾遜公司股權，當遇到皮爾遜管理層提出抗議時，李嘉誠就趁機獲利一千三百萬美元並聰明引退，再次表現他「見好就收」的本領。他這種克制常人都無法回避的虛榮，正好顯示他拿得起、放得下的大將之風。

眾所周知，李嘉誠作為世界級巨富的騰飛行動，主要表現在他眼光獨到的房地產開發上，當人們採訪李嘉誠，希望他談談經營房地產的心得時，李嘉誠說：「不能說是心得，或者我告訴你們我的做法。我不會因為一日樓市好景，立刻買下很多地皮，從一購一賣之間牟取利潤。我會看全局，例如供樓的情況，市民的收入和支出，以致世界經濟前景，因為香港經濟會受到世界各地的影響，也受國內政治氣候的影響。所以在決定一件大事之前，我很審慎，會跟一切有關的人士商量，但到我決定一個方針之後，就不再變更。」

做一個有「腦子」的人

多多聽取他人的意見是對的，但你仍要有自己的主見才行。人家的意見只能供你參考，但不是你的決定。如果你過於信任別人的話，人家說東，你就向東，人家說西，你就向西，結果你將遇到比不聽取他人的意見更大的危險！

有一個朋友曾說：「我小的時候，生在一個有錢有勢的人家裡，父母對我愛護得真是無微不至，穿的，吃的都用不著我來動手，因此，當時造成我一種十分依賴的個性，既不用操勞，更不必用腦！」

「如果當時我大膽離開了這樣一個家庭，」他接著說，「乘舟遠渡重洋，走到需要我操勞用腦的環境中去，也許我現在的自信心要強多了。但可惜當時我不是那樣一個頑皮的孩子。我很老實，於是也就被老實所誤。」

當然，假使任何事情都有別人來代你解決，任何錯失都有別人來代你擔當，任何責任都有別人來負，那麼你的生活將是多麼安閒愉快啊！可是，如果再進一步想一想，那時你將成為怎樣的人呢？——別人會批評你是「扶不起的阿斗」！

請你立刻審查自己一番吧！你小時候是不是處處都得依賴你的父母？在學校裡，你的功課是否常請同學們幫忙？你在工作時，是不是常常請他人來代勞，自己卻伏在桌上打瞌睡？你平日做事是不是常常見風轉舵，沒有絲毫主見？如果你發現自己的確有這些不好的依賴習氣，那麼請你立刻痛下決心，重新開始做一個有志氣、有腦子、獨立自主的人。

但這不是說你應該完全擺脫他人的幫助，做一個我行我素的人。你仍是需要他人的幫助的。只要你有自己的目標、主見和行動，那麼你不妨儘量吸收別人的建議，作為達到你的目的、校正你的主見、加強你的行動的最好助力！

總之，使你獲得有益指導方法是：打定主意，要從別人的意見裡，尋出一個最正確的結論來。但在你還沒判斷別人的意見是否正確之前，切勿盲目依從、任人擺佈，否則你將會吃虧上當。

當然，在你徵求他人意見之前，必須先略知對方對於你所要解決的問題，有沒有相當的經驗或學識。如果你明明知道他對這事毫無頭緒，那麼，即使對方是你多年老友，或是在其他方面有過怎樣大的成就，你還是不問的好。這就像你在想投資一筆生意時，去問你那鄉下女人出身的老婆會不會虧本；或者你是一個女人的話，去問你那做建築生意的丈夫，哪一種布料最密實。結果對方不是答非所問，就是認為你在開他的玩笑。

不要太在乎別人的眼光

人都是要面子的，在人際交往中，人們都比較注意自己的形象，這很正常，但不能死要面子而失去自我。

別人對你的評價總是有差別的，有的人總是挑好的說。如果以此為據，你可能高估自己，自我感覺良好。於是可能輕視別人，忽視一切，自以為是。也有人可能專挑壞的講，故意貶低你，這樣你可能低估自己，自卑消極。所以在聽取別人意見之前，首先要有一個正確的自我評價，並以此為基準。

另外，別人看到的可能只是你的表面或一個方面，真正全面、清楚了解自己的還是自己。只有天生沒有主見的人才會整天打聽別人對自己的評價。雖然有時候可能會出現「當局者迷，旁觀者清」的情況，但大多數情況下旁觀者的意見只能作為參考。

太在乎別人的「眼光」還有一個缺點，就是會使你做事放不開手腳，養成猶豫不決的性格。如果一個企業家太在乎工人的「眼光」，他就不是一個強有力的管理者。在發獎金的時候，他會首先考慮到副理會怎麼想，科長會怎麼議論自己，然後那些老工人會不會認為我不照顧他們，還有門衛會不會認為自己不體貼他。這樣，不調整十幾遍，獎金是發不下去的。

如果是個歌手，上台之前就東想西想，一身衣服會換上十來次，最後還是帶著疑惑上場，上場後發現掌聲沒料想的熱烈，心裡又嘀咕上了……這樣的歌手肯定是唱不好的。而如果是個外交部長，那可能就會被人家牽著鼻子走，把自己國家都給賣了。太在乎別人的「眼光」肯定會以失去自我、失去個性作為代價。沒有自我、沒有個性的人肯定成不了大事，也不可能知道自己的價值。

和人交往的最佳境界是不卑不亢，這樣才能不失自我。一個小職員見到總經理時很可能拘謹得語無倫次，而當他跳出總經理的圈子，就可能是大方自如的。當你太在乎別人的時候，你也不知不覺地就失去了自我。在現實生活中，我們經常會發現，有些我行我素、對別人反應遲鈍的人卻往往很讓人佩服。只要我行我素而不侵犯別人，他們總是很受人歡迎的。

李嘉誠·金言

財富能令一個人內心擁有安全感，但超過某個程度，安全感的需要就不那麼強烈了。

培養判斷力

判斷力對一個成功者來說太重要了，任何一個人做任何一件事情，他都需要對其進行評價，然後判斷其好壞與否，最後才能決定是否實施，而實施的結果則完全繫於其判斷之上。

工作做不好的一大原因，就因為在零星細小的事務上多費了工夫。在小事上所浪費的時間儘管不多，可是若再欠缺判斷力，那就很可能引起嚴重的後果。

對瑣碎的事情欠缺判斷力的人，不論對什麼事情，總是想得太過分。例如：怎麼辦才好？不辦怎樣？辦了又怎樣？等等，如臨大敵。結果，時間虛擲，沒有一樣事能做得完美。再者，為避免錯誤、失敗，遇事無不斟酌再斟酌，考慮再考慮，以致坐失良機。這種事也是常有的。

這些人也許是要使事情辦得完美無瑕吧，然而，往往是事與願違。

他們恐怕也並非是故意要將工作延緩，只是太過分認真了，以致無論對任何事情，都要絞盡腦汁地去思考，結果是徒勞無益，使工作停滯不前。

因此判斷力的培養非常重要，接下來我們談一談判斷的分類。

人的判斷通常有如下四種類型。

1. **極端保守主義型：**屬於這類型的人即使做瑣碎的小事，也要費很多時間，思來想去之後，結果是什麼也沒做。

2. **普通的保守主義型：**浪費了許多能力和時間，結果總算還能做某種程度的工作。

3. **進步主義型：**這是下決心快，並能立即付諸行動的類型。如果再有其他事，又會立即去應對。

4. **激進主義型：**這種類型的特點也是下決心很快，但卻不立即行動，而要辛苦地將決心正當化，而且因為非常地固執於此，最終和第一類型無多大差異。

因此，應該說，我們贊成進步主義型的判斷，這種判斷力也是最能促成成功決策的一種判斷力。但是在實際生活中它同樣也需要加以修正。

比如說，機敏的決斷應當是一種補充，一般說來這種判斷比費時良久的深思熟慮更趨正確，這是因爲，所謂人的思考，時間越長，受到先入爲主或隱而不顯的偏見左右的機會就越多。思考時間長的人，大都是不能成就大事的，這些人的決斷易爲偏見所左右。

決定事情要迅速。越是快捷，越會得到好的結果。有時直覺是最寶貴的才能，而猶豫不決無異於裹足不前。另外，培養迅速決斷力的方法，要大膽而肯定地運用自己的判斷力，不要害怕犯錯誤。實際上人們常常會遇到這樣的情況：爲求得工作更完善，不免拘泥於瑣碎的細節，擔心犯錯誤，結果常常適得其反。

最後，爲了使決斷敏捷，必須堅持某種原則或某種目標，這是十分重要的。

爲了微不足道的小事，往往搞得頭昏腦脹，反而把重大的事情給忘了。這是沒有決斷能力的人的通病。

有決斷力的人，堅持看問題核心的原則。抓住原則就會排除混亂，展現坦途。

爲了人生零星瑣碎的事情過分思慮是愚蠢的。一切事情越能乾淨俐落地決定，越不會招來損失。

敏捷地作出決斷，這是取得成功的秘訣。

李嘉誠．金言

我凡事必有充分的準備然後才去做。一向以來，做生意處理事情都是如此。例如天文台說天氣很好，但我常常會問自己，如五分鐘後宣佈有颱風，我會怎樣。在香港做生意，亦要保持這種心理準備。

鼓勵自己作出重大決定

鼓勵自己作出重大決定的關鍵在於讓自己能夠正確面對。我們知道，人沒有方法可以知道每件事，但是有辦法可以在你決定前，多知道一些。也有方法可以給你時間思考。

1. **不要害怕做決定：**許多人都害怕做決定，因為決定對他們而言，都是未知的冒險。而且最使他們困惑的是，不知道這個決定是否重要，是否對錯。因為不知道這點，他們毫無頭緒地浪費力氣，擔憂無數的問題，最後什麼都沒處理好。

2. **不要臨時做決定：**做決定似乎就像在你不知道你真的想要何物時，隨機扔硬幣一樣。很不幸的是，留給你決定或評估所有選擇的時間太短了，瞬間的決定通常是軟弱，因為它們總是基於只對目前有用的事實。這樣，結果總是不好，因為迫使你作出這樣決定的力量，經常會扭曲了事實、混淆了真相。當所有的決定都取決於現在時，最好的決定，事實上是老早以前就決定的那一個。

3. **決定要反映你的目標：**決定應該反映你的目標。假如你的目標明確，要決定就比較容易。沒有目標你只是在那兒瞎猜而已。

4. **做決定不要害怕失去：**對你最好的決定可能不是最吸引人的，或是能讓你最快得到滿足的那一個，那就是為什麼做決定這件事，總是顯得如此複雜的原因。

記住，很少抉擇會讓人完全舒服，想想你一生中所作的重大決定，它們都有退縮的時候。買房子會用掉可能投資在生意上的錢；投資在生意上的錢又可能使一場假期或某個嗜好泡湯。這樣，爲了後來比較大的收穫的決定，卻延後了此刻的享樂。買房子可能是個投資的好辦法，而生意可能讓你能擁有更多的假期。

有時候放棄現在的享樂和作某些犧牲是享受長期快樂的唯一辦法。有時候做一些表面上看起來似乎比另一個選擇差的決定，是你能最終達到目標的僅有的方法。

關鍵時眼光要準

一個成功的企業家，不可能獨守一技而獲得成功。李嘉誠的才華更是表現在各個方面。房地產投資的技巧已使他獲得了不小的成功，而在股市上操作的技巧更使他的企業獲得了長足的發展。

我們知道，李嘉誠真正成功，是靠地產股市。他的擴張史，無疑是一部中小地產商借助股市槓桿，急劇擴張的歷史。以小搏大，層層控股。到一九九〇年初，李嘉誠以他私有的九十八億餘元資金，控制了市值九百多億港元的長實集團。一九七二年長實上市時，市值才一・五七億港元，十八年後市值增長近一百八十倍。以全系市值計，比一九七二年膨脹了五百八十六倍。

歸根結底，李嘉誠在股市的作風，一如他在地產一樣，「人棄我取」，「低進高出」。而作爲李嘉誠搏擊股市的基本定則，「高出低進」的實戰案例不勝枚舉。

一九八五年一月，李嘉誠收購港燈，他抓住賣家置地急於脫手減債的心理，以比一天前收盤價低一港元的折讓價——即每股六．四港元，收購了港燈三十四％的股權。僅此一項，便爲和黃股東節省了四•五億港元。

六個月後，港燈市價已漲到八．二港元一股，李嘉誠又出售港燈一成股權套現，淨賺二．八億港元。低進高出，兩頭賺錢。

再如巍城公司開發天水圍的浩大地皮之事。由於港府的「懲罰性」決議，開發計畫瀕臨流產，眾股東紛紛萌生退出之意。

人棄我取，知難而上。看好天水圍發展前景的李嘉誠，從其他股東手中折價購入股權。於是便催生了嘉湖山莊大型屋村的宏偉規劃。長實是兩大股東中最大的贏家。

低進高出，關鍵是眼光要準。股市的興旺與衰微，大都與政治經濟因素有直接關係，大致有一定的規律性。要研究和掌握這個規律，就要密切關注整個國際間的時勢。

作爲系列上市公司首腦的李嘉誠，在股市的表現與他在地產的表現一樣令人折服，傳媒稱當時爲「中小地產公司的長江實業，初試啼聲，已是不凡」。

一九七二年，股市大旺，股民瘋狂，成交活躍，恒指急攀。李嘉誠借這大好時機，將長實騎牛上市。長實股票每股溢價一港元公開發售，上市不到二十四小時，股票就升值一倍多。這便是典型的「高出」。

一九七三年大股災，恆生指數到一九七四年十二月十日跌到最低點一百五十點的水準。一九七五年三月，股市跌後初愈，開始緩慢回升，深受股災之害的投資者仍「談股色變」，視股票爲洪水猛獸。就在這個時期，在李嘉誠的安排下，長江實業發行兩千萬新股，依據當時低迷不起的市價，每股作價三．四港元。李嘉誠宣佈放棄兩年的股息，既討了股東的歡心，又爲自己贏得實利——股市漸旺，升市一直持續到一九八二年香港信心危機爆發前。長實股升幅驚人，李嘉誠贏得的實利遠勝於當年犧牲的股息，李嘉誠以自己的充足信心和投資技巧真正實現了長線投資、長線回報的目的。

李嘉誠創業五謀略

創業艱辛，但艱辛中又有著成功的快樂。李嘉誠在其早年的創業實踐中，抱著「摸著石頭過河」的心理，從開始的迷惘之中尋找到了一條致富的捷徑。

1. **重視時機和資訊的運用：**從李嘉誠的創業史，我們可以看到，他對時勢的準確判斷和創業時的獨立果敢，而這都建立在他對資訊的分析和把握上。另外，由於資金不足，李嘉誠採取「以農村包圍城市」的戰略方針，以最少的錢辦最大、最多的事，並根據

創業的不同時段採取有效對路的工作方式，因而初戰告捷。更值得指出的是，李嘉誠能從兩條看似風馬牛不相及的資訊中分析出全世界將會掀起一場塑膠花革命。而此時的香港，塑膠花的生產和銷售尚為零。李嘉誠洞燭先機，全力投入。

2. **重視品質，善於公關**：李嘉誠創業過程中十分注意抓品質管制，並自覺運用公關手段解除危機。例如，創業不久，李嘉誠因追求數量而忽視了品質，使長江廠四面楚歌。面對挫折，李嘉誠採取「負荊」拜訪等幾手招數，起死回生。而當同行競爭短兵相接時，一些廠家拍攝長江廠的破舊廠房在報章發表，企圖以揭短的反面宣傳使長江廠信譽掃地。李嘉誠卻將計就計，運用太極推手的精義，突出奇兵，充分利用了這種免費宣傳，正面宣傳了自己。

3. **學習先進技術，把握市場脈搏**：李嘉誠為了尋找企業的新出路，不惜以旅遊簽證飛赴義大利學習塑膠花技術，通過耳聞目睹和與技術工人交朋友等多種手法獲取了第一手資料。回到香港後，搶先生產出塑膠花，又以高瞻遠矚的準確定位牢牢占領了市場。爾後，他又看好股份制，借雞生蛋，使長江實力迅速擴充。特別值得指出的是，李嘉誠十分注重市場的把握，他立足穩定後又想方設法繞過洋行中間商，直接與外商交易，牢牢掌握了市場的主動權。終於，以其精誠，以其一生中最大的一次冒險贏得了歐洲和美洲的大客商和市場，成為全球首屈一指的「塑膠花大王」。

4. **進入房地產市場，採取穩健戰略：**應該看到，李嘉誠獲得成功的重要轉捩點是進入房地產市場發展。但與眾不同的是，李嘉誠挺進房地產的原則是謹慎入市、穩健發展。具體做法是不賣樓花（編按：預售屋），不貸款，不按揭，只租不售，從而有效地避開銀行擠提、地產危機。特別是在二十世紀六〇年代後半葉，香港地產有價無市，到處賤價拋售物業。李嘉誠審時度勢，人棄我取，趁低吸納，這一招奠定了他成為香港首富的基石。而由於採取了穩健戰略，使得李嘉誠能夠擊敗置地，競投地鐵中環站和金鐘站與建權中標，這是李嘉誠以弱勝強的戰例之一，其中李嘉誠的精確分析及周密行動令人嘆服。

5. **把握投資策略，在耐心中求發展：**李嘉誠進入房地產投資領域之後，有效地把握了投資的策略，他針對當時的市場需求，相繼興建多個大型屋村，贏得「屋村大王」稱號。而且在補地價的時機選擇和換地的超前籌畫方面，令人擊節叫絕。為了奠定自己的堅實地位，李嘉誠的大型屋村醞釀十年方始出台，讓人佩服李嘉誠的深厚功力。而在土地拍賣場上，他又被稱為「擎天一指」。更值得指出的是，他以長遠的眼光與和黃主席胡應湘聯合推出的「西部海港——大嶼山戰略發展計畫」，催生了中英兩國政府的新機場建設規劃，這一切都是大手筆。

第十章
不要難為自己

做人做事別太固執

固執己見似乎讓人感到很性格，但更多時候給人的感覺是頑固不化。

太固執的人總會自以為是，很輕易地得出一個結論後，就認定是最終真理。如果別人有不同看法，就肯定是人家哪兒出問題了。太固執的人也很容易輕視別人、否定別人。太固執的人常常剛愎自用。三國名將關羽之所以最後敗走麥城，被俘身亡，最大的一個原因就是固執偏激、剛愎自用。

太固執的人很容易對人產生偏見。在他們眼裡，如果爺爺是小偷，那麼他的孫子也好不到哪兒去；一個人從監牢裡出來，他這一輩子肯定不會做好事……讓一個太固執的人去當老師，班級裡的「壞學生」永遠得不到翻身；讓一個太固執的人去做老闆，他的職員永遠不能犯錯誤。但是，世界「牛仔大王」李維的公司有三十八%的職員是殘疾人員和一些有犯罪前科的人，他們在那裡都做得好好的。

太固執的人不易接受新事物。他們總認為自己的一套是最佳的，他們對新事物其實根本不了解，但他們卻煞有介事地說出一大堆憑空想像的局限和不足，儼然像專家。他們會堅持認為電腦沒有算盤準確，即使他兒子還是個電腦工程師；他會認為生兒子當然比生女兒好，即使他女兒成了名人，他也會堅持認為這是上帝開的一個玩笑。

太固執的人肯定沒有好的人緣。要想改變這種壞脾氣，首先得試著去理解人，試著從別人的角度來考慮問題。抱著一個信條：在不了解一個人或一樣東西之前，別妄下結論。

認準目標向前走

回顧李嘉誠走過的歷程，你會發現他的行為軌跡與古人推崇的「文武之道，一張一弛」驚人地相似。李嘉誠是個從傳統文化氛圍中走出來的新型企業家，他能夠自覺或不自覺地去其糟粕，取其精華，使其與現代商業文化有機會地結合為一體。我們不得不折服李嘉誠在「炒風刮得港人醉」的瘋狂時期，絲毫不為炒股暴利所心動，穩健地走他認準了的正途——房地產業。

一九五八年，李嘉誠涉足地產；一九七一年將長江工業改為長江地產，集中發展地產，次年又更名為長江實業，並成功上市。他當年的重大抉擇，現在越來越顯示出其正確性。

一九七六年，長江實業取得年經常性利潤五千八百八十七萬港元、擁有地盤物業六百三十五萬平方英尺、資產淨值增至五．三億港元的歷史最好成績。由於李嘉誠採取了穩紮穩打發展地產業的策略，因而使自己在業界實力漸雄，名聲漸響。

而不少房地產商放下正業不顧，將用戶繳納的樓花首期（款）、物業抵押獲得的銀行貸款，全額投放到股市，大炒股票，以求牟取比房地產更優厚的利潤，這種做法加大了房產開發的風險，後來暴發了香港著名的「銀行擠兌風波」，終使那些鋌而走險的商人遭到了經濟規律的懲罰。

當然，李嘉誠從事房產開發也是有原則的，與那些唯利是圖的商人不同，他十分注重自己的公司形象。例如，一九七七年中期，李嘉誠購入大坑虎豹別墅的部分地皮——十五萬平方英尺。虎豹別墅為星系報業胡氏家族的祖業，據該家族的一篇文章稱：「所謂別墅，其實不是一座私人花園住宅，而是規模宏偉、饒有特色的公園。巍峨屹立的七層白塔，紅牆綠瓦的亭台樓閣、展覽館，碧波蕩漾的游泳池，動物雕塑裝飾著崖壁，還有敍述警世故事的泥塑及假山、山洞等，參觀、遊樂、購物、休息場一應俱全。到過虎豹別墅的人，無不稱讚它的豐富多彩，富麗堂皇。」李嘉誠購得地皮後，在上面興建了一座大廈。遊客批評大廈與整個別墅風格不統一。李嘉誠遂停止在該地大興土木，儘量保留別墅花園原貌。他這樣做就是為了向社會輿論表明自己與一般商人不同。

不要走向極端

要麼很好，要麼很壞；要麼是躊躇滿志，要麼是萬念俱灰；稍受鼓勵就信心倍增，稍受打擊就萎靡不振。雖然說人生是一場戲，但你也不能故意把它搞得大喜大悲，這對身心是很不利的。

有極端思想的人往往是一個完美主義者，或者說是一個理想主義者。在事情開始之前，他們總會把事情的結果想像得很美好。由於看了一張介紹創業成功者的報紙，他們就會浮想聯翩：如果我也去創業的話，說不定我能賺個幾百萬，然後我就能買棟房子，另外再買輛車，當然也要給女兒買架鋼琴。而一旦事與願違，他們就會痛苦萬分，極大的反差加上沒有任何的思想準備定會讓他們消沉一段時間。

有極端思想的人往往是易衝動、缺少全面考慮的人。他們對一件事情投入得特別快，他們會調動一切情緒專心於一件事。當他受了別人的啟發，決定開始學外語時，他會專心致志地訂好計畫，而且立刻跑到書店買來外語書，還有一大堆參考書、工具書和ＭＰ３，他還會考慮到家裡的音響不行，馬上去買個新的。但學了三天後，就覺得計畫是否該改一下，參考書是否太深了。再過幾天，就會問自己：學了外語到底有什麼用？然後就可能像沒發生過這事一樣過起了原來的生活。

我們要試著去改變這種極端思想的做法。首先，要有接受挫折與失敗的心理。在事情開始之前，要告訴自己：結果越美，往往困難越多。

要出門旅遊，你不能光想海邊風景多麼迷人，在大海裡游泳是多麼暢快，到山頂眺望是多麼心曠神怡。

你得想想在海邊曬半天會很黑，夜裡會皮膚痛，那座山很陡，小心不能摔跤。其次，我們在事前不要把結果想像得太完美，可以告訴自己：能有七分成功就算很不錯了。期望值不能太高，以免失望太多。

當然，我們也可以告訴自己：做事要多看過程，只要我們盡力就行了。萬一我們不幸遭遇失敗，我們應告訴自己：生活大部分時間是平淡無奇的，我們只不過又回到了起點，讓我們從頭再來。

別總是最後才後悔

因為一件事做得不完美而後悔，或因為不經意的一句話傷害了別人而後悔，這都是難免的。但如果一個人經常性地話一出口就後悔，那就不大正常了。

這種壞習慣有時候是因為猶豫不決的性格造成的。有的人面對選擇時，總會考慮得無比周到。從大到小、從前到後，樣樣都考慮，到最後把自己都給搞糊塗了，不知如何作出選擇。好容易在別人的幫助下或在內心的催促下作出了決定，話一出口又馬上就會後悔，心裡想：可能作另外一種選擇更好。

考慮太多會使你「說了常後悔」，欠考慮也同樣使你「說了常後悔」。有些人喜歡信口開河，說話不著邊際，只管吹牛倒也無妨，問題就在一不小心就可能傷了別人，那就只有道歉了。由於猶豫不決而常後悔的人，總會有種失落感。本來做出選擇是件很痛快的事，而對他來說卻是痛苦的事。去購買一樣東西本來是一種享受，而他卻體會不到這種滿足。上街去吃火鍋，走過日本料理店門前，會禁不住想：吃日本料理也不錯。火鍋已經在面前了，日本料理的香味還縈繞在眼前，火鍋的味道肯定減了一半。如果你是一個優柔寡斷的人，你得在做決定之前先弄清楚：自己選擇的首要標準是什麼？在作選擇之前先把標準的順序排好，如果只想買支筆，能寫就行，那就挑支便宜的。在作出決定以後，只能想自己選的東西有多少優點，別去想別的，要有一種知足常樂的心理。

而如果是欠考慮、易衝動的人，就要告訴自己：凡事要三思而後言。特別是在感情衝動時，要立即警告自己：別光從自己角度出發，換個角度。和別人開玩笑，不能憑自己想像，你要想想他會不會生氣。在批評人時，也要想想對方會怎麼想，不能光顧自己發洩。在承諾別人時，不能光讓對方滿意，要考慮一下自己能否承受得了。

量力而為

世上真有人能成為永遠無懈可擊的霸主嗎？只要我們不斷學習，就一定能變成大文豪嗎？其實，我們每個人都有自己的能力上限，不可能樣樣都行。能力極限可能是由於自己體力、心智或情緒上的缺陷所致。

此外，外在環境的因素也可能從中作梗，使我們無法培養出一項專門技能來。更糟的是，儘管我們堅持每個人都擁有基本的人權，而且也有法律來保護，然而各種歧視仍然充斥於各行各業，如社會經濟領域的歧視、人種的歧視，還有宗教、性別、年齡和種族歧視等。這些非理性的歧視，往往也構成了我們取得成功的巨大障礙。

為了向別人或自己證明自己的能力，強迫自己去做能力所不能及的事情，不僅會累壞自己，而且還會平白浪費了寶貴的時間。儘管如此，卻還是有很多人仍然樂此不疲。

我們的確聽說過某人在情勢不利的情況下還奇蹟般地完成了一件偉大的事情。以一位骨瘦如柴的人為例，本來人們都已經把他當病號看待，但由於他每天堅持在沙灘上奔跑，經過近一年的努力，他不僅身體變得強壯起來，而且還贏得了世界盃競走冠軍。不過，除了這類催人前進的故事外，我們還聽到大量的是關於許多人因為眼高手低而摔得四腳朝天的故事。聽到這些故事就沒有那麼迷人了。

經常有人對我們說：「哪怕只有百萬分之一的機會，我也要試試看！」我們問他是否常買彩券，他回答：當然！接著，我們問他是否中過獎，他的答案卻是：哦！還沒有中過。遺憾的是，這種通過買彩券中大獎的企圖，不知道讓多少人不惜掏腰包去買彩券，這使他們越來越窮。如果你要為自己定下一個踏實的目標，就必須誠實面對自己的長處與短處，了解自己的能力與極限。如果你覺得困難重重，那麼正規的性向測驗或許可以助你一臂之力。

不管是正規的生涯指導也好，還是簡單的自我評價也好，老老實實地對自我作個評價，可以使自己明瞭自己的能力。這樣一來，我們就不會強迫自己扮演不適當的角色，更不會為了自己能力所不及的事情而做無用功。如果你擅長打網球或高爾夫球，你當然可以試著讓自己打得更好，不過千萬不要對自己要求得太過火——除非你已經練就了一手好功夫，否則千萬不要以榮登網球賽或世界名人高爾夫球賽冠軍寶座為目標。

或許讀者會問：有誰會這麼想呢？到底有多少人會把自己的目標定得這麼高？事實上，我們就真的見過很多人把自己的目標訂得太高，而且用盡力氣想去達到這個目標，結果不是落得萬劫不復的下場，就是摔得鼻青臉腫。

如果你有把握達成自己的目標，那就全力以赴地去做吧！然而，如果你在使盡了吃奶的氣力後，仍達不到自己的目標，那你就應該重新評估一下情況。千萬不要以為用頭猛撞就能撞開岩石！如果你在身心俱疲、氣餒而又備受挫折的情況下，仍然沒有完成自己的計畫，那麼就改弦更張吧！適時的改弦更張，不僅能使你不再因為缺乏成就而感到挫折，而且在追求個人目標的同時，適時對自己的目標提出質疑，也會使自己獲得成長。

學會釋放壓力

東晉大詩人陶淵明厭倦塵世喧囂，辭官歸隱，飲酒賦詩，云：「結廬在人境，而無車馬喧；問君何能爾，心遠地自偏，採菊東籬下，悠然見南山；山氣日夕佳，飛鳥相與還；此中有真意。欲辯已忘言。」閒適恬淡之韻味溢於言表，他所追求的正是一種悠閒自在的桃花源式的生活——他不願承受壓力。

在匆忙緊張的現代社會裡，老莊哲學似乎顯得有些落伍了。不甘寂寞的現代人無法安於閒適，他們崇尚功名，更願意從事艱巨繁忙的工作，即便屢遭險阻、飽受壓抑，也在所不辭，因為他們害怕被淘汰，精神緊張可以製造一種充實的幻覺。此時，人們已步入了壓力的誤區。

那些在生活和工作中承受著巨大壓力的人們往往受人景仰，成為學習的楷模。我們很多人從小就受到激勵，要做這種工作賣力、肩負重擔的、有出息的「社會棟樑」，要敢於和別人競賽。能夠向人坦言「我這人很耐得住壓力」，顯得是一件很值得驕傲的事情。而人們在向心理醫生進行諮詢時，也多是詢問如何才能進一步提高自身的「耐壓能力」，以使自己可以應付更多更重的工作和學習任務。

更糟的是，人的精神運動具有一種被動適應的特性——面對多大壓力就基本上能夠承受多大的壓力。你也許會發現：宣稱自己很耐得住壓力的人總是真的承受著巨大的壓力。如果你受到鼓勵，別人要求你進一步提高耐力，你就真的能夠忍耐更多的困擾、承擔更多的責任——直到承受力達到新的極限。即使是在不甚緊張的機關事業部門工作，你也得學習不斷提高自身的壓力承受力。甚至連專門教人如何釋放壓力的心理醫生自己也感到壓力重重！這真是一種遺憾！

能夠承受一定的壓力是很有必要的，可以鍛鍊人的意志，使人不致過於脆弱，在人生的旅途中經受住風浪的考驗。但是，壓力本身並非人生目標，實做和成績才能夠實現人生價值，而非一味承受壓力、精神緊張。

所以，不可為承受壓力而主動給自己加壓；相反，我們應該學會適當釋放自己所承受的壓力，否則最終將為自己引發危機！我們確實應該改變慣有的心態，尋求一種新的工作和生活方式。

在壓力引發危機之前，你就應該及早重視它。壓力的累積就像滾雪球下山——當雪球還很小，速度也較慢時，是較容易控制的。等它越滾越大、越滾越快時再想讓它停下來，即便不是不可能，也是相當困難了。大腦運轉不過來；時間總不夠用；對工作和學習感到厭煩，難以應付……這些都是你應該注意到的「減速信號」。

不要一味死做，面對一大堆雜亂無章的事情時，首先擰開你思想上的緊張閥門，釋放壓力——做深呼吸，走出房間到林蔭道上散散步。心緒平和下來後，再回到你的書桌前，鎮定自若，想像自己能量巨大，運籌帷幄之中，決勝於千里之外。事情再多，也一件件地做，所以，你應該考慮清楚諸事孰輕孰重，誰先誰後，再提筆把計畫寫下來，列出你的條理，這樣有助於理清你的思維——理論明確了，就可以很好地指導實踐。正所謂「磨刀不誤砍柴工」，看似不相關的「多餘」程序其實很有必要。多花點功夫放鬆自己，你會在事情的順暢進展之中贏得更多的時間。你要先學會投資，然後才能考慮豐厚的回報。

學會釋放壓力，你會發現自己並沒有太多的「必要」壓力需要承受，自然也就不用絞盡腦汁去想該如何應付壓力了。

排遣緊張與壓力的方法

古希臘哲學家曾說過：「人生以快樂為目的。」放鬆下來，調節情緒，排遣工作時的緊張與忙碌。

現代社會，高效率、快節奏更加劇了人們的緊張與壓力。每天來去匆匆的人們在辦公室與家庭之間快速旋轉，人們的身心都很疲憊。

還有更糟糕的，緊張與壓力之下，人們心情憂鬱而逐漸出現了心理疾病：憂鬱症、躁鬱症、精神分裂症等種種精神疾病。掌握排遣緊張與壓力的方法是現代人所必不可少的技能之一。

或許運動是一種最直接、最有效的方法之一。去打球、去健身、去參加舞蹈比賽，甚至於唱KTV都能充分享受到放鬆與愉快，在呼吸與心臟自然地跳動中放鬆自己的腦神經。試著每天堅持作一種運動，在盡情的放縱自己的身體中，你不會感到緊張的情緒。

與家人、朋友的共處也是一種很好的方法。當孩子放學回家時，他帶給你的天倫之樂可以讓你暫時忘掉工作中的煩惱。孩子們稚語中談到的學校的話題以及家人的私事將會把你的工作和生活截然分開，讓你充分享受家庭的幸福生活。

在假期裡充分休息，過一段新鮮、快樂的日子也是放鬆情緒、消除壓力的靈丹妙藥。假日裡，去郊遊，去踏青，在春光明媚的大自然中充分享受造物主所賜予的美景。這很容易使你保持頭腦保持清醒、身體更加輕鬆，假期結束後，很自然地提高了效率，有了較高的工作品質。

不斷的改善自己或許也可以使我們輕輕鬆鬆換種生活方式。或是談戀愛，或是美容，或是認識新朋友，或是學習鋼琴演奏，只要覺得自己在變化，就會給自己的工作和生活帶來新的歡笑和愉快。即使是去購物也比千篇一律的重複上一周的日子要好得多。

我們還可以增加自己的幽默感，看看喜劇片，讀些幽默故事和笑話，與那些性格開朗的人說說笑笑，在尷尬與窘困時自我解嘲，這或許是你放鬆壓力為快捷的方法。

無可無不可

孔子曾說：「君子之於天下也，無適也，無莫也，義之與比。」也就是說，君子對於天下的萬事萬物，並沒有規定怎麼樣處理好，也沒有規定怎麼樣處理不好，必須根據實際情況，只要合理恰當，就可以了。因此，對於身邊的事理如何看待，採取什麼樣的態度，孔子的方法值得我們借鑑。

孔子在評價古代幾位名人時認為，伯夷、叔齊是一代賢人，堅持真理，有所不足，但他們「言中倫，行中慮」，說話合乎法度常理，行為經過深思熟慮；虞仲、夷逸的特點則是「隱居方言，身中清」，能逃避現實，隱居下來，放肆直言，潔身自好。而他自己則不屬於這些人，是「無可無不可」。也就是說，對上述這些人的行為，有的他是肯定的，他自己也是這樣做的，有的他則是不贊同的，他本人就拒絕這樣做。這種「無可無不可」的處世哲學，要求我們在現實生活中，既要堅持原則，又必須機動靈活。

不堅持原則，一團和氣，就會使我們喪失目標，犯大錯誤。比如經商，根本原則是為了賣貨賺錢，利國利民，這個必須堅持。仿冒品雖然賺錢，但違法害民。不能賠本賤賣，雖然能獲得消費者歡迎，但不能賺錢，違背經商之道，也不可為。不機動靈活，生搬硬套，就會使我們失去機會，坐以待斃。再以經商為例，在堅持利人賺錢的前提下，採取什麼樣的方法、價格，決不能一成不變。熱情服務，隨行就市，才能成功。經商如此，為人處世也不例外。

生活中，凡事不可固守死原則，大事聰明，小事糊塗，難以下結論、難以辨是非的東西，採取一種不置可否的態度，既是一種智慧，也是一種品德。否則，聰明過度，妄下結論，往往會使自己處於尷尬的境地，甚至引火焚身。因此，對「無可無不可」的問題，應作如下理解：

1. **能上能下，隨遇而安**。也就是說，自己既可以升官發財，享受榮華富貴，也能安心守貧，面對艱難困苦。不論是一帆風順，還是荊棘坎坷，都能以平靜的心情，坦然處之。

2. **能貴能賤，入鄉隨俗**。提高自己的修養，增加自己的知識，面對富貴者不卑不亢，面對貧賤者不驕不狂。量體裁衣，不墨守成規。特別是待人接物，要能做到入鄉隨俗，與人打成一片。因為各個地方生活習慣往往沒有什麼優劣高低之分。

3. **尊重他人**。這樣才能贏得他人尊重，因而也就是尊重自己。

4. **能進能退，左右逢源**。為人處事，要靜如處子，動如脫兔，出乎意料之外，又在意料之中，進不越規矩，退不喪失志向；令人驚嘆而不驚奇，讓人尊敬而不畏懼，羨慕而不嫉妒，進退自如。

5. **能爭能容，皆大歡喜**。對於該得到的東西，要理直氣壯，努力爭取，決不客氣。優柔寡斷，是無能、懦弱的表現，必須克服。同樣，要有寬容之心、大度之情，要能容得下別人，理解和體諒到他的難處，力爭使每個人都得到滿意。

人生就要不斷學習和總結

李嘉誠指出，不會學習的人就不會成功；不會總結的人就難以戰勝失敗。正因為如此，李嘉誠一直以不斷學習和不斷總結的精神督促自己，不斷前進，不斷進步。李嘉誠認為人生是一個學習的過程，直到今天他仍然堅持不懈地學習，仍然堅持從中英文報刊上吸收各種知識。長江實業的一位高級職員曾經將一篇有關於李氏王國的翻譯文章送給李嘉誠看，李嘉誠一看立即便說：「這不就是《經濟學家》裡面的那篇文章嗎？」原來，李嘉誠早已看過原文。

不僅如此，李嘉誠的閱讀非常廣泛，他希望通過不斷地學習來陶冶自己的性情，李嘉誠曾說：「一般而言，我對那些默默無聞，但做一些對人類有實際貢獻的事情的人，都心存景仰，我很喜歡看關於那些人物的書。無論在醫療、政治、教育、福利哪一方面，對全人類有所幫助的人，我都很佩服。」

除了學習，李嘉誠還十分善於總結。在規劃與統治自己的李氏王國的過程中，李嘉誠曾經給自己總結出日常管理的九個要點，以利於自己不斷自我鞭策。

1. **勤奮是一切事業的基礎：**要勤奮工作，對企業負責、對股東負責。

2. **對自己要節儉，對他人則要慷慨：**處理一切事情以他人利益為出發點。

3. **始終保持創新意識，用自己的眼光注視世界，而不隨波逐流。**

4. **堅守諾言，建立良好信譽，一個人良好的信譽，是走向成功的不可缺少的前提條件。**

5. **決策任何一件事情的時候，應開闊胸襟，統籌全局，但一旦決策之後，則要義無反顧，始終貫徹一個決定。**

6. **要信賴下屬：**公司所有行政人員，每個人都有其消息來源及市場資料：決定任何一件大事，應召集有關人員一起研究，匯合各人的資訊，從而集思廣益，儘量減少出錯的機會。

7. **給下屬樹立高效率的榜樣：**集中討論具體事情之前，應預早幾天通知有關人員準備資料，以便對答時精簡確當，從而提高工作效率。

8. **政策的實施要沉穩持重：**在企業內部打下一個良好的基礎，注重培養企業管理人員的應變能力。決定一件事情之前，應想好一切應變辦法，而不去冒險妄進。

9. **要了解下屬的希望：**除了生活，應給予員工好的前途；並且，一切以員工的利益為重，特別對於年老的員工，公司應該給予絕對的保障，從而使員工對集團有歸屬感，以增強企業的凝聚力。

做生意

一個有生意頭腦的人，一個能洞察行情的人，一個有著良好的人際關係的人，一個具有良好的經商心態的人，一定會在商場上左右逢源，穩步發展，財源廣進。這就是李嘉誠成功做生意的奧秘。

第十一章 生意場待人之道

與人為善才能財源廣進

中國古代有「和氣生財」的說法，這裡的「和」就有「與人為善」的含義。李嘉誠正是這樣一個深得和氣生財要訣的聰明人。

「要照顧對方的利益，這樣人家才願與你合作，並希望下一次合作。」追隨李嘉誠二十多年的洪小蓮，談到李嘉誠的合作風格時說，「凡與李先生合作過的人，哪個不是賺得荷包滿滿！」香港廣告界著名人士林燕妮對此更有深切體會。她因主持廣告公司，曾與長實有業務往來。廣告市場是買方市場，只有廣告商有求於客戶，而客戶絲毫不用擔心有廣告無人做。這樣，自然會滋長客戶尤其是像長實這樣的大客戶頤指氣使、盛氣凌人的氣焰。

林燕妮回憶道，頭一遭去華人行的長江總部商談，李嘉誠十分客氣，預先派了穿長江制服的男服務生在地下電梯門口等我們，招呼我們上去。電梯上不了頂樓，踏進了長江大廈辦公廳，更換了個穿著制服的服務生陪著我們拾級步上頂樓，李先生在那兒等我們。

那天下雨，我的一身被雨水淋得濕漉漉的，李先生見了，便幫我脫下外衣，親手替我掛上，不勞服務生之手。雙方做了第一單廣告業務後，彼此信任，李嘉誠便減少參與廣告事宜，由洪小蓮出面商談下一步的售樓廣告。有時開會，李先生偶爾會探頭進來，客氣地說：「不要煩人太多呀！」我們當然說：「愈煩得多愈好啦，不煩我們的話，不是沒生意做？」

加拿大記者John Demont對李嘉誠的為人讚嘆不已：「李嘉誠這個人不簡單。如果有攝影師想為他攝像，他是樂於聽任擺佈的。他會把手放在大地球模型上，側身向前擺個姿勢……」

李嘉誠的「與人為善」，更多的是他所受的傳統文化的薰陶，以及父母對他的諄諄教誨。而難能可貴的是，李嘉誠將他與人為善的哲學真正落實下來，並堅持下來了。

李嘉誠・金言

人要去求生意就比較難，生意跑來找你，你就容易做。那如何才能讓生意來找你？那就要靠朋友。如何結交朋友？那就要善待他人，充分考慮到對方的利益。

聽得進勸告

任何一件事情的完成，絕對不可能是單獨一個人的力量所造成的，即所謂眾志成城。凡是參與這件成功事業的人，都是我們的夥伴和朋友，跟我們息息相關。可是我們卻常常有意無意間失去了朋友。要知道，損失一個朋友像損失一條胳臂。時間雖可使創口的痛苦減除，但失去的永不能補償。尤其失去一位好友是相當遺憾的一件事。

我們務必要深深地檢討：為什麼會失去我們的朋友呢？

可能是他們發現了我們的缺點多得使他們吃驚，錯誤大得使他們無法容忍，雖然他們再三規勸，可是我們仍然是我行我素，絲毫沒有改過的意思，他們在失望之餘，悄然離開了。當我們發覺時，已經失去了一位朋友。知道嗎？那些私下忠告我們，指出我們錯誤的人，才是真正的朋友。因為他們為我們著想，才甘冒不韙，希望我們改善無法立足於社會的缺點。這樣的朋友，我們應該緊緊抓住，好好的跟他相處，多從他們那裡得到忠言。

但是，大多數人的耳朵是聽不進刺耳忠言的即所謂「忠言逆耳」。人們一般都喜歡聽到阿諛、讚美，喜歡戴高帽，以致分不清是真是假，陶醉在美麗的謊言中。一聽到刺耳的真心話，便認為這個朋友故意揭他的瘡疤，有意跟他過不去，嘴裡不說，心裡不服，漸漸躲避那個朋友了。

請轉換一個角度想想，假如我們有這樣一個朋友：他喜歡說謊，不守信用，很多朋友都對他的缺點感到不滿。我們怕他如此下去，會失去很多朋友，而陷於孤立。於是基於一片好心，誠誠懇懇地勸告他，希望他知道自己的過失，下決心改過。我們把他當作自己的親兄弟般，懷著「人溺己溺，人飢己飢」的心理，苦口婆心的去規勸他。儘管我們說得非常誠懇，非常得體，但一語道破他的隱私，一下子觸著他的瘡疤，他是會感到痛楚的。

如果他能夠忍著痛楚，立下決心改過，我們會很高興。因為我們的勸告發生了作用。使一個不守信用的朋友變好，如同老父親看見浪子回頭般，既難過又歡喜。反過來，假如我們的朋友對我們的勸告感到不滿，認為我們是存心揭他的瘡疤，因而態度惡劣，出言不遜，相信我們會難過得勃然而起，拂袖而去。同理，我們如果用這種態度去對待敢於規勸我們的朋友時，我們等於是「自絕於人」，從此失掉一位好友了。

生意場上的人應明白：那些私下告訴你錯誤的人，才是你真正的好友！

爽快的人能賺大錢

除了具有原諒他人過錯的度量，也要具有讚美他人之心。

經商者需有果斷力，因此，對於做事猶豫不決的人，非常不合適經商。一個人如果不具備迅速判斷、快速下決心的性格，是無法將生意做好的。所以，有些個性豪爽的企業家，常能幹成大事。人的判斷，有時正確，有時錯誤，這些企業家敢大膽地採取行動，實在令人佩服。

一個商人，在接洽商務時，坐在椅子上，不慌不忙地撇開正題不講，而盡談些不相干的話。這樣的商人，在他的經營上，是絕對不可能成功的。因為他太緩遲，太不經濟了。現代的商業是瞬息萬變的。所以商業談話中的每句話，都應該針對業務本身而發，時間才不致浪費。

商人最厭惡的，就是與那些說話不著邊際、節外生枝，喜用冗長的套語、無謂的廢話的人做買賣。「那個人真是個爽快的人……」這種話常常被用來形容成功的企業家或商人。從事商業，需要用人的機會較多。企業家最好具有男性豪爽的氣概，如果連職員的小動作都要干涉的話，絕對無法做好理想的事情。

看不順眼的事不要太多

社會上讓人看不順眼的東西比較多，但在一個人的眼裡看不順眼的事太多，那就有點不大正常了。當他很隨意地對周圍的人和事品頭論足、說三道四的時候，很可能在別人眼裡，他才是最讓人看不順眼的。

有些人往往喜歡盯著別人的缺點，對他人的不足很敏感，很有觀察力，但對別人的優點卻視而不見，甚至會光憑想像地大談別人的缺點。在街上看到一個塗著口紅的女孩，他會馬上對邊上人說：這種人太俗氣了，一點不懂高雅。在他眼裡，這個世界的一切人和事都應該和他自己想像的一模一樣。

有這種傾向的人也可能是為了故意顯示自己有思想、有個性。只要有人在場，他就會故意找出一些「不順眼」來，大談特談，當然在場的人是越多越好。他會談這個世道是如何不公平，那些領導是如何無能。實在沒話好講，他也會說上一句「那個清潔工掃地動作是多麼笨拙」。似乎如果讓他來，這個世界會馬上變個樣。當然，有時候，他會為了投同伴的口味而故意「發表高見」。

有這種傾向的人更可能是出於嫉妒，出於不得志，人在不得志的時候是會發些牢騷，在嫉妒的時候也會說些難聽的話，但一個人動不動就嫉妒，動不動就覺得不得志，那就有些不正常了。看到鄰居王先生換了間大房子，就會十分肯定地說「起碼有一半錢是貪污的」，看到部門裡的小夥子被提升了，又會逢人便說「不知要走了多少後門」。一個人如果看不順眼的東西太多，那他肯定沒有好的人緣。面對一個動不動就說人風涼話的人，你自然會擔心，說不定哪一天他也會在背後說你的風涼話。這樣，誰還敢和他深交？「看不順眼」的人總會自己把自己拖入一個孤獨的境地，也會被別人看作一個性格怪異的人，一個缺少人情味的人。

要試圖改變這種心理，首先要試著讓自己多看別人的優點，多替別人著想，多去理解別人。也可以試著換位思考一下。有時候要替別人想想難處，一個主管見到上級總會滿臉堆笑地恭維一番，這不能一概以「虛偽」定論，換了你也許也會這樣，說不定你還是有過之而無不及。其次，心裡要明白一個道理：你看人家不順眼，別人也會看你不順眼。你多看別人的優點，人家也會多看你的優點。這可謂人際交往中的「等價交換」原則。

李嘉誠．金言

在「卓越」與「自負」之間取得最佳平衡並不容易，因為有信心、「勇敢無畏」也是品德，但沉醉於過往和眼前成就、與生俱來的地位或財富的傲慢自信，其實是一種能力的潰瘍。

當一個好聽眾

人類的頭腦事實上就像一部能收能放的通訊機，聲音為播放自己創意的發報器，耳朵為接收別人創意的收報器。需注意的是，此兩者不可能同時發揮作用。

1. **勿小看「聽」的作用：**有人曾說過：「嘴張開時，心是閉著的。」這句話用來說明前面通訊機的原理是再適合不過的了！你必須時常將這句話謹記在心，並且用繩子綁住自己的舌頭，讓耳朵能儘量發揮其聽的能力，同時把所聽到的寶貴資訊深留在腦海之中。相信從前面你已經充分體會到把自己的創意放出讓別人收到的重要性，發報機便是將你的創意送出去的最好工具。但在這種前提之下，聽的重要性往往容易被忽略。致使因誤聽或聽覺錯誤而招致損失。所謂誤聽，就是沒聽清楚對方所說的話或誤解了對方話中的意思，在這種情況下，極容易誤事，不得不慎！也許有人認為這是杞人憂天。但聽的確是人們必須具備的技術，否則就無法聽懂別人所說的話或從別人身上學到東西。缺乏聽的能力，會使你在攀成功階梯時倍感吃力。

2. **擅長聽者容易交上朋友：**人們都喜歡自己的聲音，當他們希望別人能分享自己的思想、感情以及經驗時，就需要聽眾。這是十分微妙的一種自我陶醉的心理：有人願意聽就覺得高興，有人樂意聽就覺得感激。成為一名好的聽眾在企業界能導致很大的功效。譬如說，一名推銷員向某位顧客推銷時，對顧客的生意提出種種問題以表示關切，顧客就會感到很開心。見到此狀，便應進一步表現出自己是很好的聽眾，此時，顧客不僅樂意講，也願意讓你聽他講，這是一種互惠的關係，而這種關係就是商談成功的第一步。無論是哪一種顧客，對於肯聽自己說話的人都特別有好感。一言以蔽之，成為一個好的聽眾，即向成功邁進了一大步。

3. **擅長聽，工作較順利：**在生意上，因漏聽而遭致失敗的例子相當之多，換言之，漏聽所造成的失敗機率相當大。因為，上級有指示下來時，若沒有聽清楚或有所誤解，事情就無法處理得盡善盡美。沒有做到盡善盡美，當然就不能算是成功。因此，你應該訓練自己「聽」的能力，努力使自己不致因發生聽覺上的錯誤而導致失敗。如果你現在還不具備這種能力，立刻開始培養，還不算太遲。

4. **能聽的人也能學：**前面曾一再強調充實、整頓「精神圖書館」是如何重要。「精神圖書館」書架上的書愈多，愈表示一個人達到成功的能力愈大。而獲得新知最快的方法，就是聆聽別人說話。利用這種方式，各行各業的成功人士都會願意將自己多年奮鬥所累積的經驗及所體會出的訣竅悉數相授。也因為如此，具有好奇心又擅長聽的人學習起來總比別人快。

給人快樂

每個人都有享受快樂生活的權利，而給朋友帶來快樂的人自己就擁有了雙重的快樂。你願不願意學做一個快樂的人？

快樂的人能以自信的人格力量鼓舞他人。自信是人生的一大美德，是克敵制勝的法寶。在社交中，和一個充滿自信心的人在一起，你會備感輕鬆愉快。充滿自信的人即使遇到困難挫折，也會以樂觀自信的態度去克服。這種人格力量本身對別人也是一種鼓舞。

快樂的人能用富有魅力的微笑感染別人。人人都希望別人喜愛自己、重視自己。微笑能縮短人與人之間的距離，融化人與人之間的矛盾，化解敵對情緒。生活中沒有人會拒收微笑這一「賄賂」。

快樂的人能不惜代價讓對方快樂起來。誰不希望自己快樂？如果你是能給對方帶來快樂的人，你也會是一個受歡迎的人。為了使對方快樂，你應多尋找一些引起人快樂的方法，有時，為了讓別人快樂，可以不惜一切代價。

快樂的人能用幽默讓尷尬場合引發笑聲。幽默是快樂的槓桿，是生活幸福的源泉，是社交的潤滑劑。應付日常生活中最讓人傷腦筋的尷尬局面，最神奇的武器往往是幽默，幽默的語言常常給人帶來快樂。你要推銷你的快樂，最好的方式就是幽默。

快樂的人能說出令人高興的話語。讓人喜歡與你交談的前提是能使談話順利地進行下去，重要的是選擇符合對方興趣、年齡、工作的話題。例如，對於女性，問人家「有男朋友了嗎？」「今年幾歲？」人家只能認為你是「神經質的人」。若有位男士對你刨根問底，那你一定也不會對他產生好印象。所以在開始談話時應先問：「怎麼樣，喜歡棒球嗎？」、「這件衣服非常好看呀！」等等對方感興趣或嗜好的事情，從對方感興趣的觸發點開始進入話題。

因此，一定要避開以身體的某一特徵為話題的談話。必須注意不要談論身體太胖啦、頭髮太少啦等對方比較在意的東西。另外還應避開政治、宗教、思想等方面的話題，因為每一個人都會有不同的生活方式和想法。

如果你想要自己快樂，也能使別人快樂，那麼你要經常自我檢查一下，你是否話說得太快？如果是，可能會給聽眾一種神經質的印象；你是否講得太慢？如果是，可能會給聽眾一種你對自己所講的話題缺乏把握的印象；你是否含糊其辭？這是一種缺乏安全感的明確標誌；你是否用一種牢騷的語調說話？這是一種自我放任和不成熟的標誌；你的聲音太高而刺耳嗎？這是神經質的又一種標誌；你用一種專橫的方式說話嗎？這意味著你是固執己見的；你用一種做作的方式說話嗎？這是一種害羞的標誌。

快樂的話語是誠摯自然的，包含著信心與精力，還隱含著一種輕鬆的微笑。如果你掌握了這個訣竅，那麼你的朋友和你都會快樂似神仙。

做一個喜相的人

在業務往來和社交場合中，笑能帶來許多意想不到的效果。笑，使人變得善良友好；笑，讓人覺得喜慶吉祥；笑，讓人感到親切自然；笑，表明你的心胸坦蕩。所以，當你笑的時候，別人才會把你當作朋友，才能向你敞開心胸。

到某公司找人時，對所見到的第一個人包括收發室的人微笑，笑得謙虛熱情，表示對他給你的幫助致以謝意。看到他們公司的裝潢，要從心裡有一種讚賞之情。在見到要找的人後，要非常高興，然後把對他們公司的外部環境所留給你的好印象告訴對方，並對對方在如此優美的環境裡工作，表示羨慕。如果在見到要找的人之前你曾問過幾個人，那麼也要告訴對方，他們單位的每一位都熱情而彬彬有禮，你羨慕他們這裡的同事情誼。你這種歡樂的心情和對他們單位的讚賞都會給對方帶來好情緒，他會在這一天當中都有一種特別高興的感覺，會一直想著你這個非常「喜相」的、讓人感到快樂的客人。對方高興了，在與他談業務時就會有一個很好的氣氛。

說話時要把每一句話都說得很輕鬆，即使是一些很重大的問題也要用一種輕鬆自如的口氣，面帶微笑地講出來。

如果遇到敏感、難講的問題，與對方談論時，可以趁雙方哈哈大笑時，一點一點地提出來，把這個對方容易拒絕的問題一點一點地融化在笑聲裡，就像往開水裡加冷水一樣。在水開之後注入一點冷水，溫度一會兒就上去了。然後再一點一點注進去，水便總是開的。如果一下注入很多冷水，熱水變涼了，再開就需等一段時間。因此，對於不易解決的問題，一定要在雙方高興時提出來，而且不要著急，要一點一點地提，這樣問題就容易解決了。

積善必有善報

古人云，「上善如水」。從小受到家庭儒家思想薰陶的李嘉誠十分信仰儒家有關道德的思想和論述，他指出，無論是作為一個人還是作為一個商者，道德始終是第一位的。他認為，包括他本人在內所獲得的成績都是一種個人道德乃至社會道德規範的結果。為此，他經常向人提到少年時受人恩惠的事情：有一次，李嘉誠忘了侍候客人茶水，他聽到大夥計叫喚，慌慌張張拎茶壺為客人沖開水，不小心灑到茶客的褲腳上。

李嘉誠嚇壞了，木樁似的站在那裡，一臉煞白，不知如何向這位茶客賠禮謝罪。要知道茶客是茶樓的衣食父母，是堂倌侍候的大爺。若是挑剔點的茶客，必會甩堂倌的耳光。

李嘉誠誠惶誠恐，等待茶客怒罵懲罰和老闆炒魷魚。因為在李嘉誠來之前，一個堂倌犯了李嘉誠同樣的過失，那茶客是「三合會白紙扇」（黑社會師爺）。老闆不敢得罪這位「大煞」，逼堂倌下跪請罪，然後當即責令他滾蛋。

這時，老闆跑了過來，正要對李嘉誠責罵。一件意想不到的事發生了，這茶客說：「是我不小心碰了他，不能怪這位小師傅。」茶客一味為李嘉誠開脫，老闆沒有批評李嘉誠，仍向茶客道歉。

茶客坐了一會兒就走了，李嘉誠回想剛剛發生的事，雙眼濕漉漉的。事後，老闆對李嘉誠道：「我曉得是你把水淋了客人的褲腳。以後做事千萬得小心。萬一有什麼錯失，要趕快向客人賠禮，說不定就能大事化小。這客人心善，若是惡點的，不知會鬧成什麼樣子。開茶樓，老闆夥計都難做。」

回到家，李嘉誠把事情說與母親聽，母親道：「菩薩保佑，客人和老闆都是好人。」她又告誡兒子：「種瓜得瓜，種豆得豆」；「積善必有善報，作惡必有惡報」。從此，李嘉誠牢記了母親的話，他將那位茶客的善心和善舉銘刻在心，一方面作為自己行為的榜樣，另一方面夢想著有著一日找到這位好心的茶客，為他養老送終。

這種道德規範也影響到了李嘉誠的商業行為之中，人們總是將李嘉誠的商業收購當作一種善意收購，事實上李嘉誠也是本著善意收購這一原則進行的。他收購對方的企業，必與對方進行協商，盡可能通過心平氣和的方式談判解決。若對方堅決反對，他也不會強人所難。這可以看作是商業基本道德在李嘉誠身上的表現吧。

把光環讓給別人

當你拋開想成為公眾焦點的願望，轉而讓他人擁有這種光環的時候，你的內心就會升起一股奇妙的平靜感。

我們對於吸引他人注意力的心理需要，就好比自我中心意識的思想在發話：「看我啊，多麼與眾不同！我的故事比你的精彩。」心裡的這個聲音也許不會說出來，但它堅信「我的成就就是比你的重要」。我們渴望自己被關注、被傾聽、被景仰、被認為不同凡響，而且通常是跟另外一個人比較而言。

這種意識驅使著我們經常打斷別人的談話或總是迫不及待地要發言，以便將注意的中心引到自己身上。想想看，我們是否在一定程度上都有這種毛病？你急匆匆地搶斷話頭，喋喋不休地高談闊論，無形中卻敗了別人的興致，從而疏遠了自己與他人的距離，真是對誰都沒有好處。

所以，下次再有人給你講述什麼故事或要和你分享什麼愉悅時，你一定要注意自己是否又有想馬上自吹自擂的傾向。

雖然積習一時難以根除，但想想擁有這種把光環讓給他人的穩健的自信，將是多麼令人愉快的好事，你不願為此一搏嗎？更何況做到這一點無須面對艱難困苦，你需要的只是勇氣和毅力以及一點點謙虛而已。不要急著跳出來說：「我也幹過這事！」也不要故弄玄虛：

「你猜我今天幹了什麼？」靜下心來認真傾聽，你只需要說：「這真棒！」或是「後來呢？」就夠了。這樣，與你交談的人更會感到和你談得來。而且，因為你是如此在意，聽得如此專心，他會心生感激的。於是，你變得可愛起來，別人下次還願找你聊，你越來越受歡迎了，因為你和藹可親、善解人意。

當然，很多時候相互交流經驗、共同分享榮耀是完全有必要的。我們不提倡的只是那種毫無必要地出風頭的情況。請相信，當你克服了愛搶風頭的不良作風時，你就會從需要別人關注的消極心態，轉而擁有一種慨然把光環讓給他人的穩健的自信。你不會因此而失去什麼，相反，你的成熟美自然地昭示著一種無須聲張的厚度，一種並不張揚的高度。

李嘉誠．金言

我深信「謙虛的心是知識之源。」是通往成長、啟悟、責任和快樂之路。

用信任換取信任

信譽是做人的美德。在社會上失去信譽後，別人便不敢再輕易相信你，因而也不敢輕易與你來往，這就造成了與人相處的尷尬。

孔子的學生曾參很重視子女的教育問題。一次，曾參的妻子要去集市買東西，她的兒子也要跟著去。

曾參的妻子說：「聽話，好孩子，媽媽回來後讓你爹爹給你殺豬吃。」

兒子聽後，改變了主意。他把這個消息告訴了父親。

妻子從集市回來後，見曾參正準備殺豬，他的妻子說：「我只是跟孩子說著玩，你怎麼能當真呢！」

曾參說：「孩子是不能隨便跟他說著玩呢。小孩子沒有為人處世的經驗，都是跟我們父母學的。現在你欺騙他，不守信用。將來，他也會欺騙別人，不守信用的。況且，母親欺騙了兒子，兒子就不信母親了。今後，你又怎麼去教育他呢？」曾參的妻子無話好說，只好聽任丈夫讓人把豬殺了，兌現了對兒子的許諾。

做父母的，對於子女的承諾必須履行。不管子女是多大年齡。即使是小孩子也不能違背信義。父母的失信會使孩子們對成人產生懷疑，不再信任別人。而你一旦失去信譽後，要想重新獲得信任和尊重，必須付出艱辛的努力。

失去信譽之後，你周圍的人會用懷疑的眼光、埋怨的話語來對待你，沒有人會再信任你，沒有人會把你當作朋友，沒有領導會重用你，你的真誠也沒有人理解。在這種狀況下，你必須加倍努力，才能樹立在別人心目中的形象，才能獲得別人的原諒。

當你因為失去信譽而遭到別人冷落、拒絕、刁難之後，你應該有思想準備。因為正是你的錯，才導致別人對你的歧視。而我們只有用信任去贏得信任，我們要讓那些懷疑我們的人被我們的真誠所感動。

做生意也須講求信譽，靠誠信贏得讚譽和認同。有人認為這會吃虧，但以誠待人、以信譽求發展，終究會得到長久的利益。靠欺詐、矇騙等手段賺取不義之財，雖然會嘗到一點小甜頭，但繼之而來的是更大的損失。

一位成功的商人這樣說過：「天資聰穎不如勤於學問，好學好問不如處世好，處世好不如做人好。」可見，誠實、信譽才是經商的韜略和智慧。

李嘉誠·金言

你要別人信服，就必須付出雙倍使別人信服的努力。注重自己的名聲，努力工作、與人為善。遵守諾言，這樣對你的事業非常有幫助。

道德與誠實是商人的第一美德

談到事業成功的奧秘，許多人有著自己的看法。例如時機、資金、信譽等等。李嘉誠雖然也看重這些，但他卻有著自己的看法，他將道德和做人的誠實當作自己成功的第一要訣，他說：「長江取名基於長江不擇細流的道理，因為你要有這樣的曠達的胸襟，然後你才可以容納細流——沒有小的支流，又怎能成為長江？只有具有這樣博大的胸襟，自己才不會那麼驕傲，不會認為自己叻哂（樣樣出眾），承認其他人的長處，得到其他人的幫助，這便是古人說的『有容乃大』的道理。假如今日，如果沒有那麼多人替我辦事，我就算有三頭六臂，也沒有辦法應付那麼多的事情，所以成就事業最關鍵的是要有人能夠幫助你，樂意跟你工作，這就是鐵哲學。」

回顧歷史，李嘉誠在許多重要的關頭，都以誠實和道德作為第一要則。第一次是李嘉誠辭去塑膠公司的工作而自己創業，臨走時李嘉誠對老闆說了一句老實話：「我離開你的塑膠公司，是打算自己辦一間塑膠廠，我難免會使用在你手下學到的技術，也大概會開發一些同樣的產品，現在塑膠廠遍地開花，我不這樣做，別人也會這樣做。不過我絕不會把客戶帶走，用你的銷售網推銷我的產品，我會另外開闢銷售線路。」而且李嘉誠正是懷著愧疚之情離開這家塑膠公司的。

第二次是李嘉誠代表自己的廠與外商談生意，對方要求必須拿出擔保人親筆簽字的信譽擔保書。但李嘉誠找不到擔保人，所以他只能直率地告訴批發商：「我不得不坦誠地告訴您，我實在找不到殷實的廠商為我擔保，十分抱歉。」而他的誠懇執著，竟深深打動了批發商，他說道：「李先生，我知道你最擔心的是擔保人，我坦誠地告訴你，你不必為此事擔心，我已經為你找好了一個擔保人。」李嘉誠愣住了，哪裡有由對方找擔保人的道理？批發商微笑道：「這個擔保人就是你。你的真誠和信用，就是最好的擔保。」當時，兩人都為這種幽默笑出聲來。談判在輕鬆的氣氛中進行，很快簽了第一單購銷合約。

以上兩個李嘉誠創業時的事例確實驗證了李嘉誠自己的觀點：只有誠實做人和嚴守道德才能立於不敗之地。

第十二章

生意場人情關係秘訣

即使競爭也要照顧對方的利益

善待他人是李嘉誠一貫的處世態度，即使對競爭對手亦是如此。我們知道，商場充滿爾虞我詐、弱肉強食，能做到善待他人這點，不少人認為是不可能的事。過去，香港《文匯報》曾刊登李嘉誠專訪，主持問道：「俗話說，商場如戰場。經歷那麼多艱難風雨之後，您為什麼對朋友甚至商業上的夥伴，抱有十分的坦誠和磊落？」

李嘉誠答道：「最簡單地講，人要去求生意就比較難，生意跑來找你，你就容易做。」、「一個人最要緊的是，要有中國人的勤勞、節儉的美德。最要緊的是節省你自己，對人卻要慷慨，這是我的想法。」、「顧信用，夠朋友，這麼多年來，差不多到今天為止，任何一個國家的人，任何一個不同省份的中國人，跟我做夥伴的，合作之後都能成為好朋友，從來沒有一件事鬧過不開心，這一點是我引以為榮的事。」
最典型的例子，莫過於老競爭對手怡和。李嘉誠鼎助包玉剛購得九龍倉，又從置地購得港燈，還率領華商眾豪「圍攻」置地。李嘉誠並沒為此而與紐璧堅、凱瑟克結為冤家而不共戴天。每一次戰役後，他們都握手言和，並聯手發展地產項目。「要照顧對方的利益，這樣人家才願與你合作，並希望下一次合作。」俗話說：「一個籬笆三個樁，一個好漢三個幫。」「在家靠父母，出門靠朋友。」商場上，人緣和朋友顯得尤其重要。

在李先生看來，善待他人，利益均沾是生意場上交朋友的前提，誠實和信譽是交朋友的保證。正如在積累財富上創造了奇蹟一樣，李嘉誠的人緣之佳在險惡的商場同樣創造了奇蹟。有人說，李嘉誠生意場上的朋友多如繁星，幾乎每一個有過一面之交的人，都會成為他的朋友。所以，李嘉誠在生意場上只有對手而沒有敵人，不能不說是個奇蹟。

如何讓生意來找你？那就要靠朋友。如何結交朋友？那就要善待他人，充分考慮到照顧對方的利益。願李嘉誠的故事給我們深思和啟迪。

同行不是冤家，是朋友

豁達之人大都有著對同行的真誠友情。俗話有「同行是冤家」，這種觀念在現代商戰中已經成為過時的觀念。在激烈的市場競爭中，其同行間若既能各賺各的錢，又能保持友情，經營效果肯定是引人注目的。李嘉誠就是這樣一個在做生意中既掙錢，又講友誼的人。

二十世紀八〇年代，當時香港大富豪包玉剛，看到九龍倉股票發展勢頭甚猛，大有暴利可圖，他便與同僚商議，立即定下吃掉這塊「大肥肉」的方案，並派人暗中收購九龍倉股票。可這時李嘉誠早已動手進行此事，並一舉奪得九龍倉股票兩千萬股的記錄。當九龍倉股價由原來十多元港幣漲到四十元港幣時，出乎人們的意料，李嘉誠則主動以每股三十六元港幣轉讓給包玉剛。對此，下屬實在不理解為啥到嘴的肥肉還吐出來送人，李嘉誠則回答說：「做生意是為了賺大錢，但只要有門道就可以賺到，而友誼卻很難用金錢來購買啊！」李嘉誠講的是豁達之人的肺腑之言。

讓自己為別人所用

我們喜歡結交勤勞誠實、為人大方的朋友，亦即是不斤斤計較、不怕吃虧的朋友。於是，憑勤勞誠實、為人大方取悅他人，便不失為一種做人的藝術。

然而，甚至比勤勞誠實、為人大方更重要，也許會更受歡迎的人，是直接「對別人有用」的人。

古人說「天生我才必有用」，此說甚妙！無可否認，我們大都不是什麼「社會精英」的一類，但要說的卻是，我們每個人也許都有點「對某人有用」的用處。這個「用處」是什麼，因人和因情況而異。

極具諷刺意味的地方就在這裡：你「自以為是」的長處，對某人可能因為「沒有用處」而不被視作你的長處。相反的是，有些你認為不足掛齒的小事、小本領或小關係，也許對某人剛剛「有用」，使你在他心目中升值。

不能武斷地說朋友關係純粹建築在「用處」之上，但可以肯定的是你對某朋友的用處，實在是「促進他對你的友誼」的一大重要條件。

一想之下，我們不禁想到我們對「朋友們」的不少用處，包括從請客吃飯，到介紹工作、介紹朋友，甚至買票和在歐洲買那邊較便宜的Chanel包包。連「借出耳朵」聽人訴苦並予以排解，或者拿我們的古董筆出來切磋研究，都是我們這個「不才之人」對眾多友們的用處。為此這些用處肯定「有助友誼」。

問題就在這裡了，我們用我們的「用處」對一個朋友作出直接的貢獻，有時不費吹灰之力，甚至比勤勞誠實、為人大方還省事得多。更要指出的是，我們可能不自知，原來自己可以對朋友們如此「有用」，並因自己有用而成為他（她）的「好朋友」。

一招極重要的做人的藝術，是針對什麼人或什麼事，發掘自己對這個人或這件事的「用處」，利用這「用處」來換取什麼他可能對你同樣有用的東西。

最划算的事，莫如自己對人的「用處」這件根本不費事的東西。要學這招做人的藝術，其實只要用腦想一想：「好吧，我想和這人交個朋友，我有什麼對此人『有用』的地方讓他

（她）看上我？」

並非思想功利，只是因為人際關係上「用處」最能「促進友誼」。所以請你不要埋沒閣下對別人的有用之處。你也許擁有許多「用處」還沒有拿出來「換取你的需要」。

人情投資要從長計議

我們知道，在日常交往中，人情總是要有的，但是剛有了一點交情就要拚命用完的人確實是太目光短淺了。因為人情就好像你在銀行裡存款，存的越多，存的時間越久，紅利越多。

你送朋友一個人情，朋友便欠了你一個人情，他是一定要回報的，因為這是人之常情。有人會覺得，這樣一往一來，仿佛商品買賣，我給了你錢，你就必須給我商品。其實不儘然。人情的償還不是商品的交易，錢物兩清便兩訖了，那樣太沒人情味。你不欠他，他不欠你，他日你去找他，他憑什麼給你面子？所以，人情的償還必須有機會，否則交情變成交易，你與朋友的臉上都掛不住。

有的人為朋友做了事，送了人情，等到大功告成，他便不知道自己姓什麼了。簡單地說成複雜的，小事說成大事，生怕人家忘了。

好比有一個人，他幫朋友解決了借錢難題。以後，他每次碰上朋友，聊著聊著就談到了這個話題上，還說上一兩個小時，以說明他的本事有多大，久而久之，他的朋友怕他了，見了他就遠遠地躲開。這叫賠了夫人又折兵，人情送足了，卻因人情的善後問題而功虧一簣。沒有朋友會因為你不說，就會忘記你送的人情，多說反倒無益。人家可能儘快地還你一個人情，之後會敬而遠之，即使你再有能耐，朋友亦會另請高明。

所以，做足了人情，給夠了面子，你該坐享其成，不要誇大其詞，最好不誇功，甚至不認帳。不認帳，只是你不認，並不等於朋友不清楚。一旦時機成熟，這些人情就會像出嫁的閨女一樣，都會回到自己的娘家來。

生意場人情投資三原則

生意場上的人情投資應遵循以下幾條比較切實可行的原則。

1. **當你手中擁有幾張初交者的名片，你必須迅速出擊，把它充實為十倍、百倍：**它將是你人際交往的生命線，是隨時可以啟動和挖掘的「存貨」。這一點的難點是要突破清高顧面子、不主動與人交流的心理障礙，要點是不可太急於將陌生人變成為客戶，而需要慢慢「和麵」。生意之道是慢工出細活，不能操之過急，交朋友也是如此，要有耐心，通過事實、時間來爭取別人的理解和信任。

2. **要做到細節真誠，而細節的真誠又來源於內心的真誠：**「以財交者，財盡而交絕；以色交者，色衰而愛移；以誠交者，誠至而誼固。」某種意義上說，客戶至上並不是說給客戶聽，而是說給自己的內心聽，讓內心將其消化，然後散發到點點滴滴的行動中，「潤物細無聲」這一點的關鍵是對對方的理解。理解後才能真誠相待，才能平平淡淡地把人情做到點子上，讓人真正感到你的友善。那種熱情誇張、殷勤過火的行為，反倒顯得過分勉強，不夠真誠。

3. **要樹立你的個人口碑，進而樹立你的企業形象：**透過品德的修練，對慣例及規範的秉持，慢慢積累你的影響力。直到大家眾望所歸，說這個人很不錯，口碑很好，處理問題極其到位。這個時候你的社會資源就非常多，就會有為數不少的人有意無意地捧你、支持你，你的才能就能得到最大的施展。

生意人要樹立對人際關係長期投資的觀念。有些短期內看似不重要的人和事，長期看就可能很重要。所以精明的生意人如果能把錢適時地投在人才上面，投在一些比較有能力的朋友身上，回報必定遠遠超過你的投入。

全球化時代，隨著和氣生財、與人為善、共榮共利等觀念的流行，經濟圈中新型人際關係的衍生，社會生活也發生悄然變化。從生意場走出來的人往往變得謙恭、變得和氣，而他們的謙恭和和氣又影響著周圍更多的人，而這無疑是人類的一種進步。

交際高明的秘訣

每個人都有其特殊的個性，我們甚至可以說，世界上絕不可能存在有兩個性格完全相同的人。探討他人的性格，是與他人保持良好交際的重點之一。例如，你的對手是個注重誠意的人，若你有言行不一致的行為，正是你與他交往的致命傷。相反的，要探討了解對方的弱點，並利用這個弱點使情況轉而對你有利。只要人類還操縱著社會生活，而你不懂得這樣的戰術，就等於是個無能的人，會被社會印上無能的烙印，無論如何也不能施展才能。

我們此處所說的探討對方弱點，並不是抓住對方的弱點或秘密，來以此威脅對方，獲取利益；而是探知對方的心情，配合對方，使形勢轉成對我們有利。

至少，想要與有關係的人保持良好交往的話，就應該捨棄自己的嗜好，試探對方的心情，並且依此加以配合，即使對方是地位很高、能力優越的幹練型人物也全都不足為懼。無論對自己多嚴格、行動多謹慎，仍至少會有一兩個弱點存在，其弱點就是每個人的心情，依心情分析，可把社會上的人，大致分為以下數種類型：

1. **注重誠意類型：**外表上堅強，但卻有令人意外的一面。個性善變，時好時壞。
2. **外表似乎正經的類型：**外表似乎嚴肅正經的人，大都神經質，難以相處。
3. **死板類型：**這種人很愛說話，以自我為中心的人物，在他面前要當個好聽眾。

4. **偏激類型**：這種人外表上似乎不易接近。最好以誠相待，能獲對方中意當然很好，一旦被厭惡的話，什麼都免談了。

5. **互惠類型**：難以相處。奉承、義理、人情一概不通。心中只有互惠原則，凡事只有錢最重要。

6. **有人緣類型**：適當宴請則無往不利。

7. **剛愎頑固類型**：反抗則招損，拍馬屁阿諛亦無法打通，以唯唯諾諾表示順從最恰當。

8. **單純類型**：很多人外觀看上去要比實際年齡更年輕，喜歡別人奉承。不過，這種人並不是愉快的交往對手。

9. **社交類型**：對嘮叨者不理不睬，商談時開門見山、乾乾脆脆地表明。

10. **內向類型**：絕不表露心事的撲克臉為多。過於深入的話，我們可能又受其害，但是無法抗拒禮物攻勢。

從上述十項基本類型上去探討，找尋可行之道，理解對方的性情、思考方式、心情動向，突破對方內心的缺口以後，就可順利地將之操縱於股掌之間了。

朋友的錢財借不得

做生意當然要有資本，不用資本而賺錢的事業絕對沒有。假如你有足夠的資本創業，當然最理想；若沒有充足的資本，就必須向他人借貸。借錢是不容易的事情。有些人因為還不起債自殺，有些人則乾脆躲債；借債還錢是理所當然的事情。可是人們卻經常發生借貸紛爭。因為貸方常常無法如期收回貸款。

當借方無力償還貸款時，借貸雙方關係肯定轉惡。所以，朋友之間不應有金錢往來，因為當借方沒有能力償還時，會很傷感情，彼此的友誼因此遭致破裂。

同時，兩個好朋友之間有借貸關係，貸方的立場一定是居上風，借方則處於下風，那兩人之間的地位就不平等，借方一定會採取卑屈的態度，如此，兩人之間的友誼就會變質。

當你向朋友借錢時，另一個敏感的問題是控制權，誤會很易由此形成。許多私下借錢給你的人，以為他們因此就有了某種權威。但兩個好朋友為了錢而翻臉是最不值得的。

有人說，金錢是天使，也是惡魔。因為金錢可使一個人的心變得善良，也可能使他變醜陋。所以，借錢應避免向親戚朋友借。若須周轉，應直接向銀行借貸。銀行本來就是辦理借貸的機構，所以借方的地位絕不會卑屈。如果銀行不借，表示你所經營的事業時機不對，或是公司結構有問題。那麼你就要重新考慮你的事業及資金來源。但是，無論如何，不能向親戚朋友借錢。當然，如果你的朋友心甘情願借錢給你，你又能夠償還借貸，那就另當別論。

李嘉誠・金言

親人不代表親信。比如說你有個表弟，當然是很親了，但如只是因為這樣，你就重用他，事業就可能出問題。而一個人和你共事一段時間，如果思路、人生方向跟你比較一致，那就可以委以重任。

生意歸生意，朋友歸朋友

商場上有一句話：「生意是生意，朋友是朋友。」意思是說這二者最好不要混淆，用私人感情來做生意，或者做生意中講情感，都是要不得的。所以有人就採取很分明的態度，談生意決不講感情，交朋友決不談生意，兩者分得清清楚楚。

但是，在商務交際中，真的能完全排除情感作用嗎？當然不能。人逃脫不了感情，人與人之間的關係更是如此。人們共事，感情是否相合，是互相接受的一個重要因素，在任何情況下都是如此。所以，雖然說「生意是生意，朋友是朋友」，但是在實際交際中，生意和朋友是密不可分的。

人們往往在生意中交朋友，同時在交朋友中做生意，互相參照，同時進行。成功的生意人總是生意和朋友都旺、互相促進。生意好，朋友多；而朋友越多，生意越好。

所以有人提出這樣的說法：以商會友，以友促商，互相提攜，大家發財。問題是如何才能形成這種良性循環，使競爭對手也成為朋友呢？

其實，商場如戰場一樣，往往是不打不相識。也就是說，商場上的朋友多半是通過互相競爭認識的，但是商場確實又不同於戰場，因為做生意是一個互惠過程。雙方都能得利，這生意才能做成，這也就使得商場上交朋友有了可能性。這種可能性一般出現在以下幾種交際原則上：

第一，雙方有利可圖的交際和交易。彼此都能理解對方的要求，尊重對方的利益，友誼會隨著生意活動日益增加。

第二，於己無害，對對方有利的交際和交易。這裡指的是當自己得利不大，或無法獲得利益情況下，給別人提供機會和可能性。這就是商場上所謂的「幫一把」，使彼此的信任更進一層。

第三，無利可圖但雙方都感到愉快的交際活動，包括共同商討一些問題、參與某項活動、交流某方面的資訊等等，不斷加深彼此的相互了解和共識。

第四，生意活動的特殊優惠和優先原則，是朋友之間牢固關係的體現。所謂「肥水不流外人田」，在商場上同樣適用，好朋友必然有更多的利益分享機會。

與朋友一起做生意

李嘉誠是一個朋友眾多的商人，但李嘉誠還是一個善於與朋友合作的商人，在怎樣與朋友一起做生意這方面，李嘉誠有著一整套心得體會。舉例來說，在投資北京王府井建設的專案中，他與馬來西亞富商郭鶴年的合作就十分有成效。談到與朋友一起做生意，李嘉誠認為以下三點很重要：

1. **互惠互利，共渡難關**：李嘉誠認為，當貿易的雙方都遵守互惠原則時，就會演變成自由貿易的關係，反之若有一方　遵守互惠原則就會形成保護主義。向對方敞開大門，既有利於吸收對方的有利方面，也有利於發揮自己的優勢，可以說，這是一個十分有效的商業原則。從商業的發展來說，企業結盟的最大一股推動力是市場和技術。在過去，不同的技術各自獨立發展，很少重疊。今天，幾乎沒有一門技術和一個領域還是這種情形，即使是大公司的研究部門，都沒有辦法供應公司需要的一切技術。所以，製藥公司必須和遺傳學家結盟，電腦硬體公司必須和軟體公司結盟。技術發展愈快，企業也就愈需要結盟。在這種結盟的背景下，技術和資訊的交流，資金和人員的滲透都會給自己的公司和夥伴公司帶來巨大的活力，並極大限度地降低自己的經營成本，所以說，商業合作的魅力就在於此。

2. **選擇盟友要共用共榮：**李嘉誠認為，商業合作應該有助於競爭。聯合以後，競爭力自然增強了，對付相同的競爭對手則更加容易獲得勝利。但是，有許多公司之間的所謂聯合只是一種表面形式，在利益上並沒有達到共用共榮，這種情況往往就容易讓對手從內部攻破而導致失敗。戰國時，魏國在選擇聯合對象時所注意的一點是「遠交近攻」。韓、魏、齊三國結成同盟，打算進攻楚國。但楚、秦乃是同盟，不小心謹慎行事，秦國就會出兵。因此三國先向楚派出了使者，表明了友好的態度，提出進攻秦國的建議。三國的提議，對楚國來說是收回曾被秦國掠奪的領土的好機會。楚國答應了這個建議的情況被傳到了秦國後，韓、魏、齊三國先向楚發起了進攻，但秦國卻坐視不管，於是獲得了全勝。楚、秦二國就是在選擇合作夥伴時不慎，付出了沉重的代價。由此可知，商業合作必須有三大前提：一是雙方必須有可以合作的利益；二是必須有可以合作的意願；三是雙方必須有共用共榮的打算。此三者缺一不可。

3. **分利於人則人我共興：**對於經商，中國人一直以謀求利益為經商之目的，所以古語說：天下熙熙，皆為利來；天下攘攘，皆為利往。千百年來，商人們抱定一個宗旨：「無利不起早，沒有利潤的事情是商人們所不願意涉足的。」因此，李嘉誠在生意合作中總是抱著分利與人則人我共興的態度，與他人積極合作。當然，與李嘉誠抱有一樣態度的香港商人並不在少數，例如香港地產鉅子郭得勝以他憨厚的微笑和細心的經營，在創業之初，使周圍鄰居不再感到陌生了，生意也日漸好起來，他批發的華洋雜貨及工業原料，價格都很適中，街坊都說「他是個老實商人」。

說也奇怪，人越老實，客戶越喜歡跟你做生意。生意做大了，便又向東南亞拓展市場。一九五二年索性改稱為鴻昌進出口有限公司，專注洋貨批發。沒多久，街坊不再稱他郭先生，而是議論他是「洋雜大王」。實踐證明，採用讓利法則不僅能夠吸引顧客的購買欲，還能夠招來更多的合作夥伴，使你的財源滾滾而來。無論是李嘉誠還是郭得勝，與人分利、誠實經商都是他們獲得成功的重要秘訣。

生意不成人意在

世上的萬事萬物有其本來面目和自然之理。一個女人過日子，必然孤淒；一個男子度時光，必然寂寞。魚兒必定成群遊蕩，大雁飛行必定成隊成行……這就是事物的規律。自然的法則就是這樣，和為貴，合則全。何況人與人之間呢？聖賢的思想就是依據這些原則形成的，人與人的合作也是因為這些原則而建立起一種互相依存的關係。

然而，人們在相互交往時常常走向它的反面。關係鬧翻，翻臉不和時，合作的關係便破壞了，彼此都把對方視為仇敵，並把對方說得一無是處，一錢不值。

天下紛爭大亂，和為貴的想法丟了，合則全的做法就成了累贅。強者稱雄，各拉一班人馬，各立一個旗號，道德標準不統一，是非曲直各執一端，各家學派也都以一孔之見沾沾自喜，並抨擊對方。

比方說，耳能聽，眼能看，嘴能吃，鼻子能聞，皮膚能感覺，手能靈巧地做事，腳可以至千里，都有各自獨具的功能，不能彼此廢棄，也不可相互代替，就像萬空眾技，各有長處，因而，各有自己的用途。雖然如此，但都只是一技之長，不能全面。

人與人鬧翻，否定他人，就會自己孤掌拍不響，獨木不成林，必須儘快另找合作者。強者稱雄，天下紛爭，社會的和諧平衡打破了，強者就是在削弱自己。

所以，了解和為貴、合則全的人，爭而不離，爭而和合，因而強者更強，吵而更親，心心相交，不打不相識，事業更繁榮。

不爭不吵，本來就不可能。嘴唇與牙齒也有互相冒犯的時候。和氣生財，「和為貴」，商場上很忌諱結成仇敵，長期對抗。商場上很容易為了各自的利益爭執不下，甚至爭鬥不休。或者因為一筆生意受到傷害，從而耿耿於懷。但是，無論如何，都沒有反目成仇、結成死敵的必要。

有位商界前輩說過：「商場上沒有永遠的敵人，只有永遠的朋友。」今天可能因為利益分配不均而爭吵，或者為爭一筆生意搞得兩敗俱傷；然而，說不定明天攜手，有可能共占市場，互相得利。

所以，有經驗、有涵養的老闆總是在談判時面帶微笑，永遠擺出一副坦誠的樣子，即使談判不成，還是把手伸給對方，笑著說：「但願下次合作愉快！」

因為，商場上樹敵太多是經營的大忌，尤其是當仇家聯合起來對付你，或在暗中算計你時，你縱有三頭六臂，也難以應付。況且，做生意的主要精力應用於如何開拓市場，如何調動資金，如何做廣告宣傳等方面，如果老是用在對付別人的暗算與報復，難免會顧此失彼。

中國有句老話：生意不成人情在。商人一般都較圓滑，這也是多年積累的經驗所得。人與人間，或許有不共戴天之仇，但在辦公室裡，這種仇恨一般不至於達到那種地步。畢竟是同事，都為同一公司工作，只要矛盾沒有發展到你死我活的境況，總是可以化解的。記住：敵意是一點一點增加的，也可以一點一點消滅。

中國有句老話：冤仇宜解不宜結。同在一家公司謀生，低頭不見抬頭見，還是少結冤家比較有利於自己。不過，化解敵意也需要技巧。與你關係最密切的同事，心底裡原來對你十分不滿。他不但對你冷漠得嚇人，有時甚至你跟他說話，他也不理不睬。有些關心你的同事，會私下探問：為什麼你的好友對你如此不滿？

當你面臨這種人際關係的困境時，奉勸你給人留下一個良好的印象，不要做「小人」。所謂「少一個敵人等於多一個朋友」，開開心心地去履行新職，又與舊公司保持良好關係，才是上上之策。

對手也可以是朋友

商業競爭遇到對手是難免的，但選擇對手卻與一個企業家所具有的戰略眼光有密切關係。一般地企業家總是以自己勢均力敵的敵人為對手，而李嘉誠則以比自己更強的敵人作為對手，因為這樣，才能使他具有蓬勃鬥志和戰鬥的信心。想當年，李嘉誠在房地產投資時，以號稱不敗的置地公司作為競爭的對手，結果一舉戰勝對手就是一個很好的例子。

當然，商業競爭的對手也可以是朋友，可以是能夠精誠合作的朋友。例如一九八六年八月，《每週財經動向》總編林鴻籌先生在《與李嘉誠談成功之道》一文中談到：

「最近有人向李氏提問：『一個優秀的運動員，必須在與強勁的對手競賽時才可創下驕人的成績。環顧今日香港商界，似乎只有包玉剛爵士一位匹配做閣下強勁的對手，您可有以包先生為對手的想法嗎？』」

「一般人很自然會認為李氏是以包氏為競爭的對手，因為他們有相同的社會地位，在過去又有極類似的活動，例如李氏從英資手中收購和黃、港燈，包氏則收購九龍倉、會德豐；兩人先後出任滙豐銀行的副主席；兩人又同時出任『香港基本法』起草委委員；李氏捐贈汕頭大學，包氏捐贈寧波大學等。」「但李氏答覆這問題時，只說他朝著個人訂下的目標向前一步一步推進，從來沒有居心與任何人比拚。」並且，在多個場合，李嘉誠還這樣說：「我與包先生有真誠愉快的合作。」

第十三章

擁有良好的經商心態

運氣不是天上掉下來的

提到成功的人士，人們總會說出幸運兩個字。但不管人們對成功怎麼看，運氣都不是唯一的因素。在李嘉誠的成功經歷中，運氣在成功的因素中到底占有多大的比重呢？這是很多人都關心的問題。運氣和機遇，看上去很像是一對孿生兄弟，往往使人分不清彼此，但是，兩者是有著本質上的不同的。

李嘉誠對這個問題有著清醒的認識，他承認，所謂「時勢造英雄」只是一種謙虛的說法。他真正的答案是：「再坦白一點說，我在創業初期，幾乎百分之百不靠運氣，而是靠工作、靠辛苦、靠工作能力賺錢。你必須對你的工作、事業有興趣，要全身心地投入工作。」

李嘉誠表示：「不敢說一定沒有命運，但假如一件事在天時、地利、人和等方面皆相背時，那肯定不會成功。若我們貿然去做，至失敗時便埋怨命運，這是不對的。」

至今，李嘉誠已工作六十年了。六十年間，他從一無所有，到擁有三家上市公司，市值數千億。他的順與逆，折射著香港的商業史，是香港的經濟奇蹟的見證。自三十歲起，李嘉誠就再也沒有細數過自己的財富。

「一九五七年、一九五八年初次賺到很多錢，對是否快樂感到迷惘，覺得不一定。後來想明白了，事業上應該多賺錢，有機會便用錢，用到好處，這樣賺錢一生才有意義。當初我打工的時候，有很大壓力，尤其是最初幾年，要求知，要交學費，自己節儉得不得了，還要供弟妹上中小學直至大學，頗為辛苦。做生意頭幾年，也只有極少的資金，的確要面對很多問題。但我想，只要勤奮，肯去求知，肯去創新，對自己節儉，對別人慷慨，對朋友講義氣，再加上自己的努力，遲早會有所成就，生活無憂。當生意更上一層樓的時候，絕不能貪心，更不能貪得無厭。」

李嘉誠說：「年輕時我表面謙虛，其實內心很驕傲。為什麼驕傲呢？因為同事們去玩的時候，我去求學問；他們每天保持原狀，而自己的學問日漸提高。」

那時，同事們閒下來就聚在一起打麻將，李嘉誠卻捧著一本《辭海》啃，日日如是，翻得厚厚的一本《辭海》都發黑了。李嘉誠形容自己「不是求學，我是在搶學問」。正是靠了這種搶學問的精神，才會創造條件使幸運之神得以降臨，否則，沒有了精神的基礎，天上掉下來的金錢也會拿不住。

獨立創業前的心理準備

當你選擇獨立創業以後，需要進一步了解自己如何投入。自己創辦企業，你要始終頭腦靈活，並需要不斷地製造賣得出去的東西，熟悉財務上的周轉金，能夠做到節約，能與人很好地相處。

受雇於別人的公司，薪水會有保障。而在自己企業中，即使你已經開始賺錢，也不能確定什麼時候能有收入。你需要財務上的周轉資金，而且必須存款，以防帳款過期未入。

在自己企業中，你將懂得節省開支，注意省錢，小心地使用各種設備，以防出現故障。一旦出現故障，你必須耐心等待修理人員修好。這時你將明白「不當家不知柴米貴」的道理，因為現在是你花自己的錢。個人企業創立開始就相當艱辛，你要努力地工作，在你尚未踏入這個領域之前，請先做好充分的心理準備，在個人企業裡你要的是什麼樣的生活？

1. **安全感：**無論是在開始創業時，還是開始投資時，很多人都會誠惶誠恐。有些人會因缺乏準備、資金、精力以及對生意的敏感度而使企業以失敗告終。個人企業就像是賭博，其賭注大小因個人情況而有所不同，因此，在下注之前，必須有所準備，尤其在開始時不要太過樂觀，這樣結果真的虧了，心理上也能承受。

2. **地位：**如果你有一輛公司配的車，人們總是把你想得比擁有一輛私人轎車的人更重要，而經營個人企業時很少有這樣的地位。

3. **財富：**許多人經營個人企業相當成功，而且賺了很多錢，但是也有一些人賺錢極為有限。為了生活得好，你必須不斷地工作。任何有品質的生活背後總是艱辛的勞動。

4. **家庭：**無論你是在家賺錢還是在外賺錢，都應與家裡的人更為接近。但實際上，你不可能真正地與家人有更多的時間相處交流，你必須用比一般人更多的時間來經營你的企業。尤其在剛創立個人企業時，你會把大量的時間投入到工作中，以儘快創造財富。

5. **休假：**你可以休假，但休假越多就意味著收入減少得越多。在你還是勞工階層時，即使是放假日，你仍然有薪水；而在自己的個人企業中卻沒有。一旦你創立自己的企業後，就會明白自己根本不存在休假的機會，你會盡心盡責地為自己的企業工作。

李嘉誠．金言

未攻之前一定先要守，每一個政策的實施之前都必須做到這一點。當我著手進攻的時候，我要確信，有超過百分之一百的能力。換句話說，即使本來有一百的力量足以成事，但我要儲足二百的力量才去攻，而不是隨便去賭一賭。

做生意有賠有賺

將成功歸於「運氣」，將失敗歸於「自己不努力」的人一定能賺大錢。企業為創造利潤、保持領先地位，必須不斷奮鬥，保持穩定的發展。

兵家說勝敗乃常事，因此一般人認為不論做什麼事，勝負是免不了的，並把這種看法運用於生意經營上。例如：公司營運時好時壞，有時獲利，有時遭損，是很平常的事。因為企業經營會受到景氣好壞的影響，而受景氣影響的程度，往往和運氣有關，也就是說運氣的好壞，會影響業績，而公司有時賠錢有時賺錢，這是現實社會中常有的現象。

企業經營和生意是否賺錢因受外界環境的影響而時好時壞。會賺錢的人無論在什麼時候，都應該有很好的思想準備。即在任何時候都要有百戰不殆的想法。

我們並不否認「運氣」的存在，「運氣」普遍存在於人類社會，儘管肉眼看不見，但它們卻影響著我們的未來。懂得賺錢的人應有這種觀念：當事業順利時，將成功歸於「這是運氣好」，當事業不順利時，應想到「原因在於己」。總之，要有將成功歸於運氣好，失敗歸於自己的想法。

當事業順利時，認為是自己的功勞，不免會產生驕傲和大意，容易導致下一次的失敗。事實上，成功是累積許多失敗和教訓而得來的，稍微走錯一步，就可能引起更大的失敗。心存驕傲和大意者，是不會想到這些的。而如果存有把成功歸運氣、把失敗歸自己的想法，則會使你在遭受小失敗時，會一一反省檢討，加以改進，邁向成功。

相反的，當事情不順利時，就認為是「運氣差」而推諉責任，是不可能從失敗中得經驗的。如果你承認自己的做法有誤，然後加以改進，以後就會避免再犯類似的錯誤。這才是對「失敗乃成功之母」的真正理解。自始至終承認「失敗原因在於自己」，就會想法消除失敗原因，加以反省，使下次經營成功。

心胸狹隘做不大生意

俗話說，無商不奸。這句話其實只說對了商人的一個方面，從許多成功商人的經歷來看，過於狡詐、刁鑽的人是很難獲得成功的。相反，那些本著吃虧是福的觀念去經營的人，往往會成為事業的成功者。

現代社會，市場競爭無處不在，許多場合生意人之間的競爭不但十分激烈而且還很具獨特性。生意人對自己經營的企業或持有的證券，無論是從規模、種類上，還是從品質、數量上都感到不滿意，看到他人在各方面強於自己，於是不甘心落後，努力追趕，互相攀比。這種狹隘的心胸對於生意人來說是要不得的。

狹隘心胸的形成有許多因素，由於這些因素在生意人心裡產生的影響、作用的角度不同，攀比心理也不都是相同的。強烈的自尊心促使自己不能落後他人；自卑感總認為不如他人會遭到嘲笑和譏諷；好勝心使自己做超極限動作……當看到己不如人時，心裡便出現了一種不平衡。

不去分析雙方面的內因、外因，只想拚命趕上並超過對方。在生活中我們通常稱這種人為「紅眼病」，其實這正是狹隘心胸生意人的「紅眼病」患者。因此，這種狹隘心胸是投資心理上的一個誤區，可以稱之為狹隘頑症。與之相比，有的人看到人強於己時並不是嫉妒而是抱著一種羨慕心理，從主觀和客觀等方面正確認識差距，找到產生差距的原因，再透過努力，達到超越的目的，這才是正確的經商意識。

生意人的狹隘心胸是有百害而無一利的，狹隘心胸從產生到結果都會給生意人帶來壞處。生意人在此心理的作用下，對自身條件往往會作出過低或過高的判斷。在比較時，自己所擁有的資本即使與他人各有優劣短長，也總是看到自己不如意的一面和對方優越的一面，不能客觀地認識雙方利弊，而作出己不如人的錯誤判斷。

當為了追趕對方，決策投資的時候，本來自身因素和外部因素都不具備投資條件，卻又過高地估計了自己的實力，將不正確的決策付諸實施。其結果只能是欲速不達，慘遭敗績。然而，這只是狹隘心胸給自身帶來的損失。更為甚者，很有可能會給他人帶來弊處。當意識到自己與他人的差距很難在短時間內縮短時，狹隘心胸便會進一步加深，產生不正當投資的想法，如對重要的原材料市場超計畫投資，實行短期壟斷，給對方造成短期內的損失，使產品不能及時出廠，影響對方企業信譽形象等。而自己由於原料大量積壓，資金周轉受阻，損失更為慘重。這種損人不利己的做法除了發洩由狹隘心胸引發的怨恨情緒外，再就是損壞了自己的聲望和人格，這樣做的結果就是毀了自己，也毀了生意。

李嘉誠·金言

名譽是我的第二生命，有時比第一生命還重要。

失敗後要有信心

俗話說，失敗是成功之母。沒有人沒有經歷過失敗，但失敗本身並不可怕，可怕的是失敗之後沒有信心，不能夠自己站起來。李嘉誠在創業之初既有成功的喜悅，也有失敗的痛苦，而他卻能夠從失敗中找到一條成功之路。

李嘉誠經過幾年生活磨練之後，逐漸成熟了起來。做推銷工作的這段時間雖取得了一定的成功，但再努力畢竟只是一名高級「打工仔」，而他所管理的塑膠企業、塑膠公司的財產畢竟是董事長的，失敗的最終承擔者也只有董事長本人。企業的成敗都與李嘉誠的關係不大，這使十分渴望向社會證明自身價值的李嘉誠下定決心要自立門戶。因此無論老闆怎樣賞識，再三挽留，他都決意要離開，他要用自己平日點滴的積蓄從零開始，親自創業。

一九五〇年夏天，說做就做的李嘉誠以自己多年的積蓄和向親友籌借的五萬港元在筲箕灣租了一間廠房，創辦了「長江塑膠廠」，專門生產塑膠玩具和簡單日用品，由此起步，開始了他叱吒風雲的創業之路。

在創業最初的一段時期，李嘉誠憑著自己的商業頭腦，以「待人以誠，執事以信」的商業準則發了幾筆小財。但不久之後，一段慘澹經營期來臨了。幾次小小的成功，使得年輕且經驗不足的李嘉誠忽略了商戰中變幻莫測的特點，他開始過於自信了。幾次成功以後，他就急切地去擴大他那資金不足、設備簡陋的塑膠企業，於是資金開始周轉不靈，工廠虧損愈來愈重。過快的擴張，承接訂單過多，加之簡陋的設備和人手不足，極大影響了塑膠產品的品質，迫在眉睫的交貨期使重視品質的李嘉誠也無暇顧及愈來愈嚴重的次品現象。於是，倉庫開始堆滿了因品質問題和交貨的延誤而退回來的產品，塑膠原料商開始上門催繳原料費，客戶也紛紛上門尋找一切藉口要求索賠。

從做生意開始就以誠實從商、穩重做人處世的李嘉誠付出的代價是很慘重的。這種代價幾乎將李嘉誠置於瀕臨破產的境地。

這段時間，痛苦不堪的李嘉誠每天睜著佈滿血絲的雙眼，忙著應付不斷上門催還貸款的銀行職員，應付不斷上門威逼他還原料費的原料商，應付不斷上門連打帶鬧要求索賠的客戶，以及拖家帶口上門哭哭鬧鬧、尋死覓活要求按時發放工資的工人們。

充滿自信心的李嘉誠做夢也沒有想到，在他獨自創業的最初幾年裡初嘗成功的喜悅後，隨之而來的卻是滅頂之災。一九五〇年到一九五五年的這段沉浮歲月，直到今日，李嘉誠回想起來都心有餘悸。這是李嘉誠創業史上最為悲壯的一頁，它沉痛地記錄了李嘉誠摸爬滾打於暴雨泥濘之中的艱難歷程，它用慘重的失敗反映李嘉誠成功之路的坎坷不平和最為心痛的一段際遇。

失敗其實並不是重要的，最重要的是失敗之後是否仍有信心，能否繼續保持或者擁有清醒的頭腦。像任何身處逆境的人一樣，李嘉誠經過一連串痛定思痛的磨難後，開始冷靜分析國際經濟形勢變化，分析市場走向。

在種類繁多的塑膠產品中，李嘉誠所生產的塑膠玩具在國際市場上已經趨於飽和狀態了，似乎已經沒有足夠的生存能力。這就意味著他必須重新選擇一種能救活企業、在國際市場中具有競爭力的產品，從而實現他塑膠廠的「轉軌」。之後，他果然從義大利引進了塑膠花生產的技術，並一舉成為港島的「塑膠花大王」，進而完成他的霸業。

李嘉誠．金言

創業的過程，實際上就是恆心和毅力堅持不懈的發展過程，其中並沒有什麼秘密，但要真正做到中國古老的格言所說的勤和儉也不太容易。而且，從創業之初開始，還要不斷地學習，把握時機。

把生意看作你的情人

有時聽到一些生意人無可奈何地唉聲嘆氣：「好辛苦，沒有辦法啊，為了三餐。」做生意真的是這麼沒有樂趣的單純的謀生手段嗎？認為做生意沒有樂趣，會使你過分嚴肅，謹小慎微，總害怕出錯，怕打爛飯碗，結果恰恰相反而容易出錯。

認為做生意沒有樂趣，很難使你真正喜愛你的工作，以致窒息自己的進取心和創造欲，使你的生意停滯不前，無所作為，甚至導致失敗。

你應把你的生意看作自己的情人。這樣，你與「情人」的關係就充滿了激情，充滿了樂趣。你投入的感情越真誠，得到的回報就越多，生意就更為順手。

有些人工作後回到家裡，告訴家人的僅僅是工作如何繁重、勞累之類的話，這種人的生意往往不很成功。

而一個成功的生意人往往會激動地告訴妻兒，他怎樣面臨一連串的競爭，又如何一一對付過去；或是試圖把產品賣給一個大主顧時的驚喜和擔心；又或他開發一種新產品時的興奮和訂單似雪片一樣飛來時激動得全身發抖的情形。

求神拜佛不如求自己

從哲學角度講，唯物主義與唯心主義的鬥爭已經持續了幾千年，並且在漸漸走向唯物主義的勝利終點，與此同時，唯心主義的殘餘卻仍在作祟。

兩岸三地不少商人是很信神信鬼的。大凡開張慶喜，店裡免不了要請一尊財神，到廟裡燒香還願也是常事。不少人家裡有各種版本的算命預測之類的書籍，遇上重大決策，不翻一翻，捏算捏算，總也放不下心來。最為時髦的是對數字的迷信。綜合近年來中西合璧的情況，一般兆凶的數字包括星期五、七、十三等，兆吉的數位包括六、八等。這種毫無道理的迷信，卻有相當多的人相信，真是一件奇怪的事情。這些數字真有那麼大的神效嗎？

我們就以「八」為例吧！「八」其實是一個平平淡淡並無任何意義的死數字。相信這個數位的吉凶意義，並無科學根據。若是為了趕一下時髦，倒也沒有什麼。若是信得入神入化，弄得神魂顛倒，那還是很成問題的。因為，相信這一套的人不能掌握自我命運，對自己的所作所為嚴重缺乏信心，才會向神靈求助，希望得到保佑。迷信的氛圍，往往是陰冷的、低調的、悲觀的。

這種氛圍對於需要在商戰中拚搏的老闆來講，是十分不利的。我們知道，現代商戰中的競爭是十分激烈的，市場瞬息萬變，機會稍縱即逝。這要求我們目光敏銳，頭腦冷靜，任何情況下都能夠處變不驚、鎮定自若。這不僅需要經驗，更需要勇氣和自信，需要有百折不回的精神，如果我們把企業和自己的前程把握在神仙鬼怪的手裡，我們總有一天會失去一切。

保持對生意的興趣和熱情

從事一件工作，一定要有相當的耐力，專注工作，藉以培養自己對工作的興趣。成功的生意人懂得這個世界上沒有不辛苦的工作，他們視工作為樂趣。須知：「要怎麼收穫，需先怎麼栽培！」

從前有個農夫有一匹馬，馬的工作很多，而農夫給牠的飼料卻很少。於是，馬就乞求上帝為他另找一位主人。這個願望實現了。農夫把馬賣給了陶器匠，馬很高興。想不到陶器匠那兒的活兒更多更累，飼料給得比農夫還少，馬又抱怨自己的命不好，乞求上帝再為他另找一位好主人。這個願望也實現了。陶器匠把馬賣給了皮革匠。當馬在皮革匠的院子裡看見馬皮的時候，不禁大聲哀嘆道：「唉，我這個可憐蟲！還不如跟著原來的主人好。看樣子把我賣到這裡不是要我去幹活兒，而是要剝我的皮。」

在當今賺錢機會比比皆是的社會裡，打一槍換一個地方的人大有人在，今天生意隆重開張，明天賺了一把就關門，後天再新開一家店鋪，也是經常可以見到的現象。但長此下去，每種生意都不精通，始終無法樹立起自己的商業形象，恐怕就真要遭到當乞丐的命運了。

當然，選擇從事何種生意時，必須先考慮自己的能力與個性，這個生意確實不能使你充分發揮才能，那麼要有及時轉行的勇氣。但假若因無法忍受生意的辛苦，而想另找一份輕鬆的行業，那你恐怕永遠也無法找到適合自己的生意了。

要培養自己對所從事生意的興趣。對於很多因專注而成功的人，他們的做事專注，並不是捏著鼻子喝苦酒，反而像小朋友搭積木，拆了做，做了拆，其樂無窮，樂在其中。辛勞慣了的農民，讓他閒上三五天，他便心裡發慌，反而不如在地裡幹活開心。讀書人爬格子苦不堪言，但一天到頭瞎奔走，不看書，不動動筆便覺得魂不守舍。大抵各行業專注其中的人都是這樣。所以有位哲人說人生的一種境界是：衣帶漸寬終不悔，為伊消得人憔悴。換一句話說：事業就是生命，為它受苦正是人生樂事，恰像一對情人愛得苦不堪言，一天不見，就會失魂落魄。

做一行愛一行，就有自娛的特性，樂在其中便是自然的事了。因為有樂趣，因為可自娛，專注無須講大道理也是順理成章。試問：有什麼道理比有感情更能使人進入專注的角色呢？比如曹操之於權謀，李白之於詩酒，還有拿破崙之於戰爭與冒險，畢卡索之於繪畫。他們這些人專注於其中，既獲得自己的事業，也得到了充分的娛樂。若無自娛的樂趣，或讓他們放棄心領神會的樂趣，他們便會活得無精打采。

所以，對生意人的成功而言，專注既需要明理，更須有感情引導。只有對一樁生意有了感情的投入，理性自覺會更徹底，行為也才更為自然。

李嘉誠．金言

我的一生充滿了挑戰與競爭，時刻需要智慧、遠見、創新，確實使人身心勞累。但綜觀一切，我還是很高興地說，我始終是個快樂人。

永遠不能自我滿足

有一位美國作家，曾經這樣總結過這些企業巨人所共有的特性：「他們獨具慧眼，能在別人沒有察覺的情況下看到挑戰的機會。有些企業家反應迅速，能在瞬息萬變的環境中發現機會；有些企業家則乾脆自己去主動創造機會。無論是誰，他們都能不顧一切地堅持新的想法，然後不屈不撓地克服困難，用盡自己的儲蓄，有時甘冒生命危險去追求生產新的產品提供新的服務。他們冒著風險，可是他們常常可以找到創造性的方法來化險為夷。」

在創業的道路上取得巨大成功的李嘉誠，正是這些國際著名企業家群體中的佼佼者。從創業開始，他就充分發揮聰明睿智，不間斷地發現機會和創造機會，並且無論環境如何惡劣，他從不懈怠；無論取得多麼巨大的成就，他也永不滿足，他總是那麼腳踏實地去實現他的理想。

由於李嘉誠語言溫和，不輕易發脾氣，一生之中總在自覺不自覺地穩定自我，調節自己的情緒，並且非常善於集中精力去處理他應該處理的事情，而力圖不讓周圍的煩惱和挫折影響自己的思考，所以李嘉誠周圍的人都對他懷有深切的好感，別人總認為他對事物持有精闢的分析和獨到的見解。

李嘉誠非常善於識才，也非常善於用人。他啟用人才的標準，總是最大限度地發揮人才專業才能；最大限度地實現人才的應得利益。這使得他身邊的人才往往都是具有創意、誠實、勤懇，有著遠大理想和抱負，對事業全身心投入的人。

李嘉誠在嚴格要求自己的同時，也用自己謙虛做人的態度和高尚的品德，薰陶和教育他的兒子和一切出任他身邊重要職位的有才之人。李嘉誠常說：「做人要盡可能地保持低調，以免樹大招風。如果你始終注意不過分顯示自己，就不會招惹別人的敵意，別人也就無法捕捉你的虛實。」

李嘉誠精湛地用人的策略和寬厚待人的作風，也使他的事業如虎添翼。在今日的李氏王國，李嘉誠擁有一個配合得十分默契，對每一件突如其來的事情有能力迅速作出決定，並為長實、和黃系列業務發展制定策略的令人羨慕的「內閣」。正如馬世民所描述的那樣：「例如我覺得電訊非常有潛力，李先生認為適合，便立即著手進行。李先生喜歡能源，大家同意，便開始尋找投資機會。在長實、和黃這樣一個大集團，能這樣迅速作出決定的靈活性十分重要，我們這個內閣可以做到這一點。」

一如香港經濟評論家所總結的，「長實的李嘉誠有著敏銳的觀察力和先知先覺、不墨守成規、不故步自封，經常保持著不斷進取、創新的精神，以適應新的情況。」李嘉誠還綜合中國傳統經商方式，以及歐美經商方式的優點，針對每一個收購的目標，他會像歐美的商人一樣，事先召集手下，搜集各種情況，進行全面分析，然後，握一次手就確定了巨額的交易，而且從不後悔。其得力助手馬世民說：「在我們進行交易時，我們不喜歡律師群集，沒有律師在那裡會有更多的樂趣。」

李嘉誠．金言

要在商場上獲得成功，首先要學會處理自己的金錢，明白金錢得來不易，非要好好地愛惜它、保管它，禁忌花天酒地，花個精光，否則它不會和你久處。因為金錢本身也好像有靈性似的，你不理會、不愛惜它時，它會無情地和你分手。

第十四章
生意的禁忌

品質是企業的生命

品質是企業的生命，這樣的口號如今在各類大大小小的工廠中都被張貼在醒目的位置。然而，對於幾十年前的李嘉誠來說，卻尚未意識到這個問題的重要性。急於求成的他只想著擴大自己塑膠生產的數量和規模，以便成就一番事業。但是，李嘉誠的盲目冒進導致了嚴重的品質問題，以至於長江塑膠廠面臨著遭到銀行清盤、遭客戶封殺的生死存亡的嚴峻局勢。

痛心疾首的李嘉誠痛定思痛，力挽狂瀾。他首先穩定內部軍心，然後一一拜訪銀行、原料商、客戶，獲得他們對欠款償還期的寬限。接著，清查庫滿為患的積壓產品，將其分門別類、選優汰劣，然後集中力量推銷，使資金得以較快回籠，償還了一部分債務，解了燃眉之急，緩了一口氣，最後利用緩衝的喘息機會，對工人進行技術崗位培訓，同時籌款添置先進的新設備，以保證品質。

李嘉誠百般努力，在銀行、原料商和客戶的諒解下，終於一步一進地挨過劫難。到一九五五年，長江塑膠廠出現轉機，產銷漸入佳境。

災難和磨難可以使某些人一蹶不振，甚至將其摧毀。而另一種人，卻從中汲取動力，使其成為向上攀登的台階。就如一塊好鋼，越淬火，越堅硬。成功人士必定屬於後者。

經過這次挫折和磨難，李嘉誠更成熟了。正是這次反向的動力，促成李嘉誠由一個餘勇可沽、穩重不足的小業主迅速蛻變為一個成熟的商人。

一九五七年底，李嘉誠為了適應大規模的生產需要，將「長江塑膠廠」改名為「長江工業有限公司」。

為了改變以前那種小企業不注重產品品質的狀況，李嘉誠開始著手引進西方的管理經驗。他認定不管是現在還是將來，企業內部保持高水準的管理，堅持按責任辦事是非常重要的。

李嘉誠常常這樣告訴身邊的人：「我們長江要生存，就得要競爭；要競爭，就必須有好的品質。只有保證品質，才能保證信譽，才能保證長江的發展壯大。」李嘉誠極其看重自己產品的品質。李嘉誠宣佈：「從今以後，長江的產品，沒有次級品。」

今天的李嘉誠給人最鮮明的印象是足智多謀，在經營策略上他從不輕易去冒險，更不會有隨便碰碰運氣的行動。他的所有決策都來源於對全面、廣泛的資料的占有和分析；他的決定，都是按照實際情況而作出的合理的反應，這也是他最為人稱道的本領。

然而，李嘉誠的膽識和才華並不都是與生俱來的。除了自己得天獨厚的天分之外，更多的是來自於他的勤奮和毫不懈怠的求知，以及善於吸取自己與別人的經驗教訓和謙虛謹慎的作風。經過多次磨難，李嘉誠就為自己立下座右銘並且成為一生的行動準則：「穩健中尋求發展，發展中不忘穩健。」

切忌緊跟人後

無論是對於第一次做生意的人，還是想改行的生意人，選擇生意行當都是一件生死攸關的大事。初下海做生意的人要選準一個行業，確實不簡單，沒有一定的眼光和經驗，不經過大量的調查和琢磨，沒有很好的自主之見，是極難一舉成功的。就是在生意場滾打了一段時期的人，到了要改換門戶，另起爐灶的時刻，也會躊躇不前，頗為周折。因為儘管他有一定的生意閱歷，但在新的選擇面前，仍是一個門外漢。這是一個難題！要做生意就免不了要解決這樣的難題。但只要謹慎行事，總是可以解決的。

最可怕是一些人選擇經營項目極為草率，不作細心考察就輕率地把資本投下去，要不多久就賠了，結果又匆匆忙忙把餘資抽出來投向另一個行業。這種人說開張就開張，說關門就關門，東試西試，幹什麼都是淺嘗輒止，結果本錢賠得差不多了還是一事無成。更重要的是，每失敗一次，自己的信心就會減少三分，在人們心目中的信譽也會減少三分。失敗的次數多了，成功的機會就會越來越少。

這類人選擇行業時並沒有自己的主見，要麼隨大流，哪裡熱，哪裡利潤高，就往哪裡擠。要麼看到某項生意投資少，經營難度小，不假思索，就匆匆介入。這樣的選擇道理上不錯，但在你看來是不錯的選擇，在別人看來也差不到哪裡去。你可以進入，人家也可以進入。因此在這些熱門生意中競爭往往非常激烈。市場只有那麼大，競爭的人多了，當然淘汰率也就高起來。如果你的競爭實力和技巧不怎麼樣，那淘汰物件當然非你莫屬。

那些跟在別人後面走的人終歸是要失敗的。

忌一錘子買賣

這是一個商德的問題，一個成功的商人，必須具有良好的商業道德。一錘子買賣，實際上也是商業爛仔拳的一種，但還有一種「一錘子」買賣的做法，是想一腳上岸、一步到位，這個「商態」同樣是不可取的。

《莊子・列禦寇》中有一個「緯蕭得珠」的故事，說的正是第二種一錘子買賣的危害性。古時候，在某地一條大河邊，住著一戶以經營草織品為生的商販，他們每天把岸邊人家用篙草織成的草箱收購運到城裡去賣，以此賺錢養家糊口，儘管做不大，但也能勉強維持一家老小的生計。

有一天商販的兒子緯蕭在河裡游泳，偶然從河底撈得一顆價值千金的龍珠。一家人十分高興，緯蕭對父親說：你成年累月賣篙箱，縱然是累斷筋骨也只能是吃糠嚼菜，還不如到大河深處去撈龍珠，拿到市場去賣，必定發財！但商販不同意兒子的意見，並對兒子講了一通道理，做生意如同做其他事一樣，不能只見樹木不見森林，只看到暫時的利益而忽略潛在的危險。一分生意三分險，對每一種生意，我們既要考慮到賺錢的結果，也要考慮到賠錢的下場，即使在眼前效果十分誘人的情況下，也必須從壞處打算，掂量一下該不該冒這個風險。倘若覺得某一筆生意賺錢的可能性很大，而且一旦賠了，損失最多只占資金的一部分，那麼，這樣的風險可以冒一冒；反之，一旦失敗全盤皆輸的風險，則絕對不可冒，況且你所得到的那顆龍珠，長在大河深淵黑龍的嘴裡，所以你能夠得到它，自然是黑龍沉睡的時候，不小心從嘴裡吐出來的。一旦再下河去撈珠，而且黑龍正愁不見偷珠的物件時，必然把你連骨頭帶肉吞到肚子裡去，不僅撈不到珍珠，還會把性命賠進去。

當然，這僅是一則寓言。在商戰中，從來就沒有「搏到盡頭」的可能，聰明的商人也從來是看到有利的一面，也估計到不利的一面。作為商品，那更是一種變數。今天賺錢的東西，說不定明天就賠，今天熱銷的產品，說不定明天就會變成「死貨」，這就要求一個商人，要有見識、有膽量，敢於拿主意、定政策、擔風險。但是，千萬不能做那種脫離實際的砸鍋生意。

多角經營不宜過勇過急

現代企業的特點是日益趨向於綜合性和專業化，以往的規律證明，能夠成功達到綜合性和專業化的企業，總是能夠順利地完成企業的過渡和改造，從而向著更大規模前進。李嘉誠正是把握了這一趨勢，從而將麾下的和記黃埔和長江實業變成經營地產、物業、金融業、通信業、船舶運輸業、電力等許多行業的世界知名企業。

李嘉誠指出，對商人來說，賺錢並勇往直前，這沒錯。正當賺錢，是一個經營者的責任，這也是每一個人都應該持有的原則。自古以來，人們大多把金錢醜化了，認為它是罪惡的東西。其實，金錢無聲無言、無思無慮，罪惡的不是它，而是那些醜惡的人，金錢不過是「脅從犯」。但是對於那種乘機擴張的決定應該絕對慎重。

經商時，禁忌那種多角經營和擴張，不能急速從事。多角經營更應該儘量避免，特別是在擴展業務，擴張公司規模時，應該先確切了解公司在技術、資金、銷售等各方面具有多少實力，而在能力的範圍內經營。對經營者來說，認識自己和公司成員的能力，是很重要的，有了這種認識，才能使經營者有效地行使他的經營技巧。每一次進行重大的經營擴張，李嘉誠都是用上面的一些原則來檢驗自己，以避免發生錯誤。

當然，企業要擴大，要重組，總要付出代價，所以作為企業家，必要時一定要甩掉包袱。李嘉誠指出，很多公司，剛開始時經營得非常好，然而營業範圍日漸擴大後，卻遭到失敗，遇到公司這種情況時，一定要下決心重組內部，將公司分為兩部分，原來的經營者管理一部分，另一部分的經營權委託能夠負責的幹部，這樣重整後，兩方面大多能夠順利地發展。有的經營者在擁有五十位員工時能經營得很好，當員工數量增加到一百位時，由於沒有那份能力，業績不但沒有增加，公司還可能陷入危機，而如果將公司重組，分為兩個部分，每個人只負責自己能力範圍內的一部分，經營狀況一定會再度好轉。在李嘉誠所屬的企業集團裡，正是秉持著這樣一個理念，才順利地將眾多的業務得以消化、擴大，直至獲得成功的。

李嘉誠．金言

一個企業的開發意味著一個良好的信譽的開始。有了信譽，自然就會有財路，這是必須具備的商業道德。就像做人一樣，忠誠、有義氣。對於自己說出的每一句話，做出的每一個承諾，一定要牢牢記在心裡，並且一定要能夠做到。

遵循自己的方法

正確的自我評價會使自己走上正確的方向。

人類怎樣來評價自己，是相當重要的事。能夠正確地判斷是很幸運的。如果一個國家能正確地判斷自己的國力，就不可能發動戰爭以企圖去控制別國，奴役他國人民，也就不會發生戰爭，造成生靈塗炭，更不會使本國人民蒙受不可估量的心理創痛和重大的經濟損失。

如果你是個有特殊手藝的工匠，有人請你去擔任某大公司經理，你回答說：「這恐怕不行，只有在工匠方面，我才能發揮我的能力」，那麼你無疑正確地判斷了自己。

賺錢同樣需要這種正確的自我評價。商店的老闆，無法對自己作正確的判斷，一定會失敗的。別人改造了店面裝潢，雇用了很多人，如果你也照樣盲從的話，失敗的可能性一定會增大。你應該這麼認為：別人可以這麼做我並不一定跟著做，要遵循自己的賺錢方法，正確地判斷自己的能力，這樣才能成功。

老聽說有人做某種生意賺了錢，就也去試試看，這樣一窩蜂做生意，結果形成惡性競爭，賠錢的可能大大增加。

有位朋友，在市區經營著一家服裝店，不久前聽說在做股票賺錢快且容易，於是攏資金做股票生意。前陣子遇見筆者時，令筆者大吃一驚，這位朋友精神憔悴，還長出了許多白髮。原來由於市區裡許多生意人聽說股票好賺後，大批投注資金，都做起了股票投資，加上股票市場不如預期中明朗，賺賠機率各半，筆者這位朋友由此越陷越深，聽他說已賠了不少，想博回來一些。

這就是不能判斷自己，老是羨慕別人、想模仿別人，結果導致失敗。所以，自己的價值評定是非常重要的。一個人就需要常常自問，自己到底有多少力量，自己的情況究竟如何。雖然要完全認清自己比較困難，但心裡要時刻提醒自己正確地評價自己，這樣才能發展自己。如果認為自己沒有力量，沒有人才，沒有資金，當別人對你說：「這行業能賺錢，你可以做」時，你能對自己說：「不能做。」這才是正確的自我判斷。

過河拆橋斷財路

「過河拆橋」這是商界最為常見，也是人人痛恨的做法。要說常見，是因為這裡有利可圖，無非是為了壟斷某方面的利益，獨吞某一筆財錢，再加上法制不健全，大魚吃小魚，所以雖然手段惡劣，但仍不斷有人這樣去做。而說人人痛恨，也是千真萬確，這種見利忘義、認錢不認人的行徑，違反了人之常情，令人很難接受。

但是，「過河拆橋」者在商場上未必能春風得意。因為「拆橋」原本的目的是不願再讓別人過河，但是同時自己也斷了後路，拆了橋就很難再回去了。所以「拆橋」也是斷自己後路之舉。拆得太多了，自己也就沒有後路了，一旦遇到什麼挫折，連迴旋的餘地都沒有，那麼就必然會破產了。

所以，「過河拆橋」並不是生意場上的妙計，至少不是長久之計。拆了橋，你可能暫時得了利，但是你卻付了自己名聲作為代價，為了挽回聲譽，你又得花氣力向人們解釋，為自己辯護，結果得到的減去失去的，並不見得獲利多少。

在商務交際中，還是要養成「過河不拆橋」的習慣。其實，誠實、知恩圖報、利益共用在生意場上是相互聯繫的，人人都趨於利，但是人人都在選擇人。因為這不僅是為了維護自己的利益不受侵害，也是為了使自己的發展更有保障。「過河拆橋」者為人們所不齒，所以結果總是搬起石頭砸自己的腳。

過河不拆橋，還要過橋修橋，過橋立碑，這樣生意才能越做越大。眾多成功者，人們只看到他們的生意到處擴展，而往往忽視了他們同時在到處造橋鋪路。對於幫助過自己、曾經給自己造橋鋪路的人，他們從來沒有忘記回報。他們不斷提到這些人的名字，給這些人樹碑立傳。正是因為他們「過河不拆橋」，而且還要修橋立碑，所以才在生意場上越走路越寬，越走路越多，處處有發展的機會和天地。其實，做生意的最高境界就是「造橋鋪路」，既然別人為你這樣做了，你就更應該以此回報社會，最後形成一個大網路，使金錢和智慧能夠到處流通，四通八達。千萬不要「過河拆橋」，以免斷了自己的財路、門路和發達之路。

不可露出底牌

在李嘉誠的經營投資過程中，曾經遭遇過無數的競爭對手，而在競爭的最後一刻，李嘉誠總能夠用對方意料不到的底牌將其徹底擊垮，從而穩操勝券。

李嘉誠指出，做生意的過程既是錢與錢的交易過程，更是心理與心理的鬥爭過程，就像打牌的人，永遠不想讓對方知道自己的底牌一樣，做生意的人，是絕對不會把自己的腰包掏出來讓人看的。不會像政治家一樣，將自己的財產公開。有錢的會裝作沒錢，沒有錢的卻要充有錢。為了不讓別人察覺到自己沒有錢，更要強充闊氣，大灑金錢。這種做法不但有利於經商，而且更有利於鍛鍊商人，使他們懂得經商過程中有比錢更重要的東西。

因此，李嘉誠總是對於任何投資計畫都處之泰然，在拍賣地產的現場，在最後的關頭，李嘉誠總是豎起他自己的「擎天一指」，以一個驚人的價格獲得投資的決勝權。在進行企業收購的過程中，他也總是在最後的關鍵時刻，將對方企業的決定性股權牢牢地掌握在自己的手裡，這就是「永遠不讓對方知道自己底牌」這一成功商業奧秘的巨大威力。

在這個問題上，具有「日本的猶太人」之稱的速食大王藤田最有體會。下面是他口述的一段經歷：去年秋天，有一位名叫「謝畢羅」的猶太朋友邀我到他家去吃晚飯，他開了一家占地三萬平方公尺的皮鞋工廠，專做高級的女用皮鞋，有三棟奶油色的工廠大樓，一個游泳池，四周遍植奇花異草，如同公園。謝畢羅氏先帶領我參觀廠房設備，到第二棟大樓剛一進門時，發現有一位青年正低頭在檢驗鞋底，謝畢羅氏走過去拍拍他的肩膀說：「喂！約翰！」，「啊！老謝！」青年回頭應道。

我正在驚奇，為什麼這個青年不恭恭敬敬地稱謝氏為廠長？此時謝氏接著說：「藤田兄，我來介紹一下，約翰是我兒子。」這一介紹更令我疑惑不解，我只好機械地和約翰揮手，不久我的疑團經過謝氏的解釋便消散了。謝氏說：「約翰在三歲的時候，有一天和姐姐在客廳裡玩捉迷藏遊戲，在他們正玩得興高采烈的時候，我跑去抱住約翰，把他放在壁爐的上面，我在下面伸出雙手作出接他的姿勢，叫他向下跳。他認為我也參加他們的遊戲，高高興興地望著我笑，並且迅速向我跳來，在他下跳的瞬間，我立刻縮回雙手，他便摔在地板上，號啕大哭，向坐在沙發上的媽媽叫喚，他媽媽並不來抱他，卻微笑著說：『啊！好壞的爸爸！』我站在一旁以嘲弄的眼光望著約翰……。」

「你這是什麼意思？」我氣憤地凝視著謝畢羅氏。他並不介意我的譴責，卻繼續說：「這樣子重複欺騙了他三四次，以後他也不敢相信我了，我的目的是要給他灌輸一個觀念：世界上沒有一個人是可以信任的，連親生的父親也不例外，唯一可以信任的就是自己！」

生意場上，我們常說：親兄弟，明算帳。生意歸生意，朋友歸朋友，就是要把生意與友情嚴格區分開來。如果又想做生意，又想幫朋友的忙，很可能你會變成「吃熟不吃生」的犧牲品。同時，在談生意的過程中，不輕易相信對方，就是不要輕易亮出底牌。

在談生意中，一個深思熟慮的談判者，在使用語言方面既友善又果斷，無懈可擊。保持談判在友好的氣氛中進行，為談判成功打好基礎。但在提要求時，要提得比預期達成的目標稍高一點，給自己留下進退的餘地。如果你是賣主，叫價不妨高些；如果你是買主，出價則應低些。請注意，無論哪種情況，都不能亂論價，務必在合理的範圍之內。信口開河會給人留下極為糟糕的印象，對方會對你冷眼相看。應該做到：既不能被人看白了，也不要把人嚇跑了。有時，由於價格等原因發生僵局，雙方各抒己見，相持不下，這時不妨換個話題，或者採用提問的方式說明自己的銷售意圖，改變對自己價格的看法。

洽談業務人員還應做到語言謹慎、委婉，有時候先要隱藏住你自己的要求，讓對方先開口說話，設法引誘對方暴露其真實情況，將對方的要求、成交打算等方面的情況掌握得越多越好。同時，你要認真地分析對方的立場，掌握對自己有利的情況。不要輕易暴露自己，特別是對方主動找你談買賣，更要先穩住。事實證明：不急於在談判中先表態的人往往是業務成交的勝利者。在多數的談判中，讓步行為和拍板行為，都是在談判快截止時才發生的，因此，雙方都希望摸到對方談判中的「底線」，以爭取主動，而對自己的「底線」嚴格保密。

例如：美國商界的代表戈漢被公司派往東京談判，日本商界的談判者在迎接戈漢時格外熱情，客人十分感動，輕易地將回程的時間告訴日方，亮出了自己只限兩個星期的「底線」。日本人安排花樣眾多的活動，以拖延時間，然後草草談判，最後在歸途中去機場的轎車上，戈漢不得不答應了日方一切要求，老謀深算的日本人大獲全勝。

培養公德心

注意將錢用在公益事業上的良商歷代都有，而以明清晉、徽兩大商幫最為著稱。較普遍的是將資金用於助賑救災、施衣送藥、修路築橋、浚渠固堤等公益性事業中。

晉、徽兩大商幫，為公益雖所費不貲，但所得亦不薄。一些大商人並未因此而影響其資本的積累和繼續增加投入。而且，他們還獲得了好名聲，提高了自己的商譽和在商界的地位。他們尊祖、敬宗、收族、恤親，借助宗族勢力來建立商業壟斷，開展商業競爭，控制從商夥計。內修宗祠，外建會館，是徽商發展商幫的兩大支柱。商幫勢力的壯大，商人其業更隆、其家更饒，遠遠超過了其先前的投資。古之商人尚能「富而有德」，為社會的公益事業出錢出力，今之企業在財力範圍之內，對這方面的工作自然可以做得更好，更有意義。古之商人尚知急公好義，為國解難，今之商人更應熱愛自己的國家，擔負起應履行的社會責任。

美國「電腦大王」諾頓夫婦，其龐大的別墅每年接待成千上萬的募捐者和參觀者。夫婦倆決定將他們的錢財貢獻給社會的慈善事業，並扶助藝術方面的新生力量，他們成立了不止一個基金會，來資助藝術館、博物館、財政困難的報社和兒童救助以及教育事業。諾頓夫婦的所作所為，得到了社會的承認和廣泛的讚揚。義利兩重的商人精神，古今有之。如諾頓那樣熱心公益的企業家，中外有之。由此可見，敢於承擔社會責任，熱心於社會公益事業的商者、企業家大有人在。可見「見利忘義」「毫無社會公德」並不適合所有投身於商海的人。

然而，在現實中，的確有一些人為了獲取高額利潤，為了裝滿自己的腰包，不顧公眾利益，不顧社會的發展。他們無視法規，無視道德，用盡各種手段來破壞社會整體的利益，換取自己的利益。這些企業和商人也不可能有長久的發展，最終會被人們拋棄，身敗名裂而退出歷史舞台。

中國近年來有一段時間，紙價暴漲，造紙業有利可圖。於是，許多投機者紛紛建起了小型的造紙廠，以此牟利。

眾所周知，造紙業是污染很大的產業之一，中國對造紙業的檢查與監督都很嚴格。只有那些既有經濟效益又有社會效益，能嚴格控制污染的企業才可能存在。然而，這些小型的造紙廠不顧法規，照舊讓機器不停地轉動，污水也不斷地流出。這些有毒的污水被排入河中，嚴重破壞了生態平衡，影響了人們的生活。但是，只要有利可圖、有錢可賺，這些企業根本沒有想到環保和社會責任。

這種不顧公眾利益的行為所導致的唯一後果就是：被關閉。企業不為社會負責，不考慮社會效益，社會就會對其進行懲罰。政府對這些小型的造紙廠進行了大力的整頓，勒令他們迅速關門，並為其造成的不良後果負責。這就是不顧社會公益事業而最終「自斃」的實例。

嘴硬不如貨實在

「貨真價實」，說的是商品要價質相符，不僅價格公道實在，而且品質完善純真。不能以次充好，以假充真，欺騙顧客。「貨真」表現了誠實以信義經商的基本原則，是做好買賣的首要前提。「嘴硬不如貨實在」，「只要貨贏人，不愁客不來」。

商品的品質問題理應被每一個經營者所重視，商品的品質對於企業的發展與壯大有著非常重要的影響。

清代商人劉瑩剛做的是胡椒生意。一次，他經人介紹與一供應商簽約購進了八百擔胡椒。但後來辨別出這批胡椒有毒。原賣主聽說後，唯恐奸情敗露，毀及自己的名聲，而找到劉瑩剛，願以原價收回全部貨品、中止契約。然而劉瑩剛竟不惜成本，將這批毒胡椒全部銷毀，以免這批胡椒的賣主「他售而害人」。

在誠賈良商注意商品品質的同時，那種不講品質、欺騙顧客的反面例子，人們自然也給予不留情的揭露和批評。

明朝開國功臣劉伯溫在其文集《誠意伯文集》中記載了一則魯人取糟的故事。說的是春秋時魯國有個商人，苦於釀不出高品質的好酒，到中山學習「千日醉」的釀造技術。由於無法取得對方的技術機密，他便透過一位在中山做官的朋友，從釀造「千日醉」的酒家偷取了一些酒渣子。運回魯國後，他將這些渣子放在自家所釀的酒中，冒充「千日醉」拿來銷售。

一時銷路大開，但結果終於被魯國的中山酒商揭穿，自此生意蕭條，以至關門歇業。

這是不講品質，既摻假又冒牌的典型，在時間上還先與唐代的「鞭賈」，可算是偽劣假冒之鼻祖了。劉伯溫追記此事時，意在針砭時弊，說明當時假冒歪風大長，需要加以認真對待。

商品要追求品質，便不可以怕消費者的挑剔。商品品質好自然會取得消費者的信任。「售貨不怕人褒貶」，「褒獎是看客，貶低是買主」，顧客對商品的挑剔也是自然的。會做生意的商人要耐心解釋，說明商品的品質價格，以使顧客滿意，買賣做成。

明代馮夢龍在《廣笑府》中也講過一則賣酒故事，刻劃了一個出售商品品質不高而又不讓人說不好的奸商的嘴臉。說的是一家酒鋪的老闆，賣的酒並不好，卻非要顧客說酒味香甜不可。甚至把說酒酸的人吊在梁上，到什麼時候說酒香了，才給放下來。一次一位過路顧客來喝酒，看見有人被吊著便詢問原因，老闆說：「他說我酒酸，斷我財路。」過路客說「老闆，借我一碗酒吃如何？」老闆奉上一碗，等客商說一個「好」字，客商被酒酸得齒軟，便對老闆說：「快放下他，把我吊起來吧！」

書裡的東西不能全信

有些老闆很好學，總是喜歡多讀些書，這樣做當然是無可非議的。然而，他們也有一個缺點，那就是喜歡把書本上的東西往現實中生搬硬套，而不是加以變通，活學活用。因此，這種老闆往往在生意場上吃大虧。

一定要明白，人們無法光靠理論賺錢。所以，有學問的人往往無法從事賺大錢的行業。由於迷信書本，墨守成規，結果會讓賺錢的機會白白溜走。

這些人在做一件事之前，會先仔細地算一算，結果認為不合算，便會放棄，實際上這就放棄了以後發大財的機會。

太有學問的人往往思想過於正統，很難接受和容納現代的商業意識。他們一直為知識和書本所束縛，因而無法根據現實中的具體情況而加以變通。

知識固然重要，然而，光憑知識去經商，完全照搬書本上的知識，也是行不通的。其實，真正的學問應當是一套求生的方法，而書本上的知識，反而成為次要的了。美國的汽車大王亨利・福特曾經和某家報社打過一場官司，因為該報評說他是一個「不學無術」的人。

當然，福特沒有受過什麼學府式的傳統教育，但他也並不是「不學無術」。

福特不服氣，於是雙方對簿公堂。原告方面便拿出一些問題來考他。汽車大王更加惱火，他說，如果我是一個會善於答問題的傢伙，我怎麼會有今天的成就！你要的答案，我可以隨便命令手下人給你一個圓滿的答覆。

當今社會，商場情況是瞬息萬變的，老闆若想獲得成功，首先當然是要具備一定的學識，但絕不可生搬書本。請老闆們記住：盡信書不如無書。

然而，這樣說絕不是貶低和輕視知識的作用。不要完全相信書本，並非讓你完全拋棄書本知識。對於經商者來說，知識書本也是非常重要的。但是，應當提醒老闆注意的是：一定要學對自己有用的知識。怎樣才能學到對自己有用的知識呢？你需要把握住下述兩點：

其一，要有目的性地閱讀。有些書對自己並不適用，所以不要去讀它們。

其二，要活學活用。任何知識都不是一成不變的，書本和現實之間畢竟存在著差距，所以切忌把書本知識生搬硬套，而是要活學活用。

此外，要多向社會學習，從現實生活中獲得的知識，或許更實用、更有價值。

總之，不要輕視書本知識，也不要迷信書本知識。

李嘉誠．金言

有錢大家賺，利潤大家分享，這樣才有人願意合作。假如拿十%的股份是公正的，拿十一%也可以，但是如果只拿九%的股份，就會財源滾滾來。

第十五章 做一名合格的生意人

事業成功的十個秘訣

在激烈的商戰中，李嘉誠對於自己的事業始終有一個準確的把握，他曾經說過：「在事業上謀取成功，沒有什麼絕對的公式。但如果能遵循某些原則的話，能將成功的希望提高很多。」數十年來，他所遵循的一些原則是：

1. **在商場中賺大錢的方法只有一個**——就是做你自己的事業：想從商的人應該選擇他熟悉且了解的那一個。顯然地，剛開始他不可能熟悉所有該知道的，但是在他還沒有對這行有充分而具體的工作知識前，他不應該貿然開始。

2. **絕不能無視一切生產的中心目標：**為更多的人，以更低的成本生產更多更好的商品，或提供更多更好的服務。

3. **節儉為商業成功的必備條件：**商人一定要嚴格規範自己，不要浪費，不論是在私生活上還是在業務上，「先賺錢，再考慮花錢」是企業成功者的最佳信條。

4. **永遠不要忽視或遺漏任何合法的擴張機會：**但另一方面，商人也永遠要保護自己，不致受誘惑、作盲目的擴張計畫，而事先卻缺乏充分的判斷及考慮。

5. **商人必須不斷尋找新的辦法，來改良產品及服務，以求增加生產及銷售和降低成本：**時機很重要，一般商人在生意順利的時候，往往不去考慮謀求發展的辦法，但那卻是他們能有心力餘暇考察業務的時機。許多商人都是在不景氣的時候才恐慌，結果往往弄錯了方向，反而使得成本升高。

6. **商人必須親自管理業務：**他不能指望他的員工能像他一樣，又能做又能思考。如果他們能，他們就不會是員工了。

7. **商人必須願意冒險：**如果他認為值得的話，他可以冒險投資及向外借款。但借款一定要設法迅速還清，失去信用最易導致關門大吉。

8. **商人一定要不斷尋找新的或未經開發的市場：**世界大部分地方的人，都盼望能買到外國貨，精明的商人要向國外市場動腦筋。

9. **對工作及產品負責的好信譽，最好能帶給消費者信心：**商人必須顧及品質保證，以及維護消費者的利益。值得大眾依賴的廠商，毫無困難地就能使訂單源源不斷。

10. **一個人不論積累了多少財富，如果他是商人，他就必須永遠將自己的財富作為改進大眾生活的一個工具：**他必須記得，他對同仁、員工、股東以及社會大眾都有責任。

做生意要當機立斷

「該斷不斷，必受其亂。」古往今來，成大事者都有一個共同點：處事果決，當機立斷。軍事家在戰鬥中果敢明斷就能把握戰機；企業家在商戰中果敢明斷就能無往不利。如果優柔寡斷，猶豫不定，良好的機遇一旦錯過，時不再來，豈不悔之晚矣？企業、金融行業的生意人也是一樣，猶豫心理直接影響投資決策，一旦失機，全部計畫就只能擱淺作罷。

猶豫心理一經滲入生意人的內心世界，生意人將會陷入一種尷尬的境地。欲左顧右，欲右顧左。內心深處的矛盾衝突便會一點一點逐漸在行為上表現出來，從而影響正常的運作。同時對生意人的其他心理和情緒都會產生副作用，容易使人急躁不安，彷徨無措。嚴重時甚至對能力和自信心產生懷疑，導致全局的被動和失敗。

有猶豫心理的生意人，在即將決策前，原本深思熟慮的投資方略和經過認真細緻制訂的投資計畫，在決策時或是忽然間產生了自我不信任感或是受到外界因素的影響，對自己已策劃完善的投資計畫發生動搖，最終得不到實施，喪失了獲取投資收益的大好良機。如在股票操作中，生意人發現自己手中持有股票的股價上升並偏高了，應該把握這一時機將其抛出，並同時做出了股票出售的決定。可是在臨場時聽到許多人對此種股票的看法和評論與自己的決策截然不同，便馬上改變了行動，放棄了一次將股票抛售的良機。再如生意人事前已觀察出某種價格較低的股票已經是適合購入的時候了，也做出了趁低吸納的決策。但在臨場時發現許多持股者紛紛將其抛售，於是產生了猶豫心理，臨陣退縮，放棄了原先的決定，失去了一次能夠獲取收益的機會。

猶豫心理在企業投資中，導致生意人瞻前顧後，決策不明、錯失時機的事情是很多的。這種現象有著一定的普遍性。企業投資過程是從產生投資動機開始，經過對自身主觀狀況和外界客觀因素的綜合分析，然後據此分析結果作出決策。最終將決策內容付諸行動。猶豫心理往往是在馬上要行動的關鍵時候出現，使生意人改變決策或回過頭來重新思考。等到再一次確認原決策正確，應該實施的時候，外因或內因已經起了變化，所決策的內容已不能再正常進行了。

國內某家用電器生產企業，透過很大的努力與日本一家企業取得聯繫，並初步擬定了可行性方案，「雙方共同投資，日方提供技術，我方提供場地、人員」。如果雙方達成協議合作成功，將對這個企業的經營和發展到了極大的推動作用。決策者認識到了這一點，仔細研究分析之後決定按計劃實施。可是就當協定即將達成的前夕，另一家同行業人士在似乎是無意接觸的過程中談起自己與外商合作而遭受了巨大損失的經歷。如此一來決策者馬上萌發了猶豫心理，對自己的決策產生了動搖，對前面作的各種分析開始懷疑，便找出藉口推遲了簽訂協定的時間。當他最終還是決心執行原計劃的時候，日方已與第三家同行企業正式簽訂了合作協議。原來這是兩家同行企業設下的圈套，利用他的猶豫心理，坐收漁利。

生意成功後也要冷靜

公司的不斷壯大通常是因為經營者經營得法而時機運用得當的緣故。有些老闆最大的缺點是在經營過程中因為成就而自我陶醉沖昏了頭腦，這樣導致失敗的例子古今中外都很多。

對於這種情況應採取如下的方法：

1. 將自己取得的全部成就，包括自己的所得進項、聲譽、地位等等一律以七折至八折來計算。通俗一些說，比如今年賺了五十萬元，自己要把它看成只賺了三十五萬元，這樣做有若干個好處。最大的好處是將敵者的妒恨減弱，同樣也就壓抑了自己的自滿，在這個雙重有利的情勢下，便容易使來年取得更大成績。
2. 禁止把自己所得到的成績任意誇大、大談特講，這樣你會如芒刺在身，長久下去終究會造成很大的心理壓力，包括有朝一日被人戳穿，難以下台。

3. 時刻不忘記錄自己的失敗之處。儘管公司發展很快，但小的錯誤總是在所難免。企業老闆可以透過記錄經營中的失敗之處的方法來提醒自己正確經營。

4. 將可能避免經營錯誤的經營法則以制度方式記錄下來，以備改正。凡涉及公司成敗，無論大小事都要白紙黑字地記錄下來，拿制度來保障作出的承諾。

有些老闆在理性上來講願意避免失誤，也認為健全制度是正確恰當的處理方法。然而，事實卻往往很難盡如人意，經商中有許多交往，生意裡面包含的很多細則，並不是每一項都能夠列表記錄下來的。因此，一旦小有成功就忘乎所以，這樣就容易導致經營失敗。

如果作為經營者不注意以上原則，就會狂妄自大，並埋下經營不善的隱患，所以，為了避免這種情況，在眾多的行業中，商人們都擁有許多經驗並將其形成某些特定法則代代相傳。公司經營者一定要能夠及時吸收這些寶貴經驗，以為自己所利用。而不應狂妄自大，反常理而行之。

下面的幾條法則可供公司經營時參考：

1. 在商場上有了一個新主意，自己一旦想到就要立即行動，毫無保留地實行，並貫徹始終。如果稍有遲疑，或者是在貫徹時有一點疏漏，在分秒必爭的環境中很容易錯失良機。

2. 利用借貸進行投資，投資性資產的價值一定要有所增加才行，而借貸的數額則會減少，因此投資淨額會越來越多，否則就不是好投資。

3. 貨如輪轉在商場上是決勝原則。手上的貨物一定要有出有入，才可能會有盈利產生。當然一旦購買的商品是房屋、股票等等之後，可以一動不動，積聚下來，日子一長就必然升值，這就是常講的長線投資。

4. 生意不一定要獨家經營。合作有許多好處，一個人終有所短，兩個人便可以相互彌補，各人都貢獻出自己的優點，以彌補對方的不足。

5. 世界上只有買錯的買家，絕對沒有賣錯的賣家。在商業經營中，作為賣家應懂得根據市場的變化及時清除手頭的存貨。今天便宜一半出售一些貨物，表面上有些虧損，實際上能運用那一半錢做其他用途，而這其他用途每分每秒可以為他帶來比把錢存放在貨物上更大的利益。相反，買方把貨物付錢承受下來，除非該物能立即發揮相當用途，使買家實際受益，否則他是真正綁死了一筆現款，數目多少並不重要，關鍵在於這筆錢徹頭徹尾成了動彈不得的呆帳，再少的損失也是損失。

掌握新知識

偶然的成功，支撐著某種必然的因素，那就是一個生意人本身的素質。作為一名現代生意人，要想使自己所從事的事業取得新的成功，就要加強自身的修養，不斷掌握新知識，努力使自己成為「全才」。

自從人類創造了語言，發明了文字，抄成或印成了書，書就成了傳承文化的重要載體。人類要生存下去，文化就必須傳承下去，因而書也就必須讀下去。特別是在當今科技飛速發展和資訊爆炸的時代中，生意人必須及時掌握最新知識和得到資訊。只有這樣，才能確保生意的順利進行，否則將適得其反。那麼，怎樣才能掌握新知識和得到資訊呢？看能得到資訊，聽也能得到資訊，而讀書仍然是掌握新知識的有效途徑和重要的資訊源，所以生意人要想永保不衰，就非讀書不可。

二十世紀八〇年代初期的攤商熱、販運熱、股票熱、外商熱、房地產熱，第一輪機會已過，現在都成了別人壟斷的地盤。第二輪機會，可說是知識資產熱，「誰有知識資產誰賺錢」。

英國人推銷商品靠知識，先打攻心戰，方針是：「先贈刷子後賣漆。」在生意人所賺取的財富中，知識資產的比重與日俱增。在一些知識密集的行業中，利潤則主要來自生意人的知識資產。

把握時代脈搏，這的確需要有識之士的慧眼。未來的生意場，絕不是低文化結構的人所能賺大錢的時代！不讀書，不掌握新知識，不提高自己的知識資產照樣可以靠吃「老本」瀟瀟灑灑過日子，乃是前幾年不少靠某種「機遇」發財致富的生意人的心態。不錯，許多成功生意人所賺的錢，如果不再尋求發展，而是放在銀行吃利息的話，恐怕幾輩子也吃不完，這樣的話，就算不用費力去掌握新知識，也可能醉生夢死、吃喝玩樂，但這樣的生活與行屍走肉又有何異？如果他們不甘寂寞，幻想著當年的「好運」會再次光顧時，很可能由於缺乏必要的知識，而將自己辛辛苦苦賺來的老本也給「砸」進去。到那時，再後悔跺腳已是晚矣！

對於生意人來說，知識面越廣越好，得到的資訊越多越好，否則很容易變成鼠目寸光的人。鼠目寸光不但不利於自己生意的發展，也很難在競爭激烈的生意場立足，最終只能為大時代所拋棄。

有些老醫生，自從出了醫科學校之後，診病下藥無不用此老法子，於是漸漸步入沒落之途了。他們明明應該把門面重新漆一漆了，明明應該去買些新發明的醫療器材及最近出現的著名藥品了，但他們都捨不得花錢。他們從不肯稍微抽出些時間來看些新出版的刊物，更不肯稍費些心機去研究、實驗種種最新的臨床療法。他所施用的診療法，都是些顯效遲緩、陳腐不堪的老套，他所開出來的藥方，都是不易見效的、人家用得不願再用了的老藥品。他們一點也沒留意到，在他診所附近早已來了一位青年醫生，已有了最新的完善設備，所用的器材無不是最新的一種；開出來的藥方，都寫著最新發明的藥品；所讀的都是些最新出版的醫學書報。同時他的診所的擺設也是新穎完美的，病人走進去看了都很滿意。於是老醫生的生意，漸漸都跑到這位青年醫生那裡去了。等到他發覺了這個情形，已經悔之不及了。「不進步」使他失敗下來，沒人過問了。

要有失敗的心理準備

市場風雲多變，誰也沒有「百戰百勝」的絕對把握，就連那些老手也常常出現一些失誤，甚至失敗，何況剛剛涉足商場、白手起家、初創事業者呢？失誤、失敗並不可怕，關鍵在於如何從失敗中奮起，反敗為勝。

在商場跌倒了要爬起來，才算好漢，爬不起來，恐怕就會掉在債坑裡，更不用說賺錢發財了，而且將越陷越深，不能自拔。

在市場經濟的大潮中，敗軍之將，可以言勇。經營者一走上市場，都想發家致富、賺錢發財，但變幻莫測的市場上，任何經營者不可能總是十分順利，都有失敗的時候，那麼，一個真正的經營者不應該被失敗嚇倒，而應該從失敗中總結經驗教訓，繼續進行自己的事業，那麼就一定會取得成功。

要有失敗的心理準備，以自己的安定、鎮靜來應付競爭對手的喧嘩和失敗的襲擊，這是一種很高明的謀略。

當失敗不期而至時，令人震驚、驚慌，驚慌使人失措，失措則亂中添亂，如雪上加霜，其結果只能走向更大的失敗。一個企業的負責人若被失敗嚇昏了頭腦，那麼就談不上組織有效的反敗為勝之策，本來可以好好地利用的力量也無法形成一個整體，一盤散沙自然抵擋不住來勢洶洶的洪流，手足無措之中，未經細細思索，拿不出切實可行的應付方法，失敗就如同滾雪球，越滾越大。

一旦面臨危機、遭受失敗，無論影響有多麼嚴重，都要正視現實。應該說，危機與失敗對人的心理衝擊往往是很強烈的。商家面對危機與失敗的第一個考驗就是對心理衝擊的承受力。據心理學家分析，人在遭受挫折打擊的時候，常見的心理包括震驚、恐懼、憤怒、羞恥、絕望等。這些都是極為不利的心理因素，如果陷於心理挫傷的泥坑裡不能自拔，那就會在失敗中越陷越深，以致走向毀滅。所以，要警惕這些失敗心理的影響。面對危機與失敗，要有正確的認識和健康的心理。宋朝的蘇軾在《留侯論》中說：「天下有大勇者，猝然臨之而不驚，無故加之而不怒。」也就是說，在事變突然降臨時，總是不驚慌失措，對於無故而來的侮辱，也不會大發脾氣，能夠自制自強，控制自己的驚恐和憤怒，這才是大智大勇的體現。古往今來，許多政治家、軍事家、企業家、謀略家都把處驚不變、鎮定持重視為修養的重要內容。

面對危機最重要的是要保持沉著冷靜，處變不驚。古人說「安靜則治，暴疾則亂」。如果心裡先慌了，那麼行動必然要亂。只有冷靜沉著，才有可能化險為夷，轉危為安。

在印度一家豪華的餐廳裡，突然鑽進一條毒蛇。當這條毒蛇從餐桌下游走到一個女士的腳背上時，這女士雖然感到了是一條蛇，但她未慌亂，而是一動不動地讓那條蛇爬了過去。然後她叫身邊的服務生端來一盆牛奶放到了開著玻璃門的陽台上。一位一起用餐的男士見此情景大吃一驚。他知道，在印度把牛奶放在陽台上，只能是引誘一條毒蛇。他意識到餐廳中有蛇，便抬眼向房頂和四周搜尋，沒有發現。他斷定蛇肯定在桌子下面。但他沒有驚叫著跳起來，也沒有警告大家注意毒蛇。而是沉著冷靜地對大家說：「我和大家打個賭，考一考大家的自制力。我數三百下，這期間你們如能做到一動不動，我將輸給你們五十比索。否則，誰動了，誰就輸掉五十比索。」頓時，大家都一動不動了，當他數到二百八十下時，一條眼鏡毒蛇向陽台那盆牛奶游去。他大喊一聲撲上去，迅速把蛇關在玻璃門外。客人們見此情景都驚呼起來，而後紛紛誇讚這位男士的冷靜與智慧，如果不是這一招，此間肯定有不少人的腳要亂動，只要碰撞到眼鏡蛇，後果便可想而知了。他笑著指指那位女士說：「她才是最沉著機智的人。」

這個故事中的女士和男士很值得我們商家學習。當商戰中面臨危局的時刻，同樣需要這種沉著冷靜的心理品質。人在危急時容易恐懼、緊張、行為失措。而一旦冷靜下來，你的智慧就會「活轉」起來，幫你尋找到擺脫危機的辦法。

要做到沉著冷靜，就要擺脫和消除面對危機而產生的不安、焦慮、緊張的情緒。混亂和捉摸不定以及缺乏駕馭局面的自信心，是引發焦躁的原因。所以，要擺脫焦躁的方法就是認清危機情勢，找到解決辦法，強化心理素質。

經商是一項充滿風險的事業。在創業的過程中，事事如意、樣樣順心的情況是罕見的。事實上，逆境多於順境，失敗、挫折和打擊常常伴隨著你。逆境不可怕，可怕的是你被困境所嚇倒，從此一蹶不振。

「疾風知勁草，歲寒見松柏。」作為一名精明的老闆，在身處逆境之際，能經得起暴風雨的襲擊，然後冷靜地分析周圍，認識自己，進而重整旗鼓，以達到東山再起的目的。

小公司最喜歡的是「無心插柳柳成蔭」；最忌的是「有意栽花花不開」。公司及家庭內部要安寧、無後顧之憂。俗語所謂「家和萬事興」，自有其道理。

對人誠懇，做事負責，「多結善緣」，自然多得人幫助。淡泊明志，隨遇而安，不作非分之想，心境安泰，必少許多失意之苦。謙虛謹慎，戒驕戒躁，所謂持盈保泰的思想，雖有點消極，卻可少些失敗的危險。

如果理解以上各點，還怎麼會感到厄運臨頭、終日惶惶的呢？同樣的社會環境、市場條件，為什麼有的成功、有的失敗呢？可以說失敗者是自尋的。

一位企業家，在失敗的環境中，要做到頭腦冷靜，就應該努力提高自身素質：

1. 要有應付失敗的心理準備。
2. 努力學習，不斷提高自己在大風大浪中搏擊的能力。

3. 不能被失敗摧垮意志，自己嚇唬自己，以至於杯弓蛇影，草木皆兵。

4. 要有相當的耐心，不僅是忍辱耐苦，更重要的是要在心理上戰勝自己，保持良好的競技心態——神態自若，臨變不亂。

李嘉誠・金言

中國古老的生意人有句話，「未購先想賣」，這就是我的想法。當我購入一件東西，會做最壞的打算，這是我在九十九％的交易前做的事情，只有一％的時間，是想會賺多少錢。

信守承諾

你不要輕易許諾，許了諾言要守信，你要給人一種遵守諾言的印象，這樣，你的產品與服務便會大暢銷且事事週到。

信守諾言是人們的美德，但是有些人在生意上經常不負責地許各種諾言，卻很少能遵守，結果毫無必要地給別人留下惡劣印象。如果你說過要做某件事情，就必須辦到；如果你辦不到，覺得得不償失，或不願意去辦，就不要答應別人，你可以找任何藉口來推辭，但絕不要說「我試試看」。如果你說試試看而又沒有做到，那麼你給對方留下的印象就是，你曾經試過，結果失敗了。

你的信用能否給予顧客良好的印象？你是否信守自己的諾言？你是否輕易地允以承諾？你是否值得他人委以重任？你是否總是忘掉別人委託之事？當顧客打聽你們公司產品狀況時，你轉達了多少次錯誤資訊？或是顧客向你打聽公司的樣品，或關於宣傳方面的材料，你是否多次提供不實的材料？

要信守約定說起來很簡單，做起來卻相當困難，你只要稍有疏忽，就可能無法赴約。有時候你認為別人可能不需要你的服務，如果這種自我安慰的想法讓別人知道了，就會讓別人覺得你是個懶人。

而且你可能也有僥倖心理，以為顧客能原諒自己，你這種怠惰的心理讓人一看便明白了。所以，你在服務時，千萬別輕易許諾，許了諾，便一定要遵守，顧客會為你的態度所打動，他們認為你是一個守信者，從而會信賴、依靠於你，你在生活中便會戰無不勝，攻無不克。

一個人的信用越好，不論你在生活上或是工作上，你就愈能成功地推銷你的服務。要應對的客人愈多，你的服務推銷就做得愈好。

所以，你必須重視你自己所說的每一句話，生活總是照顧那些講話算數的人，食言則是最不好的習慣，你必須改變自己的缺點，成功地推銷你自己。

不管你所推銷的產品是哪一種，不管你用的推銷策略如何，但你總要對自己所說的話負責，你用自己的行動去說服顧客的異議，讓他們親眼看到你所做的都是為了他們的利益，為了遵守諾言，你可以放棄其他的，給人一個可信的面孔。

你推銷服務或產品有沒有遵守這種美德？如果你以前沒有，請從現在開始。

產品的銷售，需要成功的廣告和宣傳手段，但最能打動人心、最受顧客歡迎的還是你那可靠、守信的服務態度和售後服務。

信譽是不可用金錢估量的

在企業所必備的經營發展條件中，信譽是最重要的。對於信譽就是生命這種說法，李嘉誠始終採取的是贊同的態度。他認為，「信譽是不可以金錢估量的，是生存和發展的法寶。」而經過數十年的企業經營實踐，李嘉誠對此篤信不移。

想當年，長江公司的塑膠花牢牢占領了歐洲市場，營業額及利潤成倍增長，到一九五八年，長江公司的營業額達一千多萬港元，純利一百多萬港元，李嘉誠因此贏得了「塑膠花大王」的稱號。為了發展自己的塑膠事業，他的下一個目標，就是將塑膠花產品推向北美，進一步擴大國際市場。美國和加拿大是發達的資本主義國家。尤其是美國，人口眾多，幅員遼闊，消費水準極高，占世界消費總額的四分之一強。在此之前，李嘉誠陸續承接過香港洋行銷往北美的塑膠花訂單，但這純屬小打小鬧，遠不是他所期望的。為此，李嘉誠主動出擊，設計印製精美的產品廣告畫冊，透過港府有關機構和民間商會了解北美各貿易公司地址，然後分寄出去。

沒多久，果然有了回應。北美一家大貿易商S公司，收到李嘉誠寄去的畫冊後，對長江公司的塑膠花彩照樣品及報價頗為滿意，決定派購貨部經理前往香港，以便「選擇樣品，考察工廠，洽談入貨」。

李嘉誠收到來函，立即透過人工轉接的越洋電話，與美方取得聯繫，表示「歡迎貴公司派員來港」。交談中，對方簡單詢問香港塑膠業的大廠家，提出：若有時間，希望李先生陪同他們的人走訪其他廠家。

這家公司是北美最大的生活用品貿易公司，銷售網遍佈美國和加拿大。機會千載難逢，但還不敢說機會非長江一家莫屬。對方的意思已很明顯，他們將會考察香港整個塑膠行業，或從中選一家作為合作夥伴，或同時與幾家合作。

這將又是一次競爭，比信譽，比品質，比規模，鬥智鬥力，方能確定鹿死誰手。李嘉誠的目標，是使長江成為北美S公司在港的獨家供應商。他自信產品品質是全港一流的，但論資金實力、生產規模，卻不敢在本港同業稱老大。與歐洲批發商做交易，既是李嘉誠的勝利，也為他帶來教訓，有限的生產規模，險些使李嘉誠的希望落空。

時間給予李嘉誠只有短暫的一周。李嘉誠召開公司高層會議，宣佈了令人驚愕而振奮的計畫：必須在一周之內，將塑膠花生產規模擴大到令外商滿意的程度。

這一年，李嘉誠正在北角籌建一座工業大廈，原計劃建成後，留兩套標準廠房自用。現在，他必須另租別人的廠房應急。為了搶時間，他委託房產經紀商代租了一套占地約一萬平方英尺的標準廠房。遷廠所涉資金，除自籌的部分，大部分是銀行的大額貸款——他以籌建工業大廈的地產作抵押。

這是李嘉誠一生中，最大最倉促的冒險。他孤注一擲，幾乎是拿多年營建的事業來賭博。李嘉誠一生作風穩健，可這一次，他別無選擇，要麼徹底放棄，要麼全力拚命。

無法想像一周之內形成新規模難度有多大。舊廠房的退租，可用設備的搬遷，購置新設備，新廠房的承租改建，設備安裝調試，新工人的培訓及上線，工廠進入正常運行……都得在一周內完成，一道環節出問題，都有可能使整個計畫前功盡棄。

李嘉誠和全體員工一起，奮鬥了七個晝夜，每天只有三四個小時的睡眠。李嘉誠緊張而不慌亂，哪組人該做什麼，哪些工作由安裝公司做，以及每一天的工作進度，全在日程安排表中標得清清楚楚。就這一點可見李嘉誠的冒險，並非草率行事。

就在外國公司購貨部經理到達那天，設備剛剛調試完畢，李嘉誠把全員上線生產的事交予副手負責，然後親自駕車去啟德機場接客人。

李嘉誠已為外商在港島希爾頓酒店預訂了房間。在回程的路上，李嘉誠問外商：「是先住下休息，還是先去參觀工廠？」外商不假思索答道：「當然是先參觀工廠。」

李嘉誠不得不調轉車頭，朝北角方向駛去。他心中忐忑不安，全員上線生產會不會出問題？汽車駛近工業大廈，李嘉誠停下車為外商開門，聽到熟悉的機器聲響以及塑膠氣味，心裡才踏實下來。

外商在李嘉誠的帶領下，參觀了全部生產過程和樣品陳列室，感到非常滿意。從此，這家北美公司就成了長江工業公司的大客戶，每年來的訂單都數以百萬美元計。並且通過這家公司，李嘉誠獲得了加拿大帝國商業銀行的信任，日後發展為合作夥伴關係，進而為李嘉誠進軍海外架起一道橋樑。

塑膠花為李嘉誠帶來數千萬港元的盈利，長江廠成為世界最大的塑膠花生產廠家，李嘉誠「塑膠花大王」的美名，不僅蜚聲全港，還為世界的塑膠同行所側目。

不可專謀一己之私

所謂私心無人不有，但能夠克制私心則實屬不易。特別是在一個人的成功已經達到頂點的時候，如果要謀一己之私，雖然不過是舉手之勞，但卻能以大眾的利益為重，這樣的境界恐怕也只有像李嘉誠這樣的人才擁有。

二十世紀八〇年代，漂泊外鄉四十餘年的李嘉誠，十分懷念自己的故鄉，懷念自己呱呱落地的祖厝。在這塊美麗而神奇的土地上，盛開了許許多多美妙動人的傳說，成長了許許多多領盡風騷的人傑地靈。正是這塊土地，這些傳奇，孕育了他五彩繽紛的夢幻，充實著他玫瑰色的童年時候，豐滿著他綠茵般的少年時代。無論如何，李嘉誠都無法忘懷他兒時度過的歡樂時光，他所眷念的小書房，而且，隨著時間的推移，李嘉誠重修祖厝，恢復家園的心願愈來愈強烈。一九七九年籌建「群眾公寓」時，家鄉政府部門提出「優先安排其親屬入居」的建議，李嘉誠堅決反對，他在給家鄉的信中說：「本人深覺款項捐出，即屬公有，不欲以一己之關係妨礙公平分配。」

在修復祖厝的問題上，李嘉誠小心謹慎的態度，以大局為重的處理方法無不再現出他的過人之處。

平心而論，極富愛心、孝心的李嘉誠，何嘗不希望有一個優雅的居住環境，修復一座寬大舒適的祖厝，一則解決族人的居住問題，也能節省「群眾公寓」之分配單位，更多地安排其他缺房戶；二則聊表本人始終追念先祖之願。

並且，家族內也有親屬提出原有祖厝面積過於窄小，族人居住多有不便，強調這樣的祖厝既與李嘉誠今日在香港之顯赫地位不相稱，又無法更完美地紀念李氏先祖之功德，紛紛希望擴大祖厝原有的面積。

潮州市政府對李嘉誠祖厝的修復十分重視，積極配合並支援李嘉誠祖厝的擴建工作。居住在面線巷的左鄰右舍的鄉親們，在十分感激李嘉誠捐建「群眾公寓」的同時，由於並不安排族人入居，他們覺得擴建祖厝也是情理之中，自然對這件事表示理解與合作。人們從心理上乃至行動上都做好了搬遷讓地的準備。

狹小悠長的面線巷，收拾行囊準備搬遷的眾鄉們等候著一聲令下的李嘉誠。這是一次「德」與「孝」的撞擊，然而李嘉誠並沒有這樣做。從小飽讀儒家經典，擇其德善而處世為人的李嘉誠，對這個問題考慮得更全面、更深遠，他不論窮前富後，都十分注重陶冶自己的性情，不斷完善自己。

在認真思考之後，李嘉誠決定不擴大面積，打算就在原有面積的基礎上建造一棟四層樓房，以供族人居住。他給那些深表疑慮的親屬解釋說：「雖然目前要拿多少錢，擴充多大的面積都不是問題。但是要想一想，這樣做的後果必然會影響到左鄰右舍的切身利益，我們不能拿鄉親們的祖厝來擴充自己的祖厝，絕對不可以以富壓人，招致日後被人指責。」一個人對自己的私利能夠放到這樣的角度去認識，特別是對一個傳統觀念濃厚的商人來說，在情況十分有利於自己的形勢下卻作出這種決定，這種行為無疑是十分高尚的。

恰當顯示身份

你表現出來的形象，應既是一個老闆，又是一個普通人。管理者的位置決定了你應該與眾不同。你的員工應當尊重你，信任你，得到你的支持。你的員工也期待你對一些難題作出決策，解決實際問題。他們期望你像個管理者，因此，老闆應當在員工中表現自己的身份。

你應當注意自己的表現方式，注意你的穿戴會給其他人帶來的影響。不要以為員工不會注意你身上的領帶、蓬鬆的頭髮和發皺的衣服，他們會注意的，他們會最先注意你的這些不佳的穿戴方式。老闆應時刻牢記，員工們會根據你的外表、言語和行動來決定對你的態度。因此，老闆要注重自己的衣著、外表，來顯示出自己相對應的職位。

當然更重要的是表裡如一。外表是哄不住他人的，不要以此來虛張聲勢。老闆表現出的老闆派頭不僅指你的穿著，還包括你說話的氣勢，更重要的是你的處事方式。

老闆的身份可以從許多方面得到體現，如走路、說話、微笑、眼神、腔調、辦公室的環境、對日常細節的注意、對待危機問題的反應等等。你也許有一個精明的頭腦，但不一定非得透過一種老闆姿態表現出來，這樣會疏遠員工。你也許是人們想像的那種真誠待人的人，但如果你臉上堆了過多的微笑，似乎又令人難以信任。你走起路來箭步如飛，員工就無法跟上與你交談。你也可能說話太慢，人們難耐其煩地等著聽你的要點。

你可能在遭受壓力時拍桌摔椅，或者疲倦時怒氣大發。也許你充滿信心而員工卻對你失去信心，因為你似乎從未聽取他人的意見，總以為自己是對的。因此，作為老闆，你要隨時意識到自己的言行對他人的影響。

老闆要避免作出一些讓人對你失去信心的行為。你必須完全控制自己。那些過分控制自己的人往往與人疏遠。但作為一個人，必須具有較強的自我意識，要意識到自己看起來怎樣，做起來怎樣，以及對人的影響怎樣。員工會根據每一個微小的事情來判斷你。當你走出辦公室時，如何與員工招呼。你如何接聽電話，如何回覆來信。作為老闆，你應盡力培養出一種完整的意識，表明你是怎樣的人，並向員工傳遞這些資訊。老闆也應注意自己是個普通人。當你表現自己時，一切都應隨意自如，與自己老闆的身份相一致。

是員工養活了公司

一般常理，公司員工總是對老闆感恩戴德，認為是老闆給了他們飯碗。但李嘉誠卻不這麼看，他指出，是員工養活公司。

有一件事感人至深。那是七十年代後期，香江才女林燕妮為她的廣告公司租場地，跑到長江大廈看樓，發現李嘉誠仍在生產塑膠花。此時，塑膠花早過了黃金時代，根本無錢可賺。長江地產業當時的盈利已十分可觀，就算塑膠花有微薄小利，對長江實業來說，增之不見多，減之不見少。但卻仍在維持小額的塑膠花生產，林燕妮甚感驚奇，說李嘉誠「不外是顧念著老員工，給他們一點生計」。而公司職員也說，「長江大廈租出後，塑膠花廠停工了。不過，老員工亦獲得安排在大廈裡做管理事宜。對老員工，他是很念舊的。」有人提起李嘉誠善待老員工的事，說：「怪不得老員工都對你感恩戴德。」李嘉誠回答說：「一家企業就像一個家庭，他們是企業的功臣，理應得到這樣的待遇。現在他們老了，作為晚一輩，就該負起照顧他們的義務。」

當有人說，「李先生精神難能可貴，不少老闆待員工老了一腳踢開，你卻不同。這批員工，過去靠你的廠養活，現在廠沒有了，你仍把他們包下來。」這時，李嘉誠急忙解釋道：「千萬不能這麼說，老闆養活員工，是舊式老闆的觀點。應該是員工養活老闆、養活公司。」

「可以毫不誇張地說，一個大企業就像一個大家庭，每一個員工都是家庭的一分子。就憑他們對整個家庭的巨大貢獻，他們也實在應該取其所得，只有反過來說，是員工養活了整個公司，公司應該多謝他們才對。」

「對我自己來說，股東相信我，我能為股東賺錢則是應該的。我一向這樣想：雖然老闆受到的壓力較大，但是做老闆所賺的，已經多過員工很多，所以我事事總不忘提醒自己，要多為員工考慮，讓他們得到應得的利益。」

商人皆為利來，只要賺錢。商人不是慈善家，工廠沒有效益，關閉是無可厚非的。都說商場是無情的。

李嘉誠卻化無情為有情，上演一幕動人的人情戲。李嘉誠「是員工養活老闆、養活公司」的觀念也值得我們深思，給予我們教益。

不過，李嘉誠善待下屬絕不是盲目的，在為他們利益著想的同時，李嘉誠「嚴」字當頭。李嘉誠說：「我們所有的行政人員，每個人都有他的職責，有他自己的消息來源，市場資料，當我們決定一件比較大的事情就派上用場了。我自己在外面也很活躍，也可以搜集到不少市場訊息。決定大事的時候，我就算百分之一百清楚，我也一樣召集一些人，匯合各人的資訊一齊研究，因為始終應該集思廣益，排除百密一疏的可能。這樣，當我得到他們的意見後，看錯的機會就微乎其微。這樣當各人意見都差不多的時候，那就絕少有出錯的機會了。」

「我很不喜歡人說些無聊的話，開會之前，我曾預先幾天通知各人準備有關資料。到開會時，他們已經預備了所有的問題，而我自己也準備妥當。所以在大家對答時，不會浪費時間，因為如果你想精簡，而你的下屬知道你的想法，也就能夠作出好的配合，從而提高辦事效率。」

處理工作與休息的秘訣

中國古人講：「一張一弛，文武之道也。」身處競爭激烈的商海，每一位創業者都是上緊發條的鐘錶。但是應該記住的是：弦綳得太緊，是會斷的，注意工作中的調節與休息，不但于自己健康有益，對事業也是大有好處的。

曾經有很多創業者，總是強迫自己無休止地工作。他們對工作沉迷上癮，正如人們對酒精沉迷上癮一樣，他們被稱之為「工作狂」。他們拒絕休假，公事包裡塞滿了要辦的公文。如果要讓他們停下來休息片刻，他們也會認為純粹是浪費時間。這些人都成功了嗎？沒有，他們中很多人不但沒有成功，相反使自己身心交瘁，有的甚至疏遠了親人，造成家庭的破裂。

確實，事業的成功是很重要的，但如果為此而犧牲了健康和家庭，也是很遺憾的。在現代商業競爭中一個成功的創業者會合理安排時間，注意有張有弛。他們注重各種形式的鍛鍊，以保持旺盛精力去應付艱巨的商戰。他們也注意給自己留出與家人共用天倫之樂的時間。可以說這才是一個現代創業者的生活方式。

譬如說，在忙完了一天的工作之後，創業者在心理和體力兩方面都需要擺脫一下工作，但他卻經常將公事包帶回家繼續挑燈夜戰，這只會產生反效果，使之越來越沒有精力在白天處理好事務。而且也會使他減低在辦公室裡把工作做完的衝勁，因為他會想：「如果白天做不完，我可以在晚上繼續。」久而久之，就會養成一種拖延的毛病。

因此，「上班事，上班畢」。除非有緊急的事務，不然，就不必把工作帶回家。你將享有一段舒適的晚間休息時間和一晚上與家人同樂的美好時光，這將是一件非常美妙的事情！

當一個人工作太久了，疲憊和壓力就會產生，厭煩也逐漸侵入，這時如果不改變一下工作的步調，很可能會造成情緒不穩定、慢性神經衰弱以及其他的毛病。這時需要調節一下。調節不一定需要休息，從腦力勞動轉換去作幾分鐘體力勞動，從坐姿變為立姿，繞著辦公室走一兩圈，都可以迅速恢復精力。

成功的創業者各有各的休息和保持健康的方法。三藩市全美公司的董事長約翰・貝克每天堅持晨泳和晚泳，還經常抽空去滑雪、釣魚、越野走以及打網球；包登公司的總裁尤金・蘇利文養成每天走過二十條街去他的辦公室的習慣；聯合化學公司董事長約翰・康諾爾偏愛原地慢跑，一直保持著標準體重。總之，每一位創業都可以像他們一樣尋找一種最適合自己的鍛鍊方式，透過一些低強度但又十分有效的形式使自己保持充沛的精力和敏銳的思維，這無疑是現代創業者的選擇。另一方面，人類的心靈需要安靜、獨處與平和的時間，以利於忘記競爭的壓力。創業者們不妨在自己繁忙的時間表上，安排幾分鐘或十幾分鐘靜坐默想的時間，以獲得內心的平靜，讓自己擺脫競爭的忙亂和工作的壓力，退一步向前看看自己究竟在做什麼。日本一些成功的創業者都很懂得這一點，富士重工業公司副總經理宮地哲夫喜歡每天早晨都念經，他說：「念經能安神，任何疲勞都可以忘記。」而北海道電力公司的總經理中野友雄獨處時則喜歡大聲唱歌謠，他甚至堅持了四十年。北海拓殖銀行總經理鈴本茂則愛唱歌謠，他說：「從腹底發出聲音，可忘記煩惱和壓力。」

另外，小睡也是一種有效的休息和恢復精力的方法。小睡與正常睡眠不矛盾，它因人而異。睡眠以能恢復體力即可，不可貪睡；而白天的小睡則是一種既不多占時間又能有效地恢復體力的休息方法。

享受健康的人生

一個真正的成功的老闆應當過一種「健康」的人生。「健康」的人生，顧名思義，就是要活得健康。做老闆，的確是有錢、有權、有事業，似乎樣樣都真的值得讓別人羨慕了。可是老闆們自己心中要清楚，所謂「名」「利」皆為身外之物，多一點少一點無傷大雅。但是身體是自己的，沒有一個好的身體，空有那麼多的錢，那麼大的公司，又有何用？

中國有句俗語說，「賺得到，吃不到」，就是指有一些有錢的老闆沒有好身體，無福享受，讓人唏噓不已。過「健康」的人生，還包含了要擁有一個健康的、積極向上的生活態度和一個健全的、懂得自我享受和自我調節的生活心態。只有在身體和精神兩個方面都很健康的人，才能說是過著一種真正「健康」的生活。

老闆們首要的目標是賺錢獲利，可是另一方面老闆們要認識到：辛苦得到的錢無非要使自己的生活過得更好一些。而活得好，就要保證體質要好，保持一個強健的體魄；同時精神要好，有旺盛的精力。身體是生命的本錢，是財富的源泉。因此要依靠一個良好的身體去賺錢，以賺來的錢養好一個健康的身體，再用一個好身體去賺更多的錢。形成這樣的一個良性循環，才是上策。要過健康的生活，首先就要身體健康。那麼，除了多加鍛鍊以外，老闆們就要學會去避免「取死之道」，也就是說要避免縱欲過度，要適度娛樂。

當老闆，應酬是免不了的，但可以高雅一些，不必整天肉山酒海、歌舞昇平。適當地尋求刺激是可以的，但是吃、喝要適度，嫖、賭、毒要堅決避開。有過多少人，在賭場中傾家蕩產，一文不名；有過多少人在荒淫後聲名掃地，鋃鐺入獄；更有過多少人吸毒吸得家徒四壁，妻離子散。這些慘痛的教訓讓人們認識到：當老闆，要學會避開一些過度的物質享受。

當老闆的要過一種健康的生活，就是要有健康的思想，以樂觀的態度去對待生活，笑品人生百味而面不改色。以平常心對待成功，即使是喜歡一件東西卻也不必刻意去追求它；以進取心對待失敗，哪怕是身受打擊卻要志氣更加高昂；對待下屬以信任心，要放心讓手下人施展才能；對待他人以博愛心，要堅信有付出終有回報。

李嘉誠·金言

雖然老闆受到的壓力較大，但做老闆所賺的錢，已多過員工很多，所以我事事總不忘提醒自己，要多為員工考慮，讓他們得到應得的利益。

第十六章
練就一雙生意眼

經商不要忘記三條訣竅

李嘉誠在接受美國《財富》雜誌採訪時透露了三條經商訣竅：在別人放棄的時候出手；不要與業務「談戀愛」，也就是不要沉迷於任何一項業務；要讓合作夥伴擁有足夠的回報空間。

「聖人一句話，勝讀十年書」，這話一點不假。李嘉誠不是聖人，但誰也不能否認他在商界的成功經歷。他的這三句話，不管放在任何行業，任何一個管理人員，都應該從中理解出不同的意味來，都應該從中得到極大的收益。現在就讓我們一起來體會一下李嘉誠這三句話的個中滋味。

1. **在別人放棄的時候出手：**在別人放棄的時候出手，李嘉誠的意思應該不是說在別人放棄的時候圖便宜買下來，那樣是收垃圾的行為。在考慮出手的時候，應該首先考慮別人為什麼放棄，如果自己做是不是可以做好。任何一個產業，都有它自己的高潮與低谷。在低谷的時候，相當大的一部分企業都會選擇放棄，有的是由於目光的短淺而放棄，還有的是由於各種各樣的原因而不得不放棄。這個時候就應該靜下心來認真地進行分析，是不是這個產業已經到了窮途末路，是不是還會有高潮來臨的那一天。如果這個產業仍處在向前發展階段，只是由於其他的一些原因才暫時處於低潮，看到了這種狀況，並從真正意義上理解了這種狀況的實質，就應該選擇在「別人放棄的時候出手」了。這個時候出手可以少走很多彎路，得到很多別的公司通過血的代價得出的經驗教訓，從而以比較低的成本獲得比較高的利益。在李嘉誠看來，「在別人放棄的時候出手」，關鍵是要理解別人為什麼放棄，自己為什麼要出手。

2. **不要與工作「談戀愛」，也就是不要沉迷於任何一項業務：**「不要與工作『談戀愛』，也就是不要沉迷於任何一項工作」，這是一種有著豐富的商業經歷之後超然於商業活動之外的心靈感受。對於一個真正的商業人士來說，在他的眼中，應該是只有贏利的工作，而沒有永遠的工作。任何一項工作，當它走過成熟階段之後，必將走向衰落，而這個時候如果不進行自我調整，還抱著不放，必將隨著該項工作的衰落而走向失敗。說起來也許很容易，但做起來就不是那麼簡單了，這主要是與一些人自我欣

賞的情節有關。在取得了某一項工作上的成功之後，很多人往往將其作為自己以後發展的基礎，將其作為自己向別人炫耀的一塊招牌，無論如何，這塊招牌是不能倒的。招牌雖然象徵著過去的輝煌，豈不知如果總是沉醉於過去的輝煌往往會成為進一步前進的絆腳石。大丈夫，拿得起，放得下。拿得起或許很多人都可以做到，但真正到了要放下的時候，大部分人或許都不捨得了。沒有永遠的工作，只有贏利的工作，在該放棄的時候，就應該學會放棄，利用前一個工作所積蓄的力量，可以很輕鬆地展開下一個工作，工作不斷轉移，但贏利的中心卻不能改變。李嘉誠的這句話或許還有一層意思，就是不要被一項工作所套牢，不管這個工作的前景多麼誘人，也不要把自己的全部賭注都押在同一個工作上。分散工作類型，同時從事多個不同類型的工作，當其中的某一個工作不行了的時候，還有別的工作可以支撐，從而製造得以喘息的機會。

3. **要讓合作夥伴擁有足夠的回報空間：**合作夥伴是誰？合作夥伴對自己有什麼用？想清楚了這個問題，就比較容易理解這一句話了。在任何一個行業中，如果能有兩家公司保持比較好的合作夥伴關係，這兩家公司都可以達到雙贏的局面。合作夥伴之間的活動對雙方都有利是雙方操持穩定合作的基礎，這就需要雙方的任何一方都要多為對方著想，多考慮對方的利益。如果只是想著自己多得到一些利益，而讓對方少得到一些利益，這種合作夥伴關係必將走向破裂，受害的是合作的雙方。合作夥伴之間是一種相輔相成、互相彌補的關係，在從事一項業務活動的過程中，如果雙方都拿五十％的利潤，這個活動可以很好地進行下去，因為雙方都感覺到自己的五十％是自己應該拿的。但如果一方只拿四十％，而願意把利潤的六十％都讓給對方呢？這樣或許在短期內是吃虧，但從長遠看呢？你的贏利是什麼呢？結論不言自明，長期合作的收益遠遠比一次合作的收益要高得多。有著良好的信譽，在行業中有幾家關係穩定的合作夥伴，是事業立於不敗之地的重要保障。

李嘉誠的三條訣竅意味深長。作為一個商界奇才，李嘉誠無疑還有許多值得我們學習的地方，有待於我們去研究和體會。

多給些「優惠」

作為一個理智的商家，就一定要具有長遠的戰略眼光，應該把精力首先集中在強化自己內部機制，選取有戰略眼光的「勢」，透過「設點」、「連線」、「立柱」等隱蔽的、有效的手段去圍形，最後形成固若金湯的勢力。只有這樣，才能在競爭中獲勝。相反，與某家公司爭小利，眼睛死死盯在眼前的利益上，一方面會因把精力耗於此種競爭上而無精力去「造大勢」；另一方面會因爭小利而得罪周圍的同行，樹敵過多，被人聯合而攻之。

所以，你千萬不要「鐵公雞一毛不拔」，相反，倒要經常讓些小利給別人。讓小利於別人，眼下像吃了點虧，但從長遠觀點看並非吃虧。讓小利於別人，別人不僅不會因爭利而與你敵對，反而會生出感激之情，信任於你。取得別人的信任比什麼都重要，而取得同行的信任就更為重要。信任你的同行不僅不會拆你的牆腳，關鍵時刻還會幫你一把。即使不能幫你，也不會落井下石。

讓利於人，一定要讓得巧妙，否則也難以收到預期的效果。所謂巧妙，其實質在於要抓住顧客的需求心理，給予他想要得到的東西。如飯店免費為顧客提供生活用品、為顧客無償提供茶水等，都是給予顧客需要的利益。再如有的商店送貨上門、免費維修等，也都是滿足顧客需求利益的做法。

外國商人在商場競爭中累積了許多成功的經驗，並且各具特色。下面僅舉幾例：

日本商人認為：只要能大量銷售，哪怕是極便宜的東西，也要大量組織貨源，因為它有可觀的利潤可賺。

美國商人認為：利潤大的商品，不是好商品，顧客喜愛的商品才是最好的商品；把貨物出門「概不退換」改為貨物出門「負責到底」。

德國商人認為：以好的服務品質去爭取顧客，以提高工作效率來降低商品成本。

英國商人認為：不說「這件商品我店裡沒有」而是說「你需要的商品我們將盡力替你想辦法」。

法國商人認為：出售的即使是水果、蔬菜，也要像一幅寫生畫般藝術地排列。

李嘉誠・金言

我開會很快，四十五分鐘。其實是要大家做『功課』。當你提出困難時，就該你提出解決方法，然後告訴我哪一個解決方法是最好。

占領市場的制高點

為了達到自己的某種目的，先慷慨地四處送情。為了做成一筆交易，先大方地請客送禮。這些包藏著功利目的的脈脈溫情，這些吃小虧占大便宜的處世之道，在商戰中司空見慣。

老子說：將要收斂它，必須先擴張它；將要削弱它，必須先增強它；將要廢棄它，必須先興盛它；將要奪取它，必須先給予它。這就是一種深沉的智慧。他還說：用兵的講得好，我不敢取攻勢而取守勢，不敢前進一寸而要後退一尺，這就是人們所說的沒有陣勢可以擺，沒有胳膊可以舉，沒有敵人可以對，沒有兵器可以執。這種獨特的眼光和獨特的思維方式，使老子發現了許多別人發現不了的社會現象，總結出了不少行政、用兵和生活經驗，使這位主張拋棄一切智慧的哲學家，反而給後人提供了最多最有用的智慧。

在經商活動中，任何一個商人都必須把自己的砝碼裝在心中，有一桿能較準確衡量得失的秤，及時掂量出得與失的分量，做到胸中有全局。為了保全局、整體的大利益，果斷地犧牲、捨棄小利益。比如，你誤進了一批仿冒品，不賣自己受損失，賣則壞了名聲。為了長遠的大利益，或是乾脆不賣，承受全部損失，或是公佈於眾：這是「假貨」，然後削價處理。

再比如同樣辦飯店，同樣是由一個級別的廚師掌廚，菜的品質、味道不相上下，可其中一個為什麼越辦越清冷，而另一個卻越辦越熱絡呢？究其原因就在於前者要價太高，每桌飯菜賺得太多，使人吃了一回再不想來第二回；而後者的主導思想是「薄利多銷」，使顧客總覺得吃的便宜、划算，便一次又一次光顧。這樣，何愁你沒有生意可做呢？

公說公有理，婆說婆有理。人們歷來認為「薄利多銷」是經營之道，然而松下幸之助先生卻不這麼認為，他說：「商家向來把「薄利多銷」看作是成功經營的信條，許多成功者的傳記中，都是這麼寫的，可是我現在要作徹底地修正。」

「薄利多銷」是從資本主義的缺點衍生出來的畸形產物。這樣一來，只有這一個人發展而其他所有的人都受困擾。所以他確信，唯有「厚利多銷」，才是社會和公司共同繁榮的基礎。

不過，所謂的「厚利多銷」，並不是把過去一成的利益增加到兩成，而使這增加的一成利潤轉嫁到消費者頭上，這並非他的本意。他不是按照過去的做法，將確保利益的負擔讓消費大眾承擔，而是透過合理化經營，得到公正的利益，再把利益作公平分配。

這一「薄」一「厚」，並無貪、讓之分，其最終效益同樣是既維護了企業的利益，又回報了社會和消費者。

調整方向填補空白

在商場競爭的過程中，經營同一種產品的人越多就好像在跑道上與你競爭的對手越多，你將很難超越他們。

作為企業家的李嘉誠十分懂得尋找經營空白，開拓新興市場的重要性，因而，他的經營決策很快落實到了行動中。當時，塑膠花風靡世界，在香港市場也是如此。李嘉誠分析，塑膠花實際上是植物花的翻版，每一個國家和地區所種植並喜愛的花卉不盡相同，而目前香港和國際市場生產的樣品太義大利化了，並不適合香港和國際大眾消費者的喜好，因此，他根據時代的要求以及對消費者的調查結果，設計出全新的款式，而且要求自己的企業不必拘泥植物花卉的原有模式，要敢於創新。

當李嘉誠從國外考察回來時，隨機到達的還有幾大箱塑膠花樣品和資料。

李嘉誠回到長江塑膠廠，他不動聲色，只是把幾個部門負責人和技術幹部召集到他的辦公室，把帶來的樣品展示給大家。眾人為這樣千姿百態、栩栩如生的塑膠花拍案叫絕。

李嘉誠宣佈，長江廠將以塑膠花為主攻方向，一定要使其成為本廠的拳頭產品，使長江廠更上一層樓。產品的競爭，實則又是人才的競爭。李嘉誠四處尋訪，高薪聘請塑膠人才。李嘉誠把樣品交他們研究，要求他們著眼於三處：一是配方調色；二是成型組合；三是款式品種。

李嘉誠明察秋毫，他認為塑膠花工藝並不複雜，因此，長江廠的塑膠花一面市，其他塑膠廠勢必會在極短時間內跟著模仿上市。之所以會這樣，是因為生產的塑膠花成本並不高。價格一高，問津者必少。其他廠家再一擁而上，長江廠的市場地位就難得穩定。所以，李嘉誠提出在經營策略上倒不如在人無我有、獨家推出的極短的時間內，以適中的價位迅速搶占香港的所有塑膠花市場，一舉打出長江廠的旗號，掀起新的消費熱潮。

賣得快，必產得多，「以銷促產」，比「居奇為貴」更符合商界的遊戲規則，以此來確定自己在行業中的霸主地位。這樣，即使效颦者風湧，長江廠也早已站穩了腳跟，長江廠的塑膠花也深深植入了消費者心中。

事實果真如此，李嘉誠走物美價廉的銷售路線，大部分經銷商都非常爽快地按李嘉誠的報價簽訂供銷合約。有的為了買斷權益還主動提出預付五十％訂金。

很快，塑膠花風行香港和東南亞。老一輩港人記憶猶新，幾乎在數周之間，香港大街小巷的花卉店，擺滿了長江廠出品的塑膠花。尋常百姓家、大小公司的寫字樓，甚至汽車駕駛室，都能看到塑膠花的倩影。而李嘉誠由於掀起了香港消費新潮流，使長江塑膠廠由默默無聞的小廠一下子蜚聲香港塑膠業界。就這樣，李嘉誠在香港洞燭先機，快人一步研製出塑膠花，填補了香港市場的空白。另外，由於李嘉誠不按物以稀為貴的一般道理賣高價，而是著眼於占領市場份額，因而一舉成功。

李嘉誠．金言

世界每天在變，變到你也不相信，對我自己來講，從我開始做塑膠，已追求新的知識；現在做地產也好，做貨櫃碼頭也好，或是其他行業，都希望多了解，有知識才能有宏觀的看法而獲得最後勝利。

商標是一筆無形的財產

要想成為一個成功的商人，在參與激烈的市場競爭中，尤不可忽視的便是商品的名稱。商品名稱可以誘發消費者的需求欲望，因而用詞可以文雅別緻取勝，也可因樸實大方而討人喜歡。總之商標要使消費者產生美好的聯想、回憶、嚮往和希望，命名要寓意深、情趣美、感染力強。

孔子認為，名不正則言不順，言不順則事不成，事不成則禮樂不興，禮樂不興則刑罰不中，刑罰不中則百姓的行為沒有規範。

韓非也講正名，他說治理國家應該把事物的名稱放在第一位，確定了名稱，事物才會端正；名稱歪斜了，事物就會隨之改變，這就是「名正物定，名倚物徙」的道理。

命名要注意民族風格，避免因地區消費的歷史文化和風俗習慣而使消費者在情感上難以接受。如堪稱中國品質上乘的出口商品——「山羊牌」鬧鐘，在東南亞市場大受歡迎。而在英國市場上卻莫名其妙地滯銷。人們想不到造成這幕悲劇的直接原因居然是商品的商標本身。原來，「山羊」在東南亞譯為「山羊」並無令人討厭之處；而在英文中，「山羊」則被譯為流氓。在市場上購買日用消費品的大部分是家庭婦女，對於這種牌子的鬧鐘當然望而生畏。這也正如韓非所說「名不正物不定」，商品品質再好也打不開銷路。

與之相映成趣的是，有些顧客在購買商品時，往往追求優質名牌，他們購買那些優質名牌商品時，除了注重其品質、品牌之外，還有一種顯示自己的地位和威望的目的。這是一種正當的求名心理動機。可見，同樣用途、同樣品質的商品，名牌與非名牌的銷售量就大不一樣，經濟效益也有天壤之別。

爭名是為了奪利，在當今商戰中，很容易使人想到商標和商標搶注。商標屬工業產權，也屬知識產權，但商標不是自然產生的權利，而是註冊後才能產生權力、受到保護。在具體實施商標保護時，有一定的國際慣例，其一是使用在先原則，即誰先使用，誰就獲得商標的所有權和使用權；其二是領土延伸原則，即註冊商標的保護範圍只限於註冊國領土範圍內。

當然，這無疑為不正當競爭留下了可乘之機：如果商標所有者不及時註冊，或未申請商標國際註冊，或註冊國家少於商品出口國和潛在出口國，競爭者就會乘虛而入搶著註冊。所以，商標是需要長期培育的無形財產，是企業提高創匯能力和獲得利潤的重要手段，馳名商標更具有長遠的經濟價值、信譽價值、產權價值和藝術價值，在占領市場、擴大銷路、參與國際競爭上發揮著不可忽視的作用，經營者切不能等閒視之。

培養「情報」意識

老闆能否成功的關鍵，還在於對事物的感受能力。若無其事地在街上漫步，無心人往往什麼也感受不到，而有心人，如經常尋找新事業發展契機的經營者，對其事物和現象就會有所印象，而且牢牢地刻印在大腦裡。

糊裡糊塗過日子的即使有所感受，也不過是停留在表像上。而有目的、意識的人會將它作為「情報」來接受。

根據不同的情況，從其事物和現象會發現對人生或生意上的啟示。例如，電視廣告，切實地反映了世俗現像，比直接獲得情報更有助於把握時代感覺。還有一些商品的命名，如「飄柔」「速達」等等，就給人留下很深的印象。而且，命名越有趣的商品越暢銷。現在正是感性市場的時代，怎樣抓住消費者的感性並將其表現出來，已成為重要的戰略手段。

曾經不情願地被人拉到百貨商場，也許你會意外地發現這兒正是情報的寶庫。所以對於怎樣看待事物，怎樣去感受，作為一個企業主應多想想「為什麼」。「為什麼呢？」這樣的疑問，正是一個經營者最必要的感受方法。「為什麼」思考是探究、摸清事物的本質的出發點。只對眼前的事物照原樣接受，是不能看穿其本質的。

比如，在咖啡店喝咖啡，覺得很好喝。沒有「為什麼」思考的人僅此而已。即使稍好一點的人，也至多是對朋友或親人說：「那兒的咖啡味道不錯」，僅達到這樣傳播情報的程度。有「為什麼」思考的人會去探究那種咖啡為什麼好喝，確認其是用什麼煮的，探究咖啡豆的種類和攪拌方法，有機會時直接詢問老闆的秘訣。

進一步探究的話，還會明白咖啡其本身的味道儘管如此，其實店內的氣氛也有相當的影響。就這樣，對「為什麼」的思考挖掘下去，從感到咖啡好喝入手，自己會得到各種各樣的情報。在生意的舞臺上，其差異會如實地顯現出來。有「為什麼」思考的人發現異常現象時，會力圖去抓住其原因。比如，更容易識破客戶公司的經營危機，也更容易從部下的細微行動察知其生活上的異常。對事物沒有疑問的人對這些事感覺遲鈍，不會採取先下手的政策，往往被置於被動。這樣的話，便做不了經營者。不管怎麼說，生意都是先下手為強。總之，新事業的契機常常緣於「為什麼」的思考。

李嘉誠．金言

看一看資料後便能牢記，是因為我夠投入。

信用可用不可用

類似的傳說在很多富豪家族中都被演繹過一番，或者是洛克菲勒家族，或者是福特家族。對於瞬息萬變、風雲莫測的商場來說，相信人是應該慎之又慎的。虛假的需求資訊，深藏欺詐的報價，吹得天花亂墜的廣告，都是防不勝防的陷阱，隨時都可能使你血本無歸。

孫子兵法云：知己知彼，百戰不殆。成功的商人，不可忘記這一深刻的古訓，永遠對你的對手保持警惕和戒備，隨時隨地密切注視對手的情況。如果不把問題弄個水落石出，就倉促與對方簽合約做生意，將是十分危險的。

我們大多數人，滿足於對問題的一知半解，比如到某地旅行，在導遊的陪同下，參觀了名勝古跡後，就都滿足了，這多半是因為尚未從學生時代放假旅行的習慣中脫離出來的緣故，也可以說是喜愛幼稚旅行的表現。

據資深的廚師講，每條魚的紋路都不一樣，從魚的外觀可以分辨出魚的味道。而我們多數人在與對手打交道很長時間後，仍然對對手的情況知之甚少。而且我們還缺少對他們了解的好奇心，這樣粗枝大葉地做生意，又怎麼能指望獲得全面的勝利呢。

還有的人士對信譽的依賴過分突出。不錯，越來越多的商人懂得建設良好的信譽意味著生意的興隆。信譽作為自己的事情，當然越牢固越好，但具體到每一筆生意時，信譽是不能依靠的。

孫子兵法還說：兵不厭詐。懂得商場厚黑學的商人和高明的騙子都知道這個道理，很可能剛開始在你面前顯示的幾次信用不過是引誘你步向深淵的一個詐術。為什麼富豪爺爺讓小孫子第二次跳下壁爐時縮回雙手，就是告訴他這個道理。

在生意場上，即使成功地與對方做成了一筆生意，並不意味著下一次就有保證。人家不一定會因此信任你，你不必指望它會給你帶來多大的好處。同時，你也不能因此信任對方。生意場中，豈止沒有永遠的朋友，連兩次的夥伴也不應存在。

每次都是「初次」。如果單純地認為已經成功地做成了一次生意，所以這次也會和上次一樣取得成功，從而輕信對方的話，你就無法在商場上抵禦欺騙。

合夥生意如何做

在合夥生意中，為了防患於未然，要防止個人控制財務。俗語說：「人為財死，鳥為食亡。」漢代的司馬遷也說：「天下熙熙，皆為利來；天下攘攘，皆為利往。」父子為了錢財也會反目，更何況是以友誼和感情為基礎的合夥關係呢？

所以為了防微杜漸，不傷害所有合夥人的利益，不讓朋友們苦心經營的公司失敗，公司的財務對所有的合夥人要絕對公開，而且要公私分明，不容許任何人破壞大家共同建立的財務制度。

在合夥生意中，特別是好朋友在一起合夥時，一開始最容易發生這樣的現象。大家當初在學校時，或在某單位共事時，彼此好得跟一個人一樣，不僅錢財不分，連衣服都沒有分過彼此，一旦合夥做生意，自然也不好意思提議把錢財分清楚，誰要是在這方面太計較了，便顯得他太不夠意思。朋友有通財之義嘛，斤斤計較，豈不傷了和氣？反正有錢大家花就是了，誰花多點，誰花少點，又有什麼關係。這種想法是大錯特錯的，將為合夥生意種下無窮的後患！

要知道，合夥做生意不是當年那種純感情的交往，你有錢請我吃碗麵、看場電影，我有錢請你去吃小館，根本不必計較你的我的，反正有錢大家花，花光了再想辦法。

合夥人做生意，是想以有限的金錢賺無限的金錢，大家的理想是要創造一份事業，為自己創造一份財富。不僅不能把老本花光，賺的錢也不能全部開銷掉。如果到了年終、月尾一結帳，生意是賺了錢，但賺的錢全部都糊里糊塗開銷光了，大家的心裡就會開始計較了，你認為他花的多，他認為你花的多。一開始，大家基於過去的友情，還不好意思公開指出來，等到了忍無可忍提出來時，必然會嚴重地傷害彼此的感情。好朋友一旦決裂，那比不是朋友還嚴重，他覺得你不夠朋友，你認為他不講交情。到了這種地步，除了大家分手，再也沒有更好的辦法。

合夥做生意，須要建立起一套完善的財務制度，而且要一絲不苟地去執行，絕不可以跟感情混在一起，造成你我不分的局面，免得等大家想分清楚的時候，已經無法分清了。

在合夥生意中，還有一種情況容易引起財務鬆動。大家一開始都很「理智」地訂出財務收支辦法，也訂出每個人應支付的薪水，可是到生意逐漸好起來後，以前所訂的辦法慢慢地便被破壞了。

比如，有人認為他對這個生意出力多一點，多開支點錢也是應該的；有人有了急用，認為也不妨借用點公款，反正大家是好朋友嘛，誰還會計較這種「小事」？如此一來，你多花一點，他不好意思說；他借用公款，你也不便阻止。而管財務的人，又是他們的同夥，當然更管不著了，長此下去，這個合夥生意就只有拆夥了。

任何一個團體，不管組織大小，必須要有紀律的約束，才能使很多人的不同目標歸於統一。合夥生意也是個小團體，當然不能沒有一套規則。換言之，志同道合的情感和理想使大家結合在一起，但要長久維持這種合作的體制，必須要靠理智來加以規範。

風險越大越具有吸引力

李嘉誠曾在大眾媒體說過一套六十年致富的秘訣，他指出，如果每年把一萬塊錢存在銀行裡，那麼幾十年後，所累積的數目不過數十萬而已，而如果將這些錢投入到風險很大的行業中去，通過這樣的累加，幾十年後就能達到數億之多。他用這個淺顯的道理告訴人們：風險越大，越容易成功。

1. **風險越大，利潤也越大：**李嘉誠指出，商業投資者應敢於承擔較大的企業風險，這是取得投資成功的重要途徑。因此，作為商業投資者，應禁忌因吝嗇財產而缺少經營的勇氣。只有克服這種常人的恐懼，才可能獲得成功。人們在面對少量財富時往往願意冒險而一旦財富過多則趨向於不願冒險。事實上正是這種冒險的惰性心理阻止了許多人冒險經營更大的事業。

2. **投資風險大，抉擇要謹慎：**

（*1*）投資本身是一種商業行為，和其他商業行為一樣有可能賺，也有可能賠，希望投資的人們要慎重選擇，考慮清楚再投資。

（*2*）一般來說，投資是一種有錢人的經營活動。「有錢找錢容易，無錢找錢太難」這句話形象地說明，在流通領域中，市場經濟不可能為每個人提供均等的機會，特別是在商業貿易活動中，市場經濟為人們提供的機會要以人們的資金與財產量為轉移，擁有資金與財產多的人，就可能獲得更多的機會，賺到更多的金錢與財富。

（3）人們在投資中往往容易犯隨大流的錯誤。例如投資者通常忽視在價值投資領域所存在的潛在機會：一些擺脫了破產命運的公司；一些有吸引力的資產擔保的失寵債券；那些股票市場價格並未反映其良好的購併前景的公司股票；投資者經常經營購併套利、通貨緊縮時的可轉換債券等。這是因為對那些能在其中得心應手運作的人來說，這是最安全又最能穩定盈利的領域。

（4）制定投資計畫時，應考慮通貨膨脹因素，通貨膨脹可以使你的錢貶值，減小其原有的購買力，所以你在作理財規劃時，計算各種所需要的金額時，最好能針對這個因素，從寬估計。

3. **把握目標，準確投資：**李嘉誠指出，投資的目標與商人的意圖是密切相關的。當投資目標與經營的意圖完全一致時，投資的選擇基本上就是正確的。舉例來說，如果有三百元一份的套餐和三百元的無限制的自助餐，你認為哪個更划算？在這裡花錢吃飯與解決飢餓感的目的是完全一致的，如果這是一種投資，那麼他的大方向就沒有錯。

當然，投資的方式也取決於你飢餓的程度，但總有許多人盲目地選擇可以任意吃的自助餐，卻不考慮自己的真正需要。他們把飽餐一頓與美食混為一談。

所以對於投資者來說，一定要保證你買的都是你所想要的，甚至更進一步，要確保你沒有買下來你不需要的東西。一旦掌握了這一投資理財的原則，那麼你的投資就不會白白浪費了。

李嘉誠・金言

當你賺到錢，到有機會時，就要用錢，這樣賺錢才有意義。

敢於承擔風險

風險是生意人必須面對的問題。生意人從事的工作就是冒風險的工作。生意人既要有降低風險的能力，又要有敢於承擔風險的意識和勇氣。

如果你感到自己對風險有畏懼感，你就要設法克服它。進行個人冒險有利於樹立正確的風險觀。一項新的運動、一個新的培訓班、一個新的俱樂部、一個新的興趣或一個新的懸而未決的問題，只要你參與或從事，都有著相應的風險。當你做成了一件從未做過的事，你就會學到不少的東西，再進行商業冒險，你會感到得心應手。

一種有利於克服對風險的畏懼的方式是找一個敢於冒險的合夥人。「三個臭皮匠，更過一個諸葛亮。」有一個大膽的同事，對你會有很大幫助的，同他一道評價經營計畫，找出最佳方法，挑戰不確定因素，為你和你的企業帶來收益，這就要求這個合夥人應和你有互補性才能。當然，這個合夥人可以是本公司的，也可以是外面公司的，可以聘來，也可以讓他做兼職顧問，方式多種多樣，根據實際情況和你的需要進行選擇。

當然，在企業中，有時不是你不敢承擔風險，而是你的企業內存在著逃避風險的現象。這種情況下，你要花點時間觀察你的企業，找出逃避風險的表現。要發現是哪些人在逃避風險，他們對其他人有何影響，哪些事表現出逃避風險的習慣，這樣會帶來什麼影響……對自己觀察到的情況和思考得出的影響作好記錄。

接下來思考如果保持當前的狀況，不作任何改變會有什麼事發生，注意這時要把各種可能性都考慮進去。這種探討，會對日後的變革起嚮導作用。你也可以想像，你的公司會在逃避風險的大膽行為、決定和自由中得到什麼好處。接下來要檢查自己的習慣。看自己的某些行為是不是對逃避風險起鼓勵和保護作用。你也可以讓員工認識到企業中存在的逃避風險的現象，讓他們提出改進方法。在進行這種活動時，你要有個計畫，以免受人責難，要讓更多的人進入探索改革的過程中。要對觀察到的事情及其影響，以及逃避風險的害處作出概括。要和員工交流感想，傾聽他們的談話。最後你會發現有許多改進方法。

你的最終目標是要創造一個鼓勵創新、改革和不斷進步的環境，鼓勵大膽進取和敢為天下先。首先可以開始幾個大膽的行動。在一個或幾個較小的創新改革就能帶來好處的領域進行冒險，等待成功的出現。這次一旦成功，下次的冒險就容易了。即使結果不盡如人意，也可以為下一步的行動提供經驗、教訓。只把它當作是向自己挑戰的學習經歷吧。

了解本行業的未來趨勢

他不斷地研究有關趨勢的報告，充分為未來做準備。

成功者總是善於把握機會，因為他們擁有充分的資訊來判斷未來的趨勢。

超級管理大師彼得．杜拉克曾經講過：「了解未來，才能夠創造未來。」你必須對自己行業的未來有所了解，這個行業五年之後是否依然盛行，是不是未來最大的產業之一。

舉個例子來說，以前從事唱片業的人認為：自己做到世界第一名就不需要再進步了——他缺乏了解未來的資訊，不了解MP3即將要取代CD。你看現在還有多少人願意買CD？

因為每個人都在買MP3、MP4，每一個人都在追求高品質的產品，以前這些人並不知道他們的行業會有怎樣的轉變，因此遭到淘汰還不知道，也無法應變，因為他們沒有新的知識、新的技能。

現在，大部分的人都喜歡自己獨立創業，這樣他必須負擔起重大的責任，他必須學習更多，他必須不斷參加一些新的課程，他必須不斷充實自己的知識。

當你知道，你所從事的行業是未來最熱門的行業，是時代的趨勢，不管是五年或十年之後，都是人們希望從事的行業，你是不是應該從現在就開始充實自己這方面的知識和技能呢？

只要你比別人懂得多，你比別人做更好的準備，你成功的幾率一定會比別人大得多。

做IT時代的新資本家

從二〇〇〇年開始，以生產塑膠花和地產業起家、被華人世界奉為創富天才的李嘉誠已經開始了其商業生涯中的又一次「變臉」：「李超人」不再以地產商或其他類似的面目出現，這一回，他搖身一變成了IT時代的新資本家。

李嘉誠從傳統產業突圍，追趕時代腳步的一大明顯例證是：一九九九年，這位香港首富在世人一片驚嘆聲中，拋售英國電訊Orange四十九％的股權，一進一出之間，將兩百二十億美元輕鬆揣入腰包。李嘉誠經營之道最主要的一招就是：「低買高賣」。

李嘉誠的辦公室非常典雅，在辦公樓的頂層可俯瞰香港海景。他七十二歲時依然精神矍鑠，每天要到辦公室中工作。據李嘉誠身邊的工作人員稱，他對自己業務的每一細節都非常熟悉，這和他幾十年養成的良好的生活工作習慣密切相關。

李嘉誠晚上睡覺前一定要看半小時的新書，了解最先進的思想和科學技術。據他自己稱，除了小說之外，文、史、哲、科技、經濟方面的書他都讀。這其實是他幾十年保持下來的一個習慣。他回憶過去時說：「年輕時我表面謙虛，其實內心很『驕傲』。為什麼驕傲？因為當同事們去玩的時候，我在求學問，他們每天保持原狀，而我自己的學問日漸增長，可以說這是自己一生中最為重要的。現在僅有的一點學問，都是在父親去世後，幾年相對清閒的時間內得來的。因為當時公司的事情比較少。其他同事都愛聚在一起打麻將，而我則是捧著一本《辭海》、一本老師用的課本自修起來。書看完了賣掉再買新書。」

李嘉誠習慣在市場處於低潮時作重大的投資。他解釋說，投資要看資產是否具備長遠盈利能力，而不僅僅看價錢是否便宜。從一九九九年起，李嘉誠對全球電信業表現出極大的興趣，不斷尋找更新的發展機會。當年，李嘉誠以三百一十七億美元出售英國Orange第二代移動電話業務，而預計經營第三代移動電話的成本，總共不會超過一百四十億美元。

作為一位頂級的資本大玩家，李嘉誠的觀點是，任何事情都要知道什麼時候該有所不為。李嘉誠最讓人驚訝的舉動是：在第三代移動電話前景普遍被看好時，他居然頂住了誘惑，主動退出德國、瑞士、波蘭和法國的第三代移動電話經營牌照競標。李嘉誠認為，第三代移動電話固然是未來方向，但在當時市場一片狂熱之中，牌照競價已經過高，他只能選擇退出。事後證明，李嘉誠的這一判斷沒有錯。隨著市場狂熱逐漸平息，李嘉誠又出人意料地重新進場。他拿出了將近九十億美元的資金，準備爭奪英國和義大利的第三代移動電話經營權。相信，他此番的意圖在於奪得具有未來美好前景的第三代移動電話的經營權和市場，此舉將對全球第三代移動電話的發展產生積極影響。

李嘉誠．金言

資訊革命產生了巨大的影響，特別是對商業有巨大的影響。現在點擊一下滑鼠就可以獲得資訊。傳統公司的結構正在大大地變化，公司的運營速度必須快，必須有創意。

李嘉诚談
做人・做事・做生意 全集 榮休紀念版

作　　者	王祥瑞
發 行 人	林敬彬
主　　編	楊安瑜
編　　輯	王聖美・何亞樵
內頁編排	張靜怡
封面設計	廖婉甄・林子揚
編輯協力	陳于雯
出　　版	大都會文化事業有限公司
發　　行	大都會文化事業有限公司
	11051 台北市信義區基隆路一段 432 號 4 樓之 9
	讀者服務專線：（02）27235216
	讀者服務傳真：（02）27235220
	電子郵件信箱：metro@ms21.hinet.net
	網　　　址：www.metrobook.com.tw
郵政劃撥	14050529 大都會文化事業有限公司
出版日期	2018 年 11 月修訂二版一刷・2021 年 07 月修訂二版十七刷
定　　價	380 元
ISBN	978-986-96672-7-2
書　　號	Success-092

Metropolitan Culture Enterprise Co., Ltd.
4F-9, Double Hero Bldg., 432, Keelung Rd., Sec. 1, Taipei 11051, Taiwan.
Tel: +886-2-2723-5216 Fax: +886-2-2723-5220
web-site: www.metrobook.com.tw
E-mail: metro@ms21.hinet.net

國家圖書館出版品預行編目 (CIP) 資料

李嘉誠談做人做事做生意 全集 榮休紀念版 / 王祥瑞著
-- 修訂二版 . -- 臺北市 : 大都會文化 , 2018.11
384 面 ; 17×23 公分

ISBN 978-986-96672-7-2(平裝)
1. 職場成功法 2. 企業管理

494.35　　107016719

大都會文化　讀者服務卡

書名：**李嘉誠談做人做事做生意 全集 榮休紀念版**

謝謝您選擇了這本書！期待您的支持與建議，讓我們能有更多聯繫與互動的機會。

A. 您在何時購得本書：______年______月______日

B. 您在何處購得本書：____________書店，位於____________(市、縣)

C. 您從哪裡得知本書的消息：

1. □書店 2. □報章雜誌 3. □電臺活動 4. □網路資訊
5. □書籤宣傳品等 6. □親友介紹 7. □書評 8. □其他

D. 您購買本書的動機：（可複選）

1. □對主題或內容感興趣 2. □工作需要 3. □生活需要
4. □自我進修 5. □內容為流行熱門話題 6. □其他

E. 您最喜歡本書的：（可複選）

1. □內容題材 2. □字體大小 3. □翻譯文筆 4. □封面 5. □編排方式 6. □其他

F. 您認為本書的封面：1. □非常出色 2. □普通 3. □毫不起眼 4. □其他

G. 您認為本書的編排：1. □非常出色 2. □普通 3. □毫不起眼 4. □其他

H. 您通常以哪些方式購書：(可複選)

1. □逛書店 2. □書展 3. □劃撥郵購 4. □團體訂購 5. □網路購書 6. □其他

I. 您希望我們出版哪類書籍：（可複選）

1. □旅遊 2. □流行文化 3. □生活休閒 4. □美容保養 5. □散文小品
6. □科學新知 7. □藝術音樂 8. □致富理財 9. □工商企管 10. □科幻推理
11. □史地類 12. □勵志傳記 13. □電影小說 14. □語言學習（_____ 語）
15. □幽默諧趣 16. □其他

J. 您對本書(系)的建議：

____

K. 您對本出版社的建議：

____

讀者小檔案

姓名：______________ 性別：□男 □女 生日：____年____月____日

年齡：□ 20 歲以下 □ 21～30 歲 □ 31～40 歲 □ 41～50 歲 □ 51 歲以上

職業：1. □學生 2. □軍公教 3. □大眾傳播 4. □服務業 5. □金融業 6. □製造業
7. □資訊業 8. □自由業 9. □家管 10. □退休 11. □其他

學歷：□國小或以下 □國中 □高中／高職 □大學／大專 □研究所以上

通訊地址：______________________________________

電話：（H）______________（O）______________ 傳真：______________

行動電話：______________ E-Mail：______________________

◎謝謝您購買本書，歡迎您上大都會文化網站（www.metrobook.com.tw）登錄會員，或至Facebook（www.facebook.com/metrobook2）為我們按個讚，您將不定期收到最新的圖書訊息與電子報。

李嘉誠談

Strategies of Business

做人 做事 做生意 全集

傳奇首富
榮休紀念版

北區郵政管理局
登記證北臺字第9125號
免貼郵票

大都會文化事業有限公司

讀者服務部 收

11051 臺北市基隆路一段432號4樓之9

寄回這張服務卡〔免貼郵票〕
您可以：
◎不定期收到最新出版訊息
◎參加各項回饋優惠活動